彩图 1　拱形钢架大棚

彩图 2　屋脊式竹架大棚栽培春提早草莓

彩图 3　水泥骨架大棚栽培莴笋

彩图 4　大棚防虫网全封闭覆盖栽培

彩图 5　遮阳网塌地栽培

彩图 6　无纺布可用于蔬菜保温防寒

彩图 7　早春黄瓜大棚配套白色地膜覆盖栽培

彩图 8　移栽的大棚辣椒配套黑色地膜覆盖栽培

彩图 9　电热温床育苗一营养钵装满营养土后摆入电热温床

彩图 10　辣椒苗高温烫伤状

彩图 11　棚膜未及时揭高温强光导致的叶片日灼

彩图 12　未充分腐熟鸡粪造成辣椒苗烧苗枯死现象

彩图 13　土壤盐渍化现象影响蕹菜出苗

彩图 14　大棚加地膜覆盖栽培春提早辣椒

彩图 15　辣椒穴盘苗

彩图 16　适宜采收的大棚早春辣椒结果状

彩图 17　秋延后辣椒后期设二道幕保温防寒

彩图 18　辣椒猝倒病发病状

彩图 19　辣椒立枯病

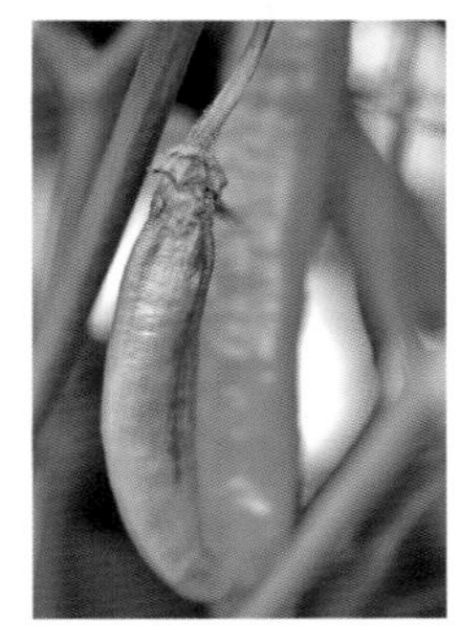

彩图 20　辣椒灰霉病危害果实和枝梗状

彩图 21　辣椒菌核病近地面 5 厘米以上的茎部或茎分叉处产生灰白色病斑并绕茎一周

彩图 22　辣椒疫病病果上呈暗绿色水渍状软腐，生白色霉层

彩图 23　辣椒红色炭疽病病果

彩图 24　辣椒白粉病叶

彩图 25　辣椒白绢病：病茎基部生白色菌丝

彩图 26　辣椒花叶病毒病

彩图 27　辣椒软腐病病果后期症状

彩图 28　辣椒枯萎病病根腐烂状

彩图 29　辣椒根腐病根部表现症状

彩图 30　辣椒青枯病株

彩图 31　辣椒疮痂病果

彩图 32　桃蚜为害成株期辣椒叶片放大图

彩图 33　温室白粉虱诱发的霉污病

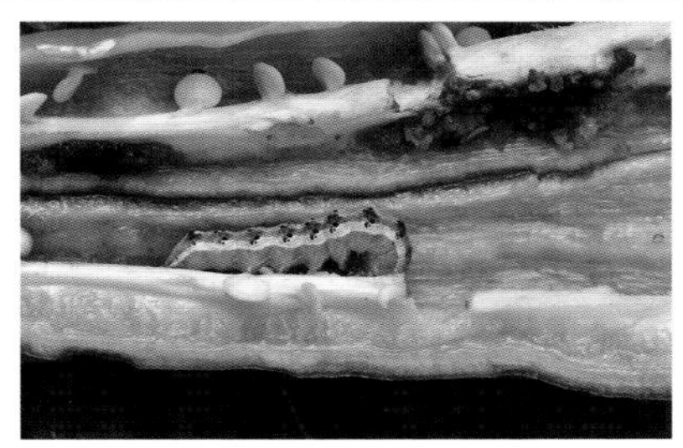

彩图 34　蛀入辣椒果内的棉铃虫幼虫

彩图 35　烟青虫幼虫危害辣椒果实

彩图 36　甜菜夜蛾幼虫危害辣椒叶片

彩图 37　斜纹夜蛾幼虫危害辣椒叶片

彩图 38　茶黄螨危害辣椒叶片状

彩图 39　大棚番茄早春栽培

彩图 40　泥炭营养块培育的番茄苗

彩图 41　番茄着色期

彩图 42　番茄灰霉病枝叶感病状

彩图 43　番茄花叶病毒病

彩图 44　番茄白粉病叶

彩图 45 番茄枯萎病危害

彩图 46 番茄溃疡病果

彩图 47 番茄青枯病病株

彩图 48　番茄早疫病病叶

彩图 49　番茄晚疫病枝

彩图 50　番茄细菌性髓部坏死病（黑褐色斑，长出不定根）

彩图 51　番茄叶霉病病叶背面

彩图 52　番茄菌核病

彩图 53　番茄白绢病菜籽状菌核

彩图 54　茄子大棚春提早栽培

彩图 55　茄子猝倒病

彩图 56　大棚套小拱棚加地膜覆盖春提早栽培茄子

彩图 57　适时采收茄子果实

彩图 58　大棚秋延后茄子栽培二道幕覆盖保温

彩图 59　茄子苗期灰霉病叶片发病状

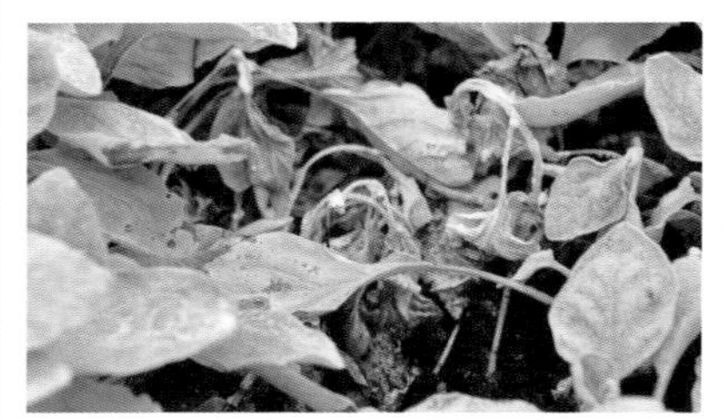

彩图 60　茄子苗期菌核病发病状

彩图 61　茄子病毒病病叶

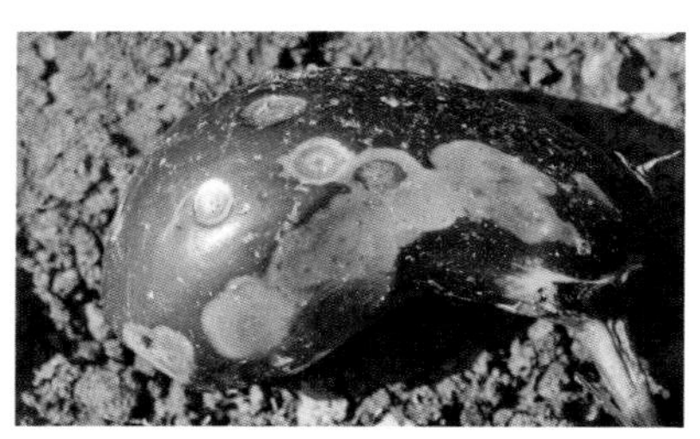

彩图 62　茄子褐纹病果稍凹陷并成暗褐色大斑

彩图 64　茄子黄萎病叶发病状

彩图 63　茄子绵疫病病果密生白色絮状霉层

彩图 65　茄子青枯病病株整株萎蔫状

彩图 66　茄子枯萎病病株

彩图 67　茄二十星瓢虫成虫及危害茄子叶片状

彩图 68　茄黄斑螟幼虫蛀入嫩茎状

彩图 69　红蜘蛛危害茄子叶片

彩图 70　黄瓜冬春季大棚套地膜加小拱棚栽培

彩图 71　普通黄瓜果实

彩图 72　大棚秋延后遮阳网覆盖栽培黄瓜

彩图 73　黄瓜猝倒病发病状

彩图 74　黄瓜灰霉病叶上的 V 型病斑

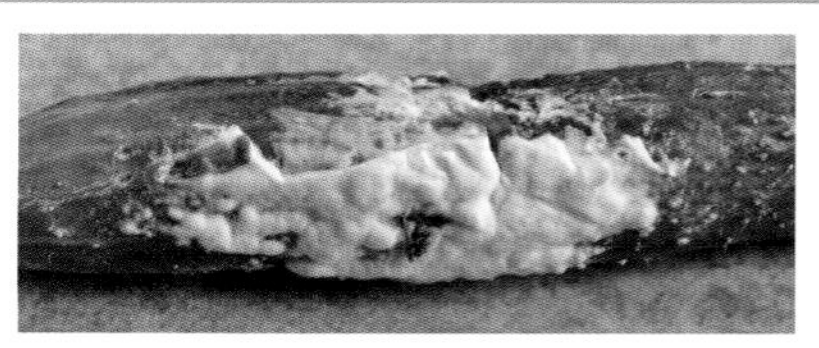

彩图 75　黄瓜菌核病瓜

彩图 77　黄瓜细菌性角斑病叶片正面
多角形病斑

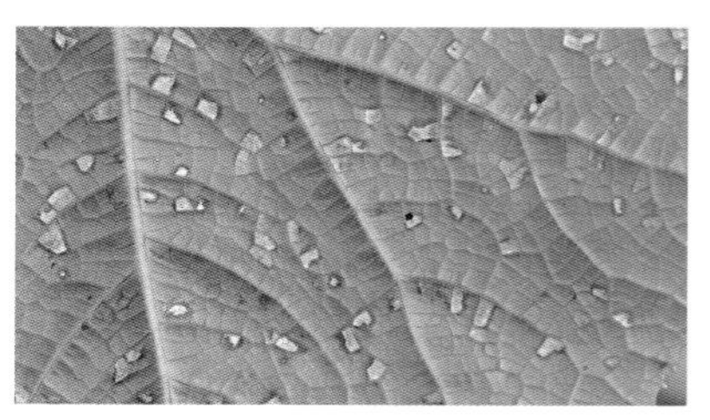

彩图 76　黄瓜霜霉病病叶背面
多角形病斑隐现黑霉

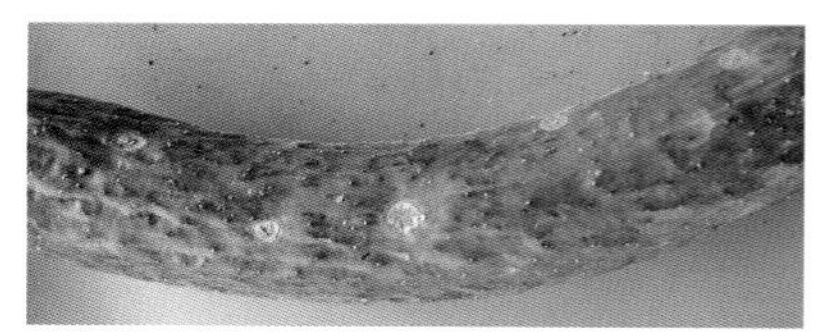

彩图 79　黄瓜黑星病病斑疮痂状

彩图 78　黄瓜靶斑病叶背面对光观察
有明显的针尖大浅黄色小点

彩图 80　黄瓜白粉病叶正面
白色粉状霉层

彩图 81　黄瓜病毒病叶

彩图 82　黄瓜枯萎病基部叶片褪绿变黄
植株凋萎

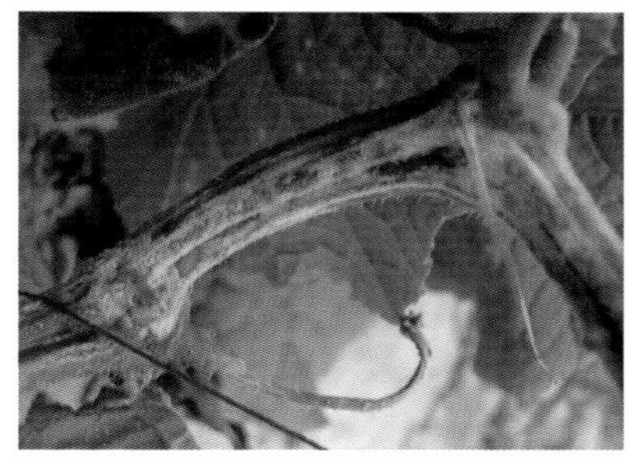

彩图 83　黄瓜蔓枯病茎蔓琥珀色树脂样胶状物

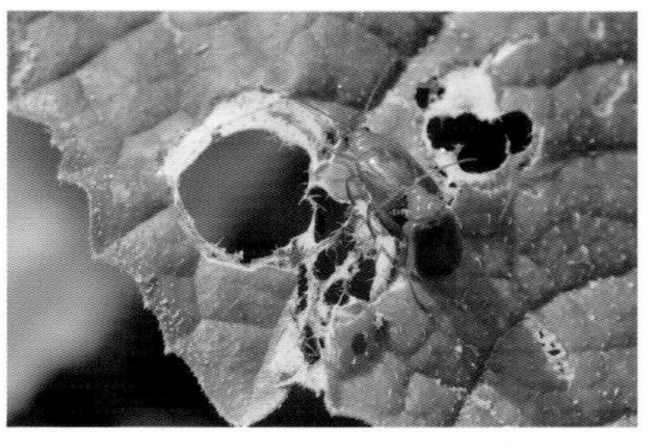

彩图 84　黄守瓜成虫

彩图 85　蓟马危害黄瓜花朵

彩图 86　危害黄瓜的瓜绢螟幼虫

彩图 87　豇豆早春塑料大棚栽培

彩图 88　豇豆营养钵苗

彩图 89　豇豆花叶病毒病株

彩图 90　豇豆枯萎病茎基和根部剖视维管束变褐

彩图 91　豇豆根腐病发病初期植株下部叶片变黄

彩图 92　豇豆锈病后期叶片发病状

彩图 93　豇豆煤霉病变黄的叶片上病斑周围仍可保持绿色

彩图 94　豇豆炭疽病荚

彩图 95　豇豆灰霉病从叶缘开始显灰色霉层

彩图 96　豇豆白粉病叶面灰白色病斑

彩图 97　豇豆轮纹病病叶

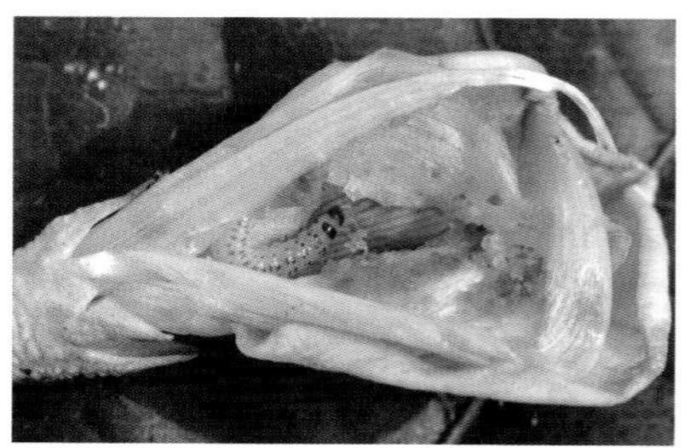

彩图 98　豆荚野螟幼虫危害豇豆花，背面

大棚蔬菜栽培实用技术

何永梅　王迪轩　主编

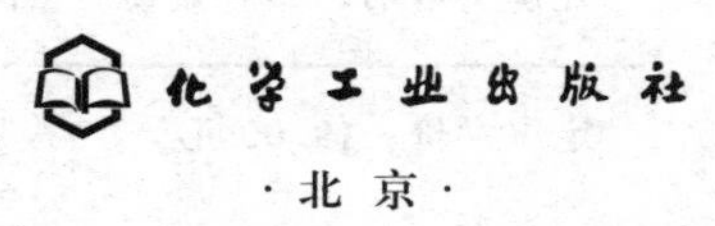

·北京·

本书以图文并茂的形式，详细介绍了当前大棚蔬菜栽培中的实用技术，包括钢架大棚、竹架大棚和水泥大棚的搭建与维护知识，以及大棚膜、防虫网、遮阳网、无纺布、地膜、喷滴灌、电热温床等大棚栽培配套设施的特点、选购、使用方法和维护要点；大棚内温度、湿度、光照、气体的调节方法，以及土壤盐渍害和酸化的产生原因与防止措施。重点介绍了辣椒、茄子、番茄、黄瓜、豇豆等5种经济效益较好的蔬菜春提早和秋延后栽培技术要点、茬口安排模式和主要病虫害防治技术。文前附有高清原色图片，便于读者对比与参考。

本书适合广大农业科技人员、菜农阅读，也可作为蔬菜基地、蔬菜种植大户、蔬菜专业合作社、阳光工程等的菜农培训用书。

图书在版编目（CIP）数据

大棚蔬菜栽培实用技术/何永梅，王迪轩主编．—北京：化学工业出版社，2015.8（2022.7重印）
ISBN 978-7-122-24618-9

Ⅰ.①大…　Ⅱ.①何…②王…　Ⅲ.①蔬菜-温室栽培
Ⅳ.①S626.5

中国版本图书馆CIP数据核字（2015）第158436号

责任编辑：刘　军　　文字编辑：谢蓉蓉
责任校对：宋　玮　　装帧设计：关　飞

出版发行：化学工业出版社（北京市东城区青年湖南街13号　邮政编码100011）
印　　刷：北京云浩印刷有限责任公司
装　　订：三河市振勇印装有限公司
850mm×1168mm　1/32　印张7¼　彩插6　字数197千字
2022年7月北京第1版第10次印刷

购书咨询：010-64518888　　售后服务：010-64518899
网　　址：http://www.cip.com.cn
凡购买本书，如有缺损质量问题，本社销售中心负责调换。

定　　价：19.00元

本书主要编写人员

主　　编　何永梅　王迪轩

副主编　王雅琴　李　荣

编写人员　（按姓名汉语拼音排序）

曹超群　何永梅　李　荣

王迪轩　王雅琴　徐红辉

吴　琴　杨　琦　岳云杰

前 言

2014年中央农村工作会议指出，农业现代化是国家现代化的基础和支撑，但目前仍是突出短板。近几年来，种植大户、家庭农场、合作社等各类新型农业经营主体相继出现，其中有相当一部分种植蔬菜，露地蔬菜粗放管理，投入较对较小，广种薄收，而设施蔬菜（主要指大棚）需要精细管理，配套设施（如地热线、防虫网、遮阳网、地膜、喷滴灌、大棚膜等）投入大。要把设施蔬菜种好，达到高投入高产出的目的，要搭建稳固的设施、搞好设施的维护，做好大棚生产计划，合理安排茬口，培育壮苗，按技术规程搞好田间管理，并及时采收搞好采后处理，真正达到高投入高产出，建设资源节约、环境友好型农业，促进新型农业经营主体健康持续发展。

大棚等设施的搭建有它的技术要求，跨度、长度及与之相对应的肩高、棚顶高、拱间距，架材材质、壁厚等，要达到一定的承重和抗拉强度，不致因雪灾而轻易压塌。国家对大棚的生产质量和搭建都有要求，要采购合格的大棚骨架和材料，按搭建技术要求搭建牢固的大棚设施。并要经常维护如新。

大棚栽培不同于露地之处在于通过大棚膜、防虫网、遮阳网、无纺布、地膜、电热温床、喷滴灌等配套辅助设施，人工调控好大棚内的温度、湿度、光照、气体等，尽可能地满足适宜蔬菜幼苗生长、营养生长及开花结果的条件，达到提早或延后上市，错开露地蔬菜上市旺季，从而取得较好的经济效益。此外，由于大棚膜的覆盖，对种植时间较长的大棚，易发生土壤酸化现象或土壤盐渍化现象，要引起高度重视，否则，常出现大棚蔬菜反不如露地蔬菜生长得好的情形，因此，建议每年对大棚进行一次较为彻底的土壤改良和消毒，最好在春季菜收完后的七八月，可采用高温消毒、施石灰改良、灌水洗盐等措施。

培育适龄健壮苗是搞好大棚蔬菜生产的关键，要根据农时及时播种，搞好苗期的管理，建议采用护根育苗，如泥炭营养块、营养钵等，有条件的建议采用穴盘集约化育苗，茄果类、瓜类等蔬菜苗有条件的可采用嫁接育苗。

前茬作物收获后，要及时清茬，一般大棚栽培均配套了地膜覆盖，一定要把残留地膜清除干净，运出棚外集中填埋处理；前茬的残枝、枯藤、落叶、杂草也要清除干净，运出棚外集中堆沤腐熟发酵，可用作有机肥，切不可翻埋在棚内，因为里面可能有病菌虫卵。许多病菌虫卵都可附着在架材上，或遗留在土壤里，搞好架材、土壤等的前期消毒工作，可收到事半功倍的效果。要提前做好定植前的准备工作。特别是春季大棚栽培，主要作用是保温，要在秧苗定植前1个月翻耕土壤，一年内至少要深翻一次（达30厘米以上），施足有机肥，打好底水，定植前1周铺好地膜，然后关闭棚门升温。这样到定植时，地温已升高，可快速缓苗。

要按技术规程搞好田间管理，及时采收搞好采后处理。提早做好换茬后的茬口安排准备工作。编者选取了大棚蔬菜生产经济效益较好的辣椒、茄子、番茄、黄瓜、豇豆等5个主要蔬菜种类，较为详细地阐述其春提早和秋延后栽培技术，以及茬口安排模式和常见病虫害防治技术。

由于时间紧迫，加上编者水平有限，疏漏之处在所难免，恳请同行和广大读者批评指正。

编　者

2015年7月

目 录

第一章 大棚的建造与维护

通常把不用砖石结构围护，只以竹、木、水泥或钢材等杆材做骨架，用塑料薄膜覆盖的一种大型拱棚称为塑料薄膜大棚（简称塑料大棚）。它和温室相比，具有结构简单、建造和拆装方便、一次性投资较少等优点；与中小棚相比，又具有坚固耐用、使用寿命长、棚体空间大、作业方便及有利作物生长、便于环境调控等优点。目前，塑料大棚为南方设施蔬菜栽培的主要类型，北方除了琴弦式大棚外，近几年，塑料大棚发展也较快。

第一节　大棚的建造与维护

一、拱形钢架大棚设施与建造

拱形塑料大棚主要起到春提前、秋延后的保温栽培作用。一般春季可提前 30～35 天，秋季能延后 25～30 天；在炎热的夏秋季覆盖遮阳网可进行遮阴降温和防雨、防风、防雹栽培；在寒冷的冬季采用“四膜”覆盖，可进行越冬栽培。最常见的拱形大棚，根据拱架材料分为竹木结构大棚、复合材料骨架大棚、水泥骨架大棚和钢管拱架大棚四种。竹木结构大棚抗风险能力差、使用寿命短、造价便宜，适宜有资源的丘陵山区，在城镇化的郊区趋于淘汰；复合材料骨架大棚抗压能力差，易折断、遮光率高，使用推广困难；水泥骨架大棚造价适中、推广发展面积大，但跨度不足、脊高有限，不适合机械入内作业，目前发展趋缓；钢管拱架大棚抵灾抗灾能力强、使用寿命长、空间大、跨度长、适合机械入内耕种，近几年，钢管拱架大棚已纳入国家农机补贴，最近几年发展较快。拱形大棚除了用于蔬菜、食用菌、花卉生产外，目前发展到矮化果树、林业育苗等经济林果的生产及畜牧渔业。一个标准单栋拱形钢架大棚（彩图 1），长度 40 米、跨度 8～8.5 米、高度 3.1～3.5 米、造价成本 0.8 万～1.2 万元，现介绍其设计与建造安装技术。

1. 大棚位置选择

建造安装大棚应选择符合标准化生产要求、向阳背风、土层深厚、灌排方便、交通便利的地块。

a. 符合标准化生产要求。大棚基地必须符合无公害或绿色食品、有机食品生产标准要求，避开土壤、水源、空气污染区，远离公路、工厂，防止汽车尾气、工业废气、废液、废渣、重金属及粉尘烟尘污染，保障产品质量安全。

b. 向阳背风。地势开阔，地形空旷，东、南、西三个方向没有高大树木、建筑物或山冈遮阳，保证大棚具有充足光照条件。避开风口、风道、河谷、山川，因为这些地方修建大棚，不仅会加大大棚的散热量，使棚内温度难以维持，而且极易遭受风害，造成棚塌膜损。大棚北部如果没有山、丘陵作天然风障，最好栽植防风林或修建房屋以屏障北风，减少为害。

c. 土层深厚。土层要深厚，土质要疏松肥沃，无盐渍化。一般黑色砂壤土吸收光热的能力强，容易提高地温，是建造大棚的最好土壤。地下水位要低，如果地下水位高，土壤含水量大，增加棚内的相对湿度，容易导致病害的发生。

d. 灌排方便。新建大棚基地水源要近、水质要好、供电要正常、排灌设施要齐全，以保证全天候能灌能排。

e. 交通便利。路网发达，晴雨通车，交通方便，有利于产品运销和建立产地市场。新建大棚基地是一种相对固定、使用时间较长的栽培设施，选好地块以后必须进行规划，尤其是面积较大、集中连片的大型基地，更要根据自然环境条件，对大棚的方向和布局，基地内的道路、沟渠、水池、电力、住房等设施进行科学合理的统筹规划，才能开工建设，以保证土地的高效利用、生产管理的及时科学，实现高产高效优质目标。

2. 拱形钢架大棚设计参数

① 大棚设计总体要求

a. 安全性。钢架大棚结构及其所有构件必须能安全承受包括恒载在内的可能的全部荷载组合，任何构件危险断面的设计不得超过钢管材料的许用应力，钢架大棚及其构件必须有足够的刚度以抵抗纵、横方向扭曲、振动和变形。

b. 耐久性。钢架大棚的金属结构零部件要采取必要的防腐、防锈措施，覆盖材料要有足够的使用寿命。

c. 稳定性。钢架大棚及其构件必须具有稳定性，在允许荷载、压力、推力下不得发生失稳现象。

d. 完整性。钢架大棚必须具有总体的完整性。因外力作用局部损坏时，钢架大棚结构作为一个整体应能保持稳定，不至于发生多米诺骨牌效应。

e. 总体指标要求。风载＞0.25 千牛/米^2；雪载＞0.2 千牛/米^2；恒载＞0.2 千牛/米^2；作物荷载＞0.15 千牛/米^2；大棚主体结构使用寿命 10 年以上。

② 田间设计参数

a. 大棚朝向。大棚的朝向是指大棚脊的走向。大棚的朝向应结合本地纬度及主风向综合考虑。在我国大部分纬度范围内，大棚的朝向宜取南北延长走向，使大棚内部各部位采光均匀。若限于条件，必须取东西走向，要考虑大棚骨架遮阴，对作物的正常生长发育产生的影响。

b. 排列方式。大棚之间呈东西向对称式排列，相邻大棚间距 1～1.5 米。每排大棚之间修机耕道，棚头间距不少于 4～5 米。这种排列方式通风速度快，相互遮光少，保温效果佳，机械作业便利。

③ 四角定位。首先确定大棚的一条边线，在边线上定位 2 个角点，然后用勾股定理定位第三个角点，最后根据两条边线的长度定位第 4 个角点。4 个角点的高度要用水平仪测量保持一致，大棚对边长度必须一样，保证 4 个大棚角是直角。一个标准拱形钢架大棚跨度 8～8.5 米，长度 40～60 米，棚内面积 320～520 平方米。

④ 结构设计参数

a. 长度。建造长度依地块而定，40～60 米为宜。

b. 跨度。2 根 6 米长的标准钢管刚好可以连接建造成一副拱架，跨度以 8～8.5 米为宜。如加大跨度，需另加立柱或做桁架结构。

c. 肩高。用于蔬菜花卉育苗的可设计肩高为 1～1.3 米；用于黄瓜、豇豆、果树等较高作物种植的大棚，肩高可提高至1.6～1.9米，同时需加装斜撑杆，以提高大棚的承载能力。

d. 脊高。脊高以3.1～3.5米为宜。8～8.5米跨度大棚脊、肩垂直高差以1.9米为宜。此种设计，形成的拱面对太阳光反射角小、透光率高，能充分使用钢管的力学性能，最大化地利用拱架的抗拉、抗压性能，同时能解决棚面过平导致“滴水”造成“打伤作物”诱发病害的问题。

e. 拱架间距。指相邻两道拱架之间的水平距离，以80～100厘米为宜。避风或风力不超过6级的地区，拱架间距应不大于100厘米。在风力较大的地区拱架间距应不大于80厘米。

3. 拱形钢架大棚材料

① 主要材料

a. 拱架。拱架为支撑棚膜的骨架，横向固定在立柱上，呈自然拱形，主要起支撑棚面覆盖物，承受风、雪、吊蔓载荷的作用，并提供足够的内部空间。拱架多为碳素结构圆钢管、热镀锌、可直接焊接或装配，外径不得小于22毫米，壁厚不得小于1.2毫米。一般可选用直径26毫米、壁厚2.5毫米的镀锌钢管。拱架基座可以用C20混凝土固定。

b. 拉杆。拉杆是纵向连接立柱，固定拱架的“拉手”，起连接拱架与立柱的作用，能将拱架所受的力传到立柱上，保证大棚骨架稳定性。拉杆安装在拱架下，不少于3道。拉杆为直径25毫米、壁厚2.5毫米的热镀锌钢管。

c. 立柱。大棚立柱是大棚骨架中最终受力部分，它可以将拱架顶部承受的力，如雪压、风压等传到立柱上，起主要支撑作用。立柱采用热镀锌处理，具有防腐蚀的作用。立柱为圆钢管，长度不同，有2米、3米、4米三种规格，外径26毫米，壁厚2.6～3.0毫米，两根立柱间距1.1～1.2米。

d. 斜撑杆。斜撑杆长4米，外径和壁厚与立柱相同，一个钢架大棚至少需要4根斜撑杆。大棚长度超过50米需要增加斜撑杆。

② 配件材料　拱形钢架大棚配制材料主要有拱架连接弯头、

拉杆压顶簧、拉杆管头护套、U形卡、夹褓、固膜卡槽、卡槽连接片、卡簧、卡槽固定器、门座、门锁、门包角、压膜卡、卷膜器、双梁卡、引线簧及专用螺栓和标准螺栓等。所有配件材料的设计和选用须满足强度要求，不应有明显的毛刺、压痕和划痕。固膜卡槽选用热镀锌或铝合金固膜卡槽，宽度28～30毫米，钢材厚度0.7毫米，长度4～6米。卡簧用刚性钢丝弯曲成型，在卡槽铺上塑料薄膜后，将它嵌入槽内，可固定薄膜。

③ 棚膜材料　棚膜首选乙烯-乙酸乙烯酯（EVA）农用塑料薄膜，也可选用聚乙烯（PE）或聚氯乙烯（PVC）膜，宽度12米，厚度0.08毫米以上，透光率90%以上，使用寿命1年以上。棚膜于无风晴天覆盖，用卡槽固定。裙膜选用厚度0.04毫米，宽度0.6～1米的中膜。一个标准单栋拱形钢架大棚需要棚膜48千克，中膜5千克。

棚体两侧每间隔3～5米用压膜线连接预埋挂钩固定棚膜。压膜线采用内部添加高弹尼龙丝、聚丙丝线或钢丝的高强度压膜线，其抗拉性好，抗老化能力强，对棚膜的压力均匀。

灌溉材料采用节水灌溉系统，由泵房设备（电动潜水泵、过滤器、施肥器及附属设备）、棚外管网（主、支、毛管）及棚内管带（微型喷头、滴灌管带、渗灌管带、喷灌管带、灌水器滴头）三部分组成，溶解于水的化肥和农药可通过灌溉管网施用。棚内管带材料多选用直径32毫米的喷灌带。

④ 防虫网材料　防虫网安装在大棚两侧的通风口上，用卡簧固定在卡槽中，防止通风时害虫进入。防虫网的材料类型主要有：不锈钢网和黄铜网、聚乙烯单线网、聚丙烯多股网、尼龙网等。一般选用幅度1米的40目尼龙防虫网。防虫网的颜色以白色和无色透明为主，也可以是黑色或银灰色的。白色和无色防虫网的透光性好，黑色防虫网的遮光效果好，银灰色防虫网则避蚜效果好，依据现场环境和需要而定。

4. 拱形钢架大棚建造安装技术

① 拱架安装　拱架即镀锌半圆拱钢管，8～8.5米宽大棚，单

根拱架长 6 米，直径 22～26 毫米，壁厚 1.2 毫米以上。为便于运输，拱架多采用现场加工，可根据所需弧形和肩高，通过角铁焊接而成。安装时先在拱架一头 30 厘米处，统一标记插入泥土的深度，然后沿大棚两侧拉线，间隔 60～90 厘米用直径 28～32 毫米的钢钎或电钻打一深 30 厘米的洞孔，洞孔外斜 5°，最后将拱架插入洞孔内，用眉形弯头连接拱架顶端即可。安装拱架要求插入深度一致，左右间距和内空间距一致，以保证大棚顶斜面和左右侧面平整。

② 拉杆安装　拉杆亦称纵向拉杆、横拉杆，俗称梁。一个大棚有 1 道顶梁 2 道侧梁，风口等特殊位置需要加装 2 道，共安装 5 道拉杆。拉杆单根长 5 米，40 米长的大棚，3 道梁需要拉杆 24 根。连接拉杆时先将缩头插入大头，然后用螺杆插入孔眼并铆紧，以防止拉杆脱离或旋转。上梁时，先安装顶梁，并进行第一次调整，使顶部和腰部达到平直；再安装侧梁，并进行第二次、第三次调整，使腰部和顶部更加平直。如果整体平整度有变形，局部变形较大应重新拆装，直到达到安装要求。安装拉杆时，用压顶弹簧卡住拉杆压着拱架，使拉杆与拱架成垂直连接，相互牵牢。梁的始末两端用塑料管头护套，防止拉杆连接脱落和端头戳破棚膜。拉杆安装要求每道梁平顺笔直，两侧梁间距一致，拱架上下间距一致，拉杆与拱架的几个连接点形成的一个平面应与地面垂直。

③ 斜撑杆安装　拉杆安装完后，在棚头两侧用斜撑杆将 5 个拱架用 U 形卡连接起来，防止拱架受力后向一侧倾倒。斜撑杆斜着紧靠在拱架里面，呈“八”字形。每个大棚至少安装 4 根斜撑杆，棚长超过 50 米，每增加长度 10 米需要加装 4 根。斜撑杆上端在侧梁位置用夹褓与门拱连接，下端在第 5 根拱管入土位置，用 U 形卡锁紧，中部用 U 形卡锁在第 2、3、4 根拱架上。

④ 卡槽安装　卡槽又称固膜卡槽、压膜槽，安装在拱架外面，分为上下 2 行，上行距地面高 150 厘米，下行距地面高 60～80 厘米。安装时校正拱架间距，用卡槽固定器逐根卡在拱架上固定，卡槽头用夹褓连接在门拱或立柱上。卡槽单根长 3 米，用卡槽连接片连接。安装前先在拱架上做出标记或拉上细绳子，这样安装的卡槽才会纵向平直，高低一致，不会歪斜。

⑤ 棚门安装　棚门安装在棚头，作为出入通道并具有通风作用，南头安装 2 扇门，竖 4 根棚头立柱，2 根为门柱，2 根为边柱，起加固作用；北头安装 1 扇门，竖 6 根棚头立柱，中间 2 根为门柱，两侧各竖 2 根边柱。立柱垂直插入泥土，上端抵达门拱，用夹褓固定。大棚门高 170～180 厘米，门框宽 80～100 厘米，门上安装有卡槽。棚门用门座安装在门柱上，高度不低于棚内畦面。门锁安装铁柄在门外，铁片朝内。

⑥ 棚膜安装　覆盖棚膜前要细心检查拱架和卡槽的平整度。拱形钢架大棚塑料薄膜宽 12 米，棚膜幅宽不足时需黏合。黏合时可用黏膜机或电熨斗进行，一般 PVC 膜黏合温度 130℃，EVA 及 PE 膜黏合温度 110℃，接缝宽 4 厘米。黏合前须分清膜的正反面。粘接要均匀，接缝要牢固而平展。裙膜宽度 60～100 厘米。覆盖棚膜要选无风的晴天，并分清棚膜正反面。上膜时将薄膜铺展在大棚一侧或一头，然后向另一侧或一头拉直绷紧，并依次固定于卡槽内，两头棚膜上部卡在卡槽内，下部埋于土中。

⑦ 通风口安装　通风口设在拱架两侧底边处，宽度 80～100 厘米。选用卷膜器通风时，卷膜器安装在棚膜的下端，向上摇动卷轴通风。安装卷轴时，用卡箍将棚膜下端固定于卷轴上，每隔 80 厘米卡一个卡箍，摇动卷膜器摇把，可直接卷放通风口。大棚两侧底通风口下卡槽内安装 40～60 厘米高的挡风膜。

⑧ 防虫网安装　在通风口及棚门位置安装防虫网。安装防虫网时，截取与大棚等长的防虫网，宽度 1 米，防虫网上下两面固定于卡槽内，两端固定在大棚两端卡槽上。

⑨ 内膜安装　大棚冬春季种植除覆盖地膜、小拱棚膜和棚膜外，还可加设一层内膜。内层膜安装在外层膜下 15～25 厘米处，内层拱架可选用竹竿，间距 3～5 米。棚内每畦用竹竿或竹片起拱，高 0.8～1.2 米，覆盖小拱棚膜，畦面覆盖地膜。简易办法也可用尼龙绳吊挂内膜。

⑩ 灌溉设备安装　灌溉设备安装采用半固定管道式喷灌系统。泵房设备、棚外主支管网等常年固定不动，棚内管带一季作物罢园后拆除，待土地耕整作畦后再安装。这种安装方式投资适中，操作

和管理较为方便，是目前使用较为普遍的一种管道式喷灌安装系统。

5. 塑料大棚栽培应用

① 塑料大棚栽培茬次　塑料大棚栽培以春提早为主，如黄瓜、番茄、辣椒、茄子等春早熟大棚栽培可比露地提早采收 20～40 天。其定植前，可加种白菜、菠菜、芫荽、青蒜等耐寒作物，以充分利用大棚资源；其次，秋延后栽培蔬菜一般可较露地栽培延后 20～30 天供应。此外，利用大棚棚架还可栽种丝瓜、苦瓜、四棱豆等蔓生蔬菜。

② 塑料大棚栽培要点

a. 提早扣棚烤地：定植前 20～25 天提早扣棚，密闭烤地。结合深耕整地，施足有机肥。为提高地温，宜做高 10～15 厘米小高畦或高垄，同时覆盖地膜。

b. 防寒保温。为减少棚内夜间热辐射，加强防寒保温，应采用多层薄膜覆盖，即在大棚覆盖两层或两层以上薄膜，每层薄膜间相隔 30～50 厘米，以增加保温效果。通常在单层棚的基础上于棚内吊挂一层薄膜（四周及棚顶），进行棚内防寒，俗称两层幕。白天将两层幕拉开受光，夜晚将其盖严保温。同时在大棚内加盖小拱棚，畦面覆盖地膜，效果更好。由于大棚四周接近棚边缘的位置其温度低于中央部位，所以寒冷的早春或初冬，应在大棚四周盖苫草或蒲席以防寒保温。

c. 加强通风透气。低温季节定植初期，以防寒保温为主，应密闭不通风；缓苗后室内气温超过 25℃时，应及时放风，降温降湿；当外界最低气温超过 15℃时，应昼夜通风。

d. 改善光照条件。选用无滴防老化长寿膜，防止尘染，是增强棚内受光的重要措施。合理密植，及时整枝打杈，减少株间相互遮阳，改善光照条件，是发挥塑料大棚早熟丰产性能的关键技术。

e. 合理浇水追肥。塑料大棚栽培基肥用量大，追肥次数多，作物重茬率高，加之不受雨水淋溶，易造成盐分积累和土壤溶液浓度过高，导致作物发生生育障碍，应通过合理施肥，改善土壤性能，增强土壤缓冲能力。为降低空气湿度，减少病害侵染机会，应勤中耕松土，控制灌水量，采用地膜覆盖膜下滴灌方式，有效解决浇水与提高空气湿度的矛盾。

二、 屋脊式竹架大棚的建造

屋脊式竹架大棚（彩图 2），利用竹子和杉木建造大棚具有取材方便、成本低廉等优势。

1. 场地选择

建造大棚应选择在背风、向阳，四周无高大建筑物和树木遮阴，排灌方便，土壤肥沃，地下水位低的地块。由于大棚扣膜后无法接受雨水，蔬菜生长所需的水全部靠人工灌水，因此大棚必须建造在水源充足的地方。

2. 建造技术

屋脊式大棚宽 8～12 米，长 30～40 米，大棚顶高 2.5～3 米，肩高 1.5 米。大棚的立柱分中柱（1 排）、侧柱（每侧 1 排，共 2 排）、边柱（每边 1 排，共 2 排）。大棚建造时，可用石灰画出棚四边的线，在短边的中央标出中柱位置，然后在中柱与边柱点的中央标出侧柱点，用石灰分别将两端的中柱点、侧柱点进行连接。用钢钎或铲按中柱柱距 3 米、侧柱柱距 3 米、边柱柱距 1 米的距离挖深 50 厘米的立柱坑，下垫砖或水泥砂浆。埋立柱时使同一排立柱成直线，保持同一排立柱顶高度相同，并用水泥砂浆夯实。

固定拉杆时要去掉毛刺，用火烤直，然后用铁丝固定在立柱上。拱杆可用直径为 2～3 厘米的竹竿为材料，拱杆杆距 1 米，拱杆的一端与边柱相连，一端搭在中柱上的拉杆上，在两根拱杆的接合处、拱杆与边柱接合处要用宽约 3 厘米的光滑竹片连接固定好，接头处用废薄膜或布条包好，以防刮破棚膜。

大棚的两头要用竹子绑成格子，以便阻挡大风吹开两头的薄膜，中间留一个宽 70 厘米、高 160 厘米的门，用于人、物进出。边柱上可绑 2～3 道横栏，但在绑边柱的肩横栏时，不能绑至边柱的顶端，而是绑在边柱顶端向下 15～20 厘米处，以防雨季因棚膜积水而压垮大棚。大棚骨架搭建好后覆膜。

3. 大棚消毒

大棚因通风透光比露地差，棚内闷热多湿易发生病虫害，因而在大棚种植前应做好消毒工作。目前最经济实用的消毒方法是高温闷棚，即在6～8月选晴朗高温天气进行大棚土壤耕翻，覆盖大棚薄膜，密闭大棚，在大棚中用稻草做小草堆，稻草上覆盖一层木屑，木屑上撒硫黄，然后点燃稻草（注意不能产生明火）熏烟，同时用敌敌畏拌上木糠撒在棚内。利用密闭大棚白天60～70℃的高温及杀虫剂、硫黄燃烧产生的二氧化硫、三氧化硫进行灭菌灭虫，闷棚7天后掀开薄膜通风2～3天就可以进行种植。

三、水泥骨架大棚的建造

1. 选址

水泥骨架大棚（彩图3）的建造应选择地势较高、地形平坦、交通方便处，土质宜壤土、砂壤土或黏壤土，设置走向宜南北向，单体大棚间距1.5～2米，两排大棚间隔2.5米以上，连栋大棚之间的间隔距离可在单体大棚的基础上再适当扩大。

2. 安装步骤

按6.2米宽度和所需长度定位，并在两头各留1米余地后，拉线放样、确定基脚线。

安装前应先检查水泥骨架，并将预留孔内的残留水泥清理干净后双配对。

在基脚线的两头和正中间架三拱骨架作为标准架。在安装标准架时，两边先各挖一个口径为15厘米×15厘米，深45厘米的脚洞，洞底垫半块红砖，再将骨架安装其上，用竹（木）杆交叉稳住拱架，并由棚顶纵向拉一根中线以控制棚高，（内空2.2米或2.3米或2.4米）。两端拱架顶上各吊一校准砣，与两头基脚线成垂直状。然后压紧埋实架脚，再将原基脚线向上移至裙膜孔处作为准线以确定棚的宽度。若棚过长，则需在中间增设标准架。

按1.09米间距，两边同时挖好脚洞，垫半块砖，将两片骨架对拱接合，调整高度和宽度到合适位置，再穿入螺栓，适当紧固螺母，然后将入土架脚埋压紧实，并在连杆连接前用竹（木）杆交叉撑稳拱架，避免晃动和倾斜。装配时，应边挖脚洞，边安棚架。

当棚架架起4～5拱后，用14号铁丝将连杆与架孔扭紧扎牢，先连棚顶，边架边连。要求拱架始终与地面垂直，切忌向一方倾斜。

棚架整体连接后，两头用构件和螺栓连接4根预制的拱头向内顶住棚架。折叠门与中间拱头连接。拱头脚部需用混凝土浇灌固定，以增加撑力。

然后覆盖薄膜。先牵裙膜，裙膜上方与尼龙绳一起缝合成圆筒头状，用绳索将尼龙绳、裙膜与拱架连接处用布或塑料包裹平整，两头各留出3米左右长膜覆盖两端，再将顶膜拉开覆盖整个棚顶，并将两头棚膜拉紧实后，再在每拱中间各拉一根压膜带。在拉紧压膜带时，注意先中间后两边，间隔均匀，松紧一致，并且带、膜与连杆之间稍留间隙。固定压膜带可用8号铁丝，拴固在拱脚架预留孔处，也可就地钉木桩拉紧。

折叠门安装在大棚一头中间两根拱头的连接螺栓上，门膜用压条和螺栓紧固。使用时，开门，向上翻折；关门，直接放下。

一般初次装棚，可请水泥大棚生产厂家的技术人员作指导。大棚搭建后，还要设置排水沟、电力等配套设施。

3. 水泥大棚的维护

① 在搭建时要安装牢固

a. 棚脚入土到位：大棚脚的入土深度一定要达到40厘米的标准。因棚脚边缘的土壤，一般会因耕作逐年下降，棚脚入土变浅，造成大棚倾斜。

b. 连接杆扎紧扎牢：大棚的三道连接杆与骨架接触部位用铁丝扎紧扎牢，有的用竹竿做连接杆，竹竿会因干燥收缩而松动，应经常检查，随时扎紧并间隔2～3年更换一次，以防竹竿老化，大棚倾斜。

c. 大棚支撑牢固：水泥大棚两端的混凝土支撑杆，用两长两短，即两根短撑杆与连接杆对准，底部离第一副骨架的底部1～1.5米；两根长撑杆的宽度可与做棚门相结合。为使大棚更牢固，可在大棚两端的内侧用毛竹搭成剪刀形支撑杆。对50米以上的大棚宜在棚中间的两侧加搭一副剪刀撑，一个较长的大棚共用6副剪刀撑。

② 应认真养护棚架

a. 及时扶正骨架：如土地不平整，土层厚薄疏松不一，大棚可能会向一端倾斜，一旦发现应及时抓紧扶正。方法是：用3道绳索或者铁丝，把骨架从相反方向拉住，或用竹竿在相反方向撑住，逐副扶正。扶正前，先将相反方向骨架底部的土松开，以防用力过猛使骨架折断，扶正后再夯实。有的在轻质大棚骨架内每3～5架再斜绑一道毛竹，以防变形。

b. 防止人为增加负荷：不要任意把扁豆、丝瓜、南瓜等攀缘果蔬牵到大棚上，遇到刮风下雨给骨架增加的负荷难以承受，容易造成骨架裂缝、折断、倒塌。

c. 及时夯实棚脚：由于土壤本身在自然界中的涨墒、缩墒及雨水冲淋等关系，间隔一段时间后，脚洞还土会自然形成空洞间隙，如遇连续干旱后暴雨，极易造成大棚倾斜、损毁，每年至少要对棚脚的脚洞进行2次还土。

③ 经常进行维护

a. 棚膜维护：在大棚使用过程中，注意不要用尖锐物在棚膜上碰撞，以免划破棚膜。万一棚膜出现裂口时，可用黏合剂修补或用透明胶带修补。而聚乙烯膜可用聚氨酯黏合剂进行修补。经常保持棚膜的清洁，一般棚膜使用2～3年后，必须更换，以免影响透光率，大棚栽培效益不佳。大棚冬春育苗提倡用新膜。

b. 棚架维护：钢架大棚应每年涂刷一次防锈漆，尤其注意生锈部分和易生锈的连接部件。水泥大棚的棚架内嵌的钢丝、竹片露出，应进行打磨、包裹，以免划破棚膜，个别质差断裂的单架应及时更换，以免影响整体牢固性。

地锚线、压膜带维护：地锚线和压膜带如较松或断裂，应及时紧固和更换。

第二节　大棚栽培辅助设施设备

一、 防虫网

防虫网是以高密度聚乙烯为主要原料，并添加抗紫外线、抗老化等化学助剂，经挤出拉丝编织而成的17～50目等规格的网纱，是继大棚农膜、遮阳网之后的又一种新型覆盖材料。具有耐拉强度大、抗热、耐水、耐腐蚀、耐老化、抗紫外线、无毒、无味、废弃物易处理等特点。

防虫网覆盖栽培主要用于夏秋季设施园艺。采用全生育期全封闭栽培（彩图4），主要功能是用以阻隔各种害虫成虫潜入产卵繁殖，并能有效地防止由害虫传播和由伤口侵入的各种病害的发生和蔓延，从而实现基本不用农药生产，同时还具有一定的抗突发性自然灾害的能力，是实现蔬菜无（少）农药污染的环保型农业新技术、新成果，是夏秋高温多雨季节设施蔬菜栽培中，实现高产、优质、无污染和高效益生产的有效途径。在保护生物多样化的同时，达到自然控制蔬菜害虫为害的目的。为广大消费者提供无农药污染的营养保健型蔬菜和食用安全的无公害蔬菜，有利于广大消费者的健康。

1. 夏季栽培蔬菜应用防虫网的益处

① 防虫　夏秋季节是菜青虫、小菜蛾、斜纹夜蛾、甘蓝夜蛾、甜菜夜蛾、蚜虫、美洲斑潜蝇等害虫多发时期，覆盖防虫网后，由于防虫网网眼小，又是全生长期覆盖，害虫成虫飞（钻）不进，在田间形成一个人工屏障，可以有效地阻止幼虫进入棚内直接为害或成虫飞入棚内产卵为害，切断了害虫的传播途径，防效达95%以上。

② 防治病毒病　秋菜育苗多在6～7月，育苗期间多高温天气，遇有连续干旱天气，蚜虫对菜秧的为害更为加剧，因而传播病

毒病。采用防虫网覆盖育苗和栽培，可有效控制蚜虫对菜秧的为害，并使蔬菜病毒病的发生降到最低程度。

③ 防治软腐病　秋大白菜栽培常因黄曲条跳甲为害，使软腐病传播到大白菜秧苗上。控制和杀灭黄曲条跳甲是防止大白菜软腐病发生的有效措施。可采用防虫网覆盖育苗，控制黄曲条跳甲为害，从而达到减轻大白菜软腐病发生的目的。

④ 防暴雨、减风速　防虫网网眼小，机械强度高，因而防风、防暴雨冲刷效果好。生产上常因风力过大，冲毁架材、毁损蔬菜，用 25 目防虫网覆盖可以降低风速 15%～20%，用 30 目的可降低风速 20%～25%。夏日的冰雹和暴雨常使在田蔬菜造成机械性伤害，采用防虫网覆盖，可阻隔冰雹冲击蔬菜，还可以使暴雨的冲击强度减弱。暴雨过后，天气又突然暴晴，气温骤升，植株水分严重失调，常造成秧苗凋萎乃至烂秧，防虫网覆盖可避免棚内小气候温度急剧变化，减缓暴雨暴晴天气的间接危害。

⑤ 降温　夏季应用防虫网覆盖，棚内日平均温度较露地日平均气温增高 0.6～1.9℃，地下 10 厘米土壤温度，防虫网覆盖与露地的结果相近，仅增高 0.1℃。如应用银灰色防虫网覆盖，地温甚至还会出现较露地降温的效应。在晴热天气高温时段，揭除棚侧防虫网，加强通风，便可降低棚温。在高温时段，害虫成虫迁飞的活动能力也下降，因此也不会因揭盖管理影响防虫效果。

⑥ 保墒　防虫网保墒防旱效果与网的颜色、孔径大小有关，即深色遮光率高的、孔径小的防虫网，防旱保墒效果优于白色的、孔径大的防虫网。而且，连续高温天气保墒能力更好。如栽培小白菜，露地全生育期（22 天）需浇水 30 次，而应用防虫网覆盖的因其保墒功能仅需浇水 15 次。

⑦ 增湿　防虫网覆盖可较露地增加相对空气湿度。这对炎热的夏季生长的蔬菜十分有利，可减少植株叶面蒸腾，同时减轻高温对植株果实的直接伤害。

⑧ 遮光　防虫网的遮光率一般在 25%～30%之间，遮光程度因网颜色、网目疏密的不同而有差异，一般黑色网遮光率高于银灰色网，白色网的遮光率最低，网的目数越高，遮光率越大。另外，

白色防虫网在光线通过时有散射光线的作用，使网内光线更加均匀，减弱了由于作物上部茎、叶阻挡而造成的下层叶片受光不足的现象，提高了光的利用率。

⑨ 省工、省成本　防虫网遮光率低，蔬菜防虫网应用可以全程覆盖，不需前盖后揭、日盖夜揭、晴盖阴揭等农事操作，管理方便、省工，而且可以有效控制蔬菜害虫为害，不需喷农药，节省农药成本和喷药用工，一般每亩每茬可节约农药成本 80～100 元。

⑩ 保护天敌　防虫网构成的生活空间，为天敌的活动提供了较理想的生存环境，又不会使天敌逃逸到外围空间去，这为应用推广生物治虫技术创造了有利条件。

⑪ 防霜、防冻　早春 3 月下旬至 4 月上旬，防虫网覆盖棚内比露地气温高 1～2℃，5 厘米地温比露地高 0.5～1℃，能有效防止霜冻。

2. 防虫网覆盖在蔬菜上的应用

① 夏季叶菜栽培　小白菜、夏大白菜、夏秋甘蓝、菠菜、生菜、花椰菜、萝卜等，这些品种多具有生长快、周期短等特点。但露地生产虫害多、农药污染严重，且夏秋季又是突发性自然灾害的多发时期，产量极不稳定。使用防虫网覆盖栽培可实现无（少）污染、稳产、高产、优质、高效的生产。这是目前防虫网最主要的一种覆盖应用方式。据试验，夏季结球大白菜覆盖防虫网，生育期比露地延长 3 天，开展度大于露地，球高、球径、单球重均高于露地，净菜率高出 3.3%，亩产量比露地增产 128.65%，对菜青虫、小菜蛾、斜纹夜蛾具有较好的隔离作用，病毒病的发病率为 0。

② 伏菜栽培　伏萝卜、伏豇豆、早秋甘蓝、早秋大白菜、早秋花椰菜、早秋青花菜等品种，在夏秋季节生长因虫害和突发性自然灾害产量极不稳定，应用防虫网覆盖栽培技术，为这些品种夏秋栽培提供了优质、稳产的新措施。

③ 茄果类、瓜类蔬菜栽培　这些蔬菜在夏秋季易发生病毒病，采用防虫网覆盖栽培技术，可切断蚜虫等昆虫的传毒途径，有利于减轻病毒病的为害，延长采收期或越夏栽培。同时隔离了棉铃虫、

斜纹夜蛾、二十八星瓢虫、茄黄斑螟、黄守瓜、瓜绢螟等，减少了烂果。既可满足淡季市场的需要，又促使菜农获得更高的产量和更佳的经济收入。

④ 秋菜育苗　6～8 月是秋冬蔬菜甘蓝类、茄果类、榨菜等育苗季节，是虫害及高温干旱、台风暴雨等突发性自然灾害的多发性时期，育苗难度很大，难以育成无病虫感染的壮苗。采用钢管大棚顶部覆盖塑料薄膜，其上再覆盖封闭型的防虫网，可使秧苗免受暴雨袭击，减轻苗床土壤板结和肥料流失。可有效地提高出苗率、成苗率和秧苗素质。特别是大白菜、秋辣椒、榨菜等易患病毒病的蔬菜品种，效果更为显著。

⑤ 芥菜栽培　芥菜（尤其是早芥菜）易受病毒病为害，造成产量、质量严重下降。芥菜病毒病主要由蚜虫传染，尤其是有翅蚜。防治该病的关键是苗期及生长前期治蚜。传统的化学治蚜防病效果较差，使用防虫网隔蚜育苗加地膜覆盖栽培可有效控制芥菜病毒病的发生，据测试，防治效果高达 63.4%～87.3%，增产、增值十分显著。

⑥ 豆类蔬菜栽培　据报道，防虫网对豇豆美洲斑潜蝇及豆野螟的防效均在 95%以上，提高豇豆的质量与产量，网内豇豆叶片叶绿素含量比网外高 5.66%～34.6%，平均叶面积比网外高 77.37%，根系活力比网外高 12.96%，百株产量比网外高 5.96%，单荚重比网外高 20.65%。一般在 6 月上旬梅雨到来之前盖网，不能过迟，选用银灰色网纱，网目宜选用 18～22 目，盖网前需深翻晒垡，地面用 48%毒死蜱乳油 1000 倍液喷洒，深沟高畦，施足基肥，较露地适当降低 5%～10%的密度。

⑦ 蔬菜制种繁种　防虫网可防止因昆虫活动造成的品种间杂交，从而导致的种子混杂退化。可广泛应用于蔬菜的制种繁种。

3. 防虫网覆盖在蔬菜栽培上的应用

防虫网作为蔬菜设施栽培的一种辅助材料，其覆盖的方式有多种。

① 浮面覆盖　又称直接覆盖、飘浮覆盖或畦面覆盖。即在夏

秋菜播种或定植后，把防虫网直接覆盖在畦面或作物上，待齐苗或定植苗移栽成活后即揭除。如防虫网内增覆地膜，同时在防虫网上面还增覆两层遮阳网，其防虫和抵御突发性自然灾害的效果更佳。

② 水平棚覆盖　棚架高度一般为80～100厘米，多用架竹搭建，操作方便，高低可以调节。也可用水泥立柱作架材搭成大平棚架，棚高2米。如遇台风、暴雨可临时降低到20～30厘米，以增强抗台风能力。防虫网覆盖棚架，应四周用防虫网覆盖压严，面积一般以2000平方米左右为宜，有的甚至达1公顷以上，全部用防虫网覆盖起来，这种覆盖方式节省防虫网和网架，操作方便，一般用于5～11月种植小白菜，一年种5～6茬，效果好。

③ 小拱棚覆盖　是目前应用较多的防虫网覆盖方式，高温季节使用，网内温度较高是其不足之处，可通过增加淋水次数达到降温的目的，由于小拱棚下的空间较小，实际操作不方便，一些地方利用这种覆盖形式进行夏季育苗和小白菜的栽培，投资少，管理简单，特别适合于没有钢管大棚的地区推广，同样起到防虫的作用。小拱棚的宽度、高度依作物种类、畦的大小而异。通常棚宽不超过2米，棚高为40～60厘米。可选择宽幅为1.2～1.5米的防虫网，直接覆盖在拱架上，一边可以用泥土、砖块固定，另一边可自动揭盖，以利生产操作。可采用全封闭的覆盖方式。

④ 棚架覆盖　棚架覆盖是利用夏季空闲大棚架覆盖栽培的形式，棚架覆盖可分为大棚覆盖和网膜覆盖等，可根据气候、网和膜原料灵活选择覆盖形式。

⑤ 大棚覆盖　是用防虫网全程全封闭覆盖栽培，是目前防虫网应用的主要方式，主要用于夏秋甘蓝、花菜等蔬菜生产，其次可用于夏秋蔬菜的育苗，如秋番茄、秋黄瓜、秋莴苣等。通常由跨度6米、高2.5米的镀锌钢管构成，将防虫网直接覆盖在大棚上，棚腰四周用卡条固定，再用压膜线“Z”形扣紧，只留大棚正门口可以揭盖，实行防虫网全封闭覆盖。但在高温时段，害虫成虫迁飞的活动能力也下降，可揭除两侧，有利通风降温，不会因为揭盖管理影响防虫效果。

⑥ 网膜覆盖　是大棚顶部用塑料薄膜，四周裙边用防虫网的

覆盖栽培。网膜覆盖提高了农膜利用率，节省成本，能降低棚内湿度，避免了雨水对土壤的冲刷，起到保护土壤结构、降低土壤湿度、避雨防虫的作用，在连续阴雨或暴雨天气，可降低棚内湿度，减轻软腐病的发生，适合梅雨或多雨季节应用，也可在秋季瓜类（特别是甜瓜、西瓜、西洋南瓜、西葫芦等）蔬菜栽培的应用。但在晴热天气易引起棚内高温。网膜覆盖，可利用前茬夏菜栽培的旧膜进行。

4. 采用防虫网覆盖进行蔬菜栽培要点

① 选好品种　防虫网覆盖栽培时间，主要在夏秋高温季节，应选用抗热、耐湿、抗病品种。品种选用适当，覆盖栽培后，较露地栽培的经济效益、社会效益十分显著。如伏毛菜、伏萝卜、伏豇豆、早秋花椰菜、早秋甘蓝、早秋大白菜、秋季番茄、秋辣椒以及秋菜和茄果蔬菜早熟栽培育苗。

② 选择适宜规格　根据菜地的情况和不同作物、季节的需要来选择防虫网，规格主要包括幅宽、孔径、丝径、颜色等。规格以目数多少而定，目数即密度规格，即在25.4毫米×25.4毫米内经纱与纬纱的根数，如25.4毫米×25.4毫米内，经、纬纱各为20根，即为20目，应根据防治害虫虫体的大小选用适当的网目。一般蚜虫的体长2.3～2.6毫米，体宽1.1～1.5毫米；小菜蛾成虫体长6～7毫米，展翅可达12～15毫米，故生产上多选用17～25目防虫网。5～10月夏秋季节蔬菜、花卉栽培上多用17～22目白色防虫网。丝径0.18～0.22毫米，幅宽1.2～3.6米。颜色有白色、银灰色和黑色三种。如需加强防虫网的遮光效果，可选用黑色防虫网。银灰色防虫网的避蚜效果更好。白色防虫网透光率较银灰色的好，但夏季棚内温度略高于露地，适用于大多数喜光的蔬菜栽培。

③ 采用适当覆盖方式　全网覆盖和网膜覆盖均有避虫、防病、增产等作用，但对各种异常天气适应能力不同，应灵活运用，在高温、少雨、多风或强台风频发的夏秋天，应采用全网覆盖栽培，在梅雨季节，或连续阴雨天气可采用网膜覆盖栽培。

④ 棚高适宜　小拱棚或水平棚覆盖时，棚高宜高于作物，避

免菜叶贴紧防虫网，被网外跳甲等害虫取食或产卵于菜叶，若在高温期间进行蔬菜覆盖栽培则棚内空间越大越好，因而，以棚高 2 米的大平棚覆盖栽培为宜，即可人工操作，又利于蔬菜生长。

⑤ 全期覆盖　防虫网遮光，但又遮光不多，不会对蔬菜作物造成光照不足的影响，不需日盖夜揭或前盖后揭，应全程覆盖，先覆网后播种。两边用砖或土压严实，不给害虫入侵机会，才能达到满意的防虫效果。一般风力情况下可不用压网线。如遇 5～6 级大风，需拉上压网线，以防止大风将网掀开。

⑥ 土壤消毒　覆盖前一定要进行土壤消毒，杀死土壤中的病菌和害虫，切断虫源。

⑦ 加强田间管理　要施足基肥，减少追肥次数，一般叶类菜生育期短，不需追肥。白色防虫网在气温较高时，网内气温、地温较网外高 1℃左右，给蔬菜生产带来一定影响，故在 7～8 月份气温特别高时，可增加浇水次数，保持网内湿度，浇水施肥以清晨或傍晚为宜，可采用网外泼浇或沟灌，有条件的地方最好采用微型滴灌和喷灌。尽量减少入网操作次数，进出网时要及时拉网盖棚，不给害虫入侵机会。要经常巡视田间，及时摘除挂在网上或田间的害虫卵块。检查网、膜有否破损，及时加以修补。

二、 遮阳网

遮阳网（彩图 5）又称凉爽纱、寒凉纱，是以聚烯烃树脂为主要原料，加入合适的光稳定剂、抗氧化剂和各种色料等，熔化后经拉丝制成的一种轻质、高强度、耐老化的塑料编织网。覆盖后能起降温、遮光、避雨、防风、防鸟、保湿抗旱、保暖防霜等多种作用。与普通常用的苇帘、竹帘、草帘相比，具有寿命长、重量轻、操作方便、便于剪裁拼接、保管方便、体积小、省时省工、省力等优点。

目前，遮阳网作为一种新型覆盖材料，与农用塑料薄膜一样已在蔬菜生产中被广泛应用，并由夏秋高温季节为主，扩展到周年利用，是大棚设施周年利用不可缺少的辅助材料。随着生产的不断发展，遮阳网的应用范围也由蔬菜生产向花卉苗木、食用菌、畜牧、水产等生产行业发展，特别是在花卉、食用菌生产上的应用已十分普遍，在覆盖形式上也更趋多样化。

1. 遮阳网的品种规格

遮阳网的品种规格较多，在覆盖栽培时应根据不同的需要加以选择。

① 颜色　常用的遮阳网有黑色、银灰色、蓝色、黄色、绿色等多种。以黑色、银灰色两种在蔬菜覆盖栽培上应用最普遍。黑色遮阳网的遮光降温效果比银灰色遮阳网好，一般用于伏暑高温季节和对光照要求较低、病毒病为害较轻的作物，如伏秋季的小白菜、娃娃菜、大白菜、芹菜、芫荽、菠菜等绿叶蔬菜的覆盖栽培。银灰色遮阳网的透光性好，且有避蚜作用，一般用于初夏、早秋季节和对光照要求较高，易感染病毒病的作物，如萝卜、番茄、辣椒等蔬菜的覆盖栽培。用于冬春防冻覆盖，黑色、银灰色遮阳网均可，但银灰色遮阳网比黑色遮阳网效果好。

② 遮光率　遮阳网在编织过程中可调节不同的纬线密度，生产出遮光率25%～75%，甚至高达85%～90%的不同产品。在覆盖栽培中可根据不同的需要加以选择。夏秋覆盖栽培，对光照的要求不太高，不耐高温的小白菜和其他绿叶蔬菜，可选用遮光率较高的遮阳网。对光照要求较高、较耐高温的果菜类蔬菜，可选用遮光率较低的遮阳网。冬春防冻防霜覆盖，遮光率较高的遮阳网效果较好。一般在生产应用中，普遍选用遮光率为65%～75%的遮阳网。在覆盖使用时，应根据不同季节和天气情况，通过改变遮盖的时间及采取不同遮盖的方式进行调节，以满足不同作物的生长需要。

③ 幅宽　一般产品幅度为0.9～2.5米不等，最宽的达4.3米，有些厂家根据需要还可定做。可根据不同的覆盖形式加以选用，目前一般以宽1.6米和2.2米的使用较为普遍。在覆盖栽培中，一般多采用多幅拼接，形成大面积的整块覆盖，使用时揭盖方便，便于管理，省工、省力，也便于固定，不易被大风刮起。可根据覆盖面积的长、宽选择不同幅度的遮阳网来拼接。在进行遮阳网的切割时，剪口要用电烙铁烫牢。在拼接时，不可采用棉线，应采

用尼龙（锦纶）线缝合，以增加拼接的牢固度。

2. 遮阳网覆盖栽培在蔬菜上的作用

遮阳网覆盖栽培的原理是利用遮阳网夏天的遮光、降温、秋冬季的保温防冻和机械的防风、防雨、防虫等作用，优化覆盖作物的生长环境，广谱性地抵御和减轻灾害天气的影响，实现作物的高产、稳产、优质栽培。其主要作用有以下几点。

① 遮光　遮阳网根据不同的纬线密度、色泽，其遮光率通常在25%～75%之间。在夏季，通过覆盖可调节光强来满足作物光合作用的需要。纬线密度越大，遮光率越大，反之就小；同一规格遮阳网遮光率黑色网大于银灰色网，遮阳网的遮光情况还随天气而变化，一般黑色遮阳网晴天的遮光率高于多云、阴天天气的遮光率。

② 降温　夏秋季节遮阳网覆盖后，降温效果显著。在烈日下一般气温可下降4～6℃。38℃时，最高可降19.9℃，地温可下降5～8℃，地表温度可下降8～14℃。一般颜色越深，降温效果越好，遮光率越大，降温效果越好，大棚盖网的降温幅度大于小棚盖网，在塑料大棚外覆盖黑色遮阳网的降温效果比银灰色的好，在塑料大棚内覆盖银灰色遮阳网的降温效果比黑色的好。采用浮面覆盖，以黑色遮阳网降地温的效果最好。

③ 防暴、抗台风　遮阳网覆盖后，能有效地抵挡夏季台风暴雨的袭击，并可保护农膜及避免大棚倾斜、倒塌。暴雨时，雨点经遮阳网丝破滴分散，成为小雨散落入网内，有效地降低了暴雨直接冲击而对蔬菜造成伤害及表土板结，防止雨后高温死苗、倒苗。据报道，遮阳网覆盖下水滴对地面的冲击力仅为露地的1/50。棚内雨量减少3.3%～22.8%。

④ 防风保湿　遮阳网在遇到大风时，能减缓风速，减少土壤水分的蒸发，湿度增加，据测定，盖网5天后土壤含水量比露地提高50%以上，空气相对湿度提高5%～10%，露地畦面表土发白时，盖网区仍湿润，可减少灌水次数和灌水量。

⑤ 增温防冻　冬季或早春，夜间用遮阳网覆盖具有增温防冻、

防风、防霜、防寒效果。用银灰色遮阳网，在大棚内覆盖，可使棚内最低气温提高1.4～5.1℃，日平均最低气温提高2.3℃，外界气温越低，增温效果越明显。作露地覆盖，能使网下最低气温提高1～2.8℃，日平均最低气温提高1.6℃。发生霜冻的夜晚浮面覆盖，露水或雾点凝聚在网上形成霜，避免霜对植株造成直接危害。当作物受到低温冻害时，遮阳网覆盖能减缓天晴日出时气温骤然升高，从而降低了植株因脱水造成的伤害程度。降雪天气，能将降雪阻挡在网上，形成保护层，使作物免受冻害，也有利于雪后蔬菜的采收上市。早春茄果类、瓜类、豆类蔬菜可提早10天播种、定植。

⑥ 避病防虫　遮阳网覆盖栽培有避蚜虫、小菜蛾、菜青虫、菜螟、斜纹夜蛾等害虫的效果，实现夏秋叶菜不打药生产，省药、省工、省本，有利健康。银灰色网封闭覆盖，避蚜效果88%～100%，对菜心病毒病防效达95.5%～98%，对青椒日灼病防效达100%，同时，遮阳网覆盖后避免雨水直接冲击，使植株病害减少。此外，还有防鸟、防鼠效果。

3. 在蔬菜上应用遮阳网覆盖栽培形式

遮阳网在蔬菜的覆盖栽培中，采用的覆盖形式很多。目前常用的主要有遮阳网大棚覆盖、遮阳网小拱棚覆盖、遮阳网平棚覆盖和地表浮面覆盖等形式。

（1）遮阳网大棚覆盖　即在大棚设施扣上遮阳网进行覆盖栽培。这是目前应用时间长、应用面较广的一种覆盖栽培形式。又分为大棚顶覆盖、大棚内覆盖和大棚网膜覆盖。

① 大棚顶覆盖　即与大棚单独配套覆盖，可根据不同季节不同作物的要求采取单层或多层覆盖。遮阳网覆盖大棚外表时，要求棚的两侧近地的空隙不超过1米。如果考虑避蚜，棚两侧的网可盖到地表。用压膜线加以固定。为方便揭盖，也可采用在棚架两侧用绳将网绑扎固定。

② 大棚内覆盖　即把遮阳网盖在棚内预先固定的平架铁丝上，铁丝固定在大棚腰肩外，遮阳网的一边固定，另一边可活动，随光照强度的变化而开网盖网。一般用在冬春季节扣在塑料大棚内，防

冻效果较好。

③ 大棚网膜覆盖　即在大棚除去四周裙膜保留顶膜时，在棚架顶膜外再盖一层遮阳网的覆盖形式，主要用于夏菜延后栽培、夏季速生叶菜栽培，秋菜育苗和栽培。在夏秋季节遮阳网应扣在塑料薄膜的外表，才能起到较好的降温效果。

（2） 遮阳网小拱棚覆盖　即利用竹片、竹竿、枝条等架材搭成的小拱棚作支架覆盖遮阳网。如夏大白菜、夏菠菜、夏芫荽等的栽培。夏秋高温季节的降温效果比大棚覆盖好，使用时揭盖方便，对多种作物可短期轮换覆盖，遮阳网的利用率高，覆盖面积大。可小拱棚单体单幅覆盖，也可以连片覆盖。覆盖时网在棚的两侧与地面的距离不超过 10 厘米。连片覆盖的网应根据覆盖的面积加以拼接。

（3） 遮阳网平棚覆盖　即利用竹竿、木桩、铁管、水泥桩、铁丝等作架材搭成平棚盖网，再用小竹片、塑料绳、铁丝等固定遮阳网的覆盖形式。又分高架和矮架两种形式。

① 高架平棚覆盖　棚架高 1.8～2.0 米，多采用固定式。架材选用木柱、铁管和铁丝，坚固耐用，一次搭成后，多年使用。棚体高，耕作管理方便，通风透气性好，但揭盖操作较费事，一次性投资又大。以苗床、耐阴性的蔬菜及花卉苗木、食用菌等栽培为主。

② 矮架平棚覆盖　棚架高 0.5～1.0 米，多采用非固定式，用短木桩和竹竿绑扎而成。棚体低，投资小，揭盖操作方便，适宜大面积轮换多次覆盖。

（4） 地表浮面覆盖　即将遮阳网直接平铺于地表或作物的表面进行覆盖栽培。操作方便，无需支架，覆盖成本低，使用灵活，可多次轮番覆盖，覆盖面积大，利用效率极高。这是遮阳网覆盖栽培中最简单、最经济的一种覆盖形式。又分地面覆盖和浮面覆盖。

① 地面覆盖　即将遮阳网直接盖在畦面上。主要用于蔬菜播种后至齐苗前，夏秋遮阳降温，冬春保温防冻，不用架材，方法简便。在盖网前用稻草稀疏撒布在畦面上，可改善通风，防止地面温度过高。齐苗后揭除，或改用搭棚覆盖。

② 浮面覆盖　即将遮阳网直接盖在作物上。主要用于夏秋蔬菜移栽至活棵前的覆盖，以及冬季或早春夜间覆盖防冻、防霜、保

暖，也可作为台风暴雨、寒潮袭击时的临时抗灾覆盖。

一般以连片拼接覆盖为主，也可单幅覆盖，但以连片拼接覆盖操作方便。可视天气和栽培作物的不同要求采取单层或双层覆盖。地表浮面覆盖可以在露地，也可在大棚内。覆盖时，网的四周用小木棍或小竹竿带网插入地下固定，或可用 U 形铁丝插入地下固定，还可采用砖块、水泥条等在四周镇压。

4. 遮阳网在蔬菜生产上的应用

① 遮阳网覆盖育苗技术　6～7 月，主要用于芹菜、秋番茄、夏秋花椰菜、秋莴苣、秋甘蓝等蔬菜的育苗，用遮阳网覆盖能有效地防御多种灾害性天气，可提早出苗，提高出苗率，幼苗成苗率提高 40%，秧苗质量提高 60%。可以用大棚覆盖，也可以用平棚或小拱棚覆盖。目前主要采用遮阳网与大棚相配套的覆盖形式。

采用大棚网膜覆盖，薄膜覆盖在大棚上，起到避雨、降湿、防涝渍作用，薄膜应与大棚两侧地面保留不少于 1 米的距离，大棚四周裙膜应拆除。遮阳网覆盖在棚膜外面，即网在上，膜在下，用压膜线或在棚的两侧用绳子将网紧扣在大棚上，网在大棚两侧与地面的距离不应超过 1 米。

a. 播种至出苗：播种后，遮阳网除用在大棚上覆盖外，同时还要在苗床的表面作浮床，要打透底水，盖网后的浇水可用喷壶直接向覆盖在苗床的网上均匀喷撒，防止漏浇。浮面覆盖可视天气和作物情况不同，采用一层或双层覆盖。播种后盖网前，幼苗出土后，及时将覆盖在苗床上的遮阳网揭去。

b. 育苗期：遮阳网要勤盖勤揭，晴天盖、阴雨天揭；白天盖，晚上揭。日最高气温在 30～35℃时，一般上午 9 时左右盖，下午 4 时左右揭；日最高气温达 35℃以上时，要提早盖网和延迟揭网时间。播种至出苗及移苗至活棵阶段，遮阳网可全天连续覆盖，出苗后和移苗活棵后，可视天气和苗情变化揭盖。移栽前 10 天左右开始，逐步缩短白天盖网时间，增加光照。移栽前 2～3 天，撤去遮阳网，让秧苗整日曝晒锻炼。

此外，还可用于冬春育苗，即将遮阳网覆盖于大棚内的苗床上，能起到保湿防冻作用，特别是在早春秧苗定植前揭膜炼苗时，为防止夜间低温冻害与晚霜的危害，可在大棚内直接用遮阳网在秧苗表面作临时性浮面覆盖。覆盖时可单层，也可用多层。

② 遮阳网春夏菜延后栽培　早春定植栽培的番茄、茄子、辣椒、黄瓜等茄果类、瓜类蔬菜，进入7月高温季节后，可采用遮阳网覆盖，避免高温强光影响，防止日灼病、畸形果发生，延缓衰老，延长开花结果期，改善果实品质，提高产量。如辣椒可自6月下旬开始覆盖遮阳网，结果期可延长至8月份。

一般都采用大棚覆盖形式。其技术要点与夏秋季育苗覆盖类似，不同之处是应掌握合适的盖网时间，不宜过早，也不宜过迟。一般在6月下旬至7月初高温来临时，才开始进行覆盖。覆盖时，可在大棚薄膜外盖上遮阳网，也可将薄膜揭除换上遮阳网覆盖，但四周的围裙应拆除。一般至8月中旬结束覆盖。

③ 遮阳网伏菜栽培　6月下旬至8月上旬，对夏季的小白菜、娃娃菜、菜心、生菜、苋菜、蕹菜等速生叶菜，以及夏黄瓜、夏甘蓝、夏大白菜、夏萝卜等进行覆盖，在遮阳网覆盖栽培中应用最为普遍，具有明显的增产效果。如速生叶菜覆盖后，可提高成苗率，增产幅度在20%～150%，如遇特大自然灾害，产量成倍增加，甚至变无为有。

夏黄瓜等搭架栽培的以大棚覆盖形式为主，其栽培技术要点可参照夏秋菜育苗覆盖应用。速生叶菜、夏甘蓝、夏大白菜、夏萝卜等的覆盖栽培，一般采用浮面覆盖或浮面覆盖与矮平棚、小拱棚覆盖方式相结合。其技术要点有以下两点。

a. 播种至出苗：播种后要浇透底水，将网直接盖于地表，将网四周固定压紧，至出苗前一般不揭网，补水可直接喷浇在网上。浇水要均匀浇透，3～5天后苗齐，及时将网揭开，通气见光。

b. 齐苗后或是移栽后：可继续采取浮面覆盖，晚揭早盖，勤揭勤盖，或可采用矮平棚、小拱棚的覆盖形式。无论何种形式，应加强揭盖管理，做到白天盖，晚上揭；晴好天盖，阴雨天揭；暴雨前盖，暴雨后揭。根据天气情况和作物生长情况灵活掌握。

④ 遮阳网早秋蔬菜栽培　秋季栽培的莴苣、芹菜、萝卜、小

白菜、菠菜、芫荽、茼蒿以及花椰菜、秋甜瓜、秋辣椒、秋甘蓝、秋番茄等用遮阳网覆盖栽培，可提前种植，缩短苗期，促进生长，提早上市10～20天，增加产量，改善品质。如莴苣覆盖后，株高、茎粗增加，上市期比不覆盖的提早6～10天，产量增加25.4%；芹菜覆盖后，移栽后的成株率比不覆盖的提高12.9%，单株重增加16.3%，上市期提早10天左右，产量增加41.2%。其技术要点与伏菜覆盖栽培类似，可参照进行。

⑤ 遮阳网秋延后栽培　秋栽的秋莴苣、秋花椰菜、大白菜等通常在11月至12月上旬采收上市，进入12月至翌年1月，往往会出现气温急剧下降，伴有偏北大风和－5℃以下寒冷天气，使作物遭受冻害，影响产量和商品性，甚至失去食用价值。应用遮阳网覆盖能防冻、防霜、保温，将秋延作物延迟到元旦甚至春节上市，增产10%，增值20%以上。

采用浮面覆盖形式，一般在首次寒潮来临前或开始出现重霜时覆盖。覆盖前视作物生长情况浇足水和施好肥，覆盖后可采取连续覆盖直到上市。但遇气温回升，晴好无风天气，白天中午可揭网通风见光，采取昼揭夜盖。可根据天气和作物情况采取单层或多层覆盖。当遇强寒潮袭击，气温骤降时，在覆盖的遮阳网上还可加盖稻草或草帘。

⑥ 遮阳网越冬菜栽培　利用遮阳网覆盖栽培小白菜、菠菜、芹菜等越冬蔬菜，在没有持续较长时间封冻的情况下，具有较好的防冻增产效果，使其安全越冬。采取浮面覆盖，早晨揭，晚上盖；遇寒潮大风天盖，晴好回暖天揭；下雪前盖，化雪前揭网并将积雪清除掉。

⑦ 遮阳网春提前蔬菜栽培　早春定植的茄果瓜菜常会遇3月下旬至4月上旬的“倒春寒”天气袭击，造成冻害而减产，采用遮阳网覆盖，可提前10天定植，提早5～7天上市，产量可提高20%以上，产值提高30%以上。采用“银灰色遮阳网＋小棚或大棚”夜间覆盖，白天揭除，清明后彻底揭除，进入6～7月高温季节，可重新覆盖，方法与上相反，白天盖，晚上揭，可延迟衰老。

⑧ 遮阳网葱蒜类蔬菜栽培　韭菜、葱、大蒜等葱蒜类蔬菜喜

冷凉气候，耐热性差，但耐阴性好。在夏秋高温季节用遮阳网覆盖栽培，可促进生长，提高单产和品质。如韭菜覆盖后，叶尖无焦枯，叶片嫩绿，品质明显提高。8 月种植的大蒜，用遮阳网覆盖后，成苗率比不覆盖的可提高 44.54%，株高及叶片数明显增加。

在播种后出苗前可采用浮面覆盖，在出苗后采用大棚、平棚和小拱棚覆盖。浮面覆盖可采用多层覆盖或在网上加盖稻草等覆盖物，出苗后及时揭开。大棚及其他搭架覆盖，采取早盖晚揭，但白昼的覆盖时间可较其他蔬菜长，大棚覆盖时也可采取持续覆盖。

夏秋季节利用遮阳网覆盖栽培韭黄，可获得较好的经济效益，方法是在 6～7 月间开始利用小拱棚将 2～3 层遮阳网覆盖在韭菜上，遮阳网外再用茭白秸秆或稻草等覆盖，使韭菜形成韭黄。

⑨ 遮阳网食用菌栽培　利用大棚、小拱棚覆盖遮阳网进行平菇、香菇、金针菇、草菇、蘑菇等食用菌的栽培，具有良好的效果。生产中多以大棚覆盖栽培为主，遮阳网要与薄膜同时使用，与夏秋季育苗覆盖相类似。但遮阳网覆盖在大棚薄膜外表，为常年固定覆盖而无需揭盖。除夏秋季草菇栽培外，多数食用菌栽培利用冬春季节，此时大棚上遮阳网与薄膜的覆盖应一直盖到棚两侧的地表，使棚内造成一个密闭的环境。在冬春低温阶段，大棚薄膜与遮阳网之间，还需加一层草帘覆盖保温。

⑩ 利用遮阳网夏菜制留种　5～7 月，番茄、辣椒、茄子等杂交制种时，采用遮阳网覆盖后，由于降低了棚内温度，防止了种子的高温逼熟，从而有利于种果的正常发育，提高种子饱满度和种子产量，同时由于降低了气温，提高了空气湿度，可避免番茄、茄子等开花前花药开裂，从而可提高杂交率，提高种子纯度。

三、无纺布

无纺布（彩图 6），又称丰收布、不织布或农用无纺布，是以聚酯纤维为原料，经熔融纺丝、堆积布网、热压黏合，最后干燥定型成棉布状的材料，无织布工序，故称无纺布。能用手工和缝纫机缝合，因在农业上应用可促进增产作用，故称丰收布。

1. 无纺布的规格

① 按材料分　有长纤维和短纤维，前者多以丙纶、涤纶为原料，后者多以维尼纶为原料。前者较轻薄、便宜、保温性好，直接浮面覆盖使用较多，后者特别适于替代草帘作外覆盖物或温室大棚的二重幕使用。

② 按厚度分　有0.09～0.17毫米十种规格。

③ 按颜色分　有白色、黑色、黄色、绿色、银灰色等多种，通常以白色为主，黑色的地面覆盖能防杂草。

④ 按每平方米重量分　有15克、20克、30克、40克、60克、80克等，最大为200克，以每平方米20～30克使用量较大，主要用作直接浮面覆盖，每平方米40～80克的主要用作外覆盖材料。一般幅宽50～200厘米，遮光率为27%～90%。

2. 性能特点

具有保温节能、防霜防冻、降湿防病、遮阴调光、防虫和避免杂草等作用。结实耐用，不易破损，使用期一般为3～4年，使用保管得当，使用期可达5年；耐水、耐光、透气、重量轻、操作方便；燃烧时无毒气释放；不易黏合，易保管；耐药品腐蚀和不易变形。

① 保温　因为无纺布对长波光线的透射率低于塑料薄膜，而夜间辐射区的散热主要靠长波辐射，所以用作二道幕、三道幕时，能提高大棚、温室气温和土壤温度，有增产增收效果。地表温度，平均增温晴天近2℃，阴天1℃左右，特别是夜间低温时，明显减弱地面热辐射，保温效果更好，达2.6℃，但阴天保温效果仅为晴天夜间的一半。地中温度，不论晴天、阴天，每平方米20克无纺布覆盖均有增温效果，但晴天效果优于阴雨天，浅土层增温效果高于深土层，无纺布覆盖的增温效果波及的土层超过20厘米。如叶面温度较露地栽培的生菜在中午增加3℃，即使夜间降温阶段仍能增温0.65～0.75℃，叶温的增加对冬季生菜的生长十分有利，为提高夜间增温效果，植株叶面不宜紧贴覆盖物。田间观察发现，在出现极端最低温度时，每平方米20克无纺布在－7.2℃下增温可

达 3.8℃。

② 保湿　无纺布的孔隙大而多，松软，纤维间隙能吸水，可以降低空气相对湿度 5%～10%，防止结露，减轻病害的发生。据有关测试，经覆盖后测定的土壤含水量，以每平方米 25 克短纤维无纺布和每平方米 40 克纺黏无纺布保湿性最好，分别比露地不覆盖的增加 51.1%和 31%的含水量。

③ 透光　具有一定的透光性，无纺布越薄，透光性越好；越厚，透光性越差。以每平方米 20 克和 30 克的透光率最好，分别达到 87%和 79%，与玻璃和聚乙烯农膜的透光率近似。即使是每平方米 40 克或每平方米 25 克（短纤维热轧无纺布）透光率也分别达到 72%和 73%，能满足覆盖作物对光照的需求。

④ 透气　无纺布由长丝相互铺叠成网状，有很高的孔隙度，可透气。透气率的大小与无纺布的间隙大小和覆盖层内外温差、风速等有关，一般短纤维比长纤维的通气率高数倍至 10 倍；无风状态下每平方米 20 克的长纤维无纺布的透气率为每小时每平方米 5.5～7.5 立方米。

⑤ 遮光降温　用有色无纺布进行覆盖，能起到遮光降温的作用。不同颜色的无纺布遮光、降温效果不同。黑色无纺布的遮光效果好于黄色的，黄色的好于蓝色的。

⑥ 抗老化　农用无纺布一般都经过了抗老化处理，布越厚强力损失率越低。

3. 适用作物

既适应蔬菜冬春季育苗、早熟和延后栽培、夏季育苗和遮阴栽培，又可用于花卉、水稻、茶叶等覆盖栽培。既适用在温室、大棚作二道幕、三道幕，又适用于露地浮面覆盖栽培。冬春蔬菜防霜冻、防虫，主要用于春萝卜、春大白菜、春马铃薯、春西瓜、春黄瓜等露地或小棚的浮面覆盖，既可防晚霜寒害，又可防虫，还能促进生长、提早采收、增加产量。果菜类早熟栽培，主要用于日光温室、大棚或小拱棚早春种植西葫芦、西瓜、甜瓜、黄瓜、番茄等，在定植初期进行无纺布浮面覆盖 20～30 天，起到防霜防寒保温防虫等效果，春暖（一般4月上旬）后即除去，可促进早熟增产。越冬蔬菜防冻保温，主要用于越冬白菜、菠菜等的防冻保温，以每平方米20克无纺布作浮面覆盖。

4. 主要覆盖方式

① 浮面覆盖法　不需支架，而以作物本身为支架，把柔软、轻型的（15～20克/平方米）无纺布直接宽松地覆盖在作物上。浮面覆盖可用于露地，也可用于温室、大棚和小拱棚中。由于无纺布质量较轻，覆盖在作物上，不会影响蔬菜生长。覆盖时，无纺布四周用泥土块压好，使无纺布不被风吹走，也不易随风大幅起伏飘动。随着作物长高，无纺布也随之上浮，不能盖太紧。无纺布浮面覆盖，冬季可用于大棚或露地保温、增温，夏季可用于遮光降温，并防虫害、鸟害，还可起早熟、高产、改善品质的作用。无纺布浮面覆盖时，一般不需要揭、开，较省工、省力。

无纺布的透光、透气、保湿、保温的优点在露地条件下发挥得更为出色，能防止霜冻危害，促进蔬菜生长，提高品质，提早上市，如露地栽培的芹菜、生菜、青菜、菠菜、荠菜、塌菜、豆苗等覆盖无纺布，可增产20%左右，提早上市10～20天。

② 小拱棚覆盖法　主要用于冬春大棚内小拱棚覆盖，可用于蔬菜育苗或蔬菜栽培前期夜间覆盖保温，也可用于春季露地小拱棚覆盖。使用方法有以下三种。

a. 一步到位法。多选用宽3米，质量为100～110克/平方米的布，这种办法一步到位，但一次性投本偏高，且透光性略差于薄型布，质地也略硬。

b. 旧膜配用法。家中有大量旧棚膜的农户，一般选用宽3米，质量为70～80克/平方米的布作正常低温时使用，低于－6℃时，再临时加盖“二层皮”。这种办法不仅使旧棚膜得到有效利用，而且投本较少。

c. 备用两套法。即通常使用一套宽3米、质量为55克/平方米的布，同时家中备一套同样的布。备用布仅在－3℃以下时加盖，平常保存在家，每年实际使用期不到一个月。这种方法的一次投本与一步到位相比看似一样，但当若干年后须更新时，只需更换一层，相当于一步到位法更新量的一半，从而大幅度提高了使用效率，降低了使用成本，并可较长时间利用薄型布透光性较好的优势；缺点是薄型布强度略低，两层操作时略显费工。

③ 室（棚）内覆盖法　用无纺布在大棚内作二道幕覆盖，即在作物定植播种前一周左右挂幕，离棚（室）膜约 30～40 厘米处搭架盖一层无纺布，作二道幕保温栽培，可提高温度 1～2℃，并可降低棚室内湿度，防止成雾，减轻病害发生。每亩需用无纺布约 700 平方米。无纺布具有保温和遮阴双重作用，所以开、闭幕时间要安排好，上午室温 10℃以上时拉开幕，午后室温降到 15～20℃时闭幕保温，要求盖网严密，以提高保温效果。气温过高时，可随时闭幕以减少阳光透过以降温，避免高温造成危害。作二道幕覆盖宜选用每平方米 40 克质量较重的无纺布。

5. 应用方法

① 苗期应用

a. 整地。将土地深耕 30 厘米，耙平整细，做成长 3 米、宽 1.2 米的苗床，开沟成行距 20 厘米（每个苗床开沟 13 行），沟深 5 厘米，逐沟浇透水。

b. 播种。条播播种时用细土与种子混匀，播于沟底，在种子上盖上细土与腐熟有机肥的混合物 1～1.5 厘米，播后覆土 1 厘米左右，随即覆面。

c. 覆盖方式。在播种后，立即将无纺布盖上，在墒面上四角插竹片，竹片高 20 厘米，拉丝膜线，将无纺布盖上，四周用 10 厘米的铁丝弯成三角插入土中压住。

d. 水肥管理。出苗前一般不需要浇水，出苗后真叶展开，每 2 天揭开无纺布浇一次水，浇水时打开无纺布，浇后盖上。有条件的可以使用滴灌，效果更好。在使用混有复合肥的腐熟有机肥盖种时，在起苗前均不需要再追施肥料，如仅为有机肥盖种，则可以视情况喷施 1%的尿素溶液 1～2 次。

e. 其他管理。使用无纺布育苗，能有效防止外来的病虫进入育苗床，但施肥、浇水、除草均要揭开无纺布，而且在无纺布遮盖下的温、湿度环境，一旦有病虫进入，发展更快，因此，要注意育苗床中的病虫情况，一旦发现，则应及时防治，否则，覆盖的效果反而不如露地育苗。出苗后，注意及时除草、间苗、行间松土埋根。在起苗前一周，彻底揭开无纺布，中耕松土，适当控水，炼苗一周，在起苗前1天浇透水，第二天则可以起苗移栽。揭下的无纺布可以洗净，晾干储存备下一次使用。使用该法在夏季育苗，可以显著提高秧苗质量和出苗率、成苗率，生产出无病、无虫、健壮的菜苗。如秋甘蓝、秋花椰菜、秋芹菜、秋莴苣、大白菜、秋番茄、芥蓝等蔬菜，如遇到高温，也可以在无纺布表面喷水，使其形成水膜，则既可以降低温度，也可以提高育苗床的空气湿度。使用该法在春季育苗，结合大棚或小拱棚，可以显著提高苗床温度，减少育苗床表土的水分蒸发，防止土壤板结，利于种子发芽出土，同样可以生产出无病无虫、健壮的菜苗。另外，在嫁接后缓苗前，组织培养成苗的初期均可以使用无纺布覆盖，效果较好。

② 栽培中应用

a. 整地。将土地深耕30厘米，耙平整细成长3米、宽1.2米的栽培床，按不同蔬菜的定植要求开沟或打穴，在沟底施足充分腐熟的有机肥，逐沟（穴）浇透水。

b. 定植。按照不同蔬菜的要求定植，然后全床喷一次50%的多菌灵可湿性粉剂500倍液。

c. 覆盖方式。计算收获时蔬菜的地上部的高度，再乘2.5加1.2米后，确定所需要无纺布的宽度和长度（目前市售的无纺布的宽度为2米，如1幅宽度不够，可以将2幅连接在一起使用，方法是将2幅无纺布的边缘各取5厘米卷在一起，用粗线缝合一起则可，用完后，拆开又可以单独使用），在墒面上四角插竹竿，竹竿高为收获时蔬菜的地上部高度的1.5倍，拉丝膜线，将无纺布盖上，四周用10厘米的铁丝弯成的三角插入土中压住。每天浇水时打开，浇完水盖上。

d. 水肥管理。同苗期。

e. 其他管理。在缓苗后，每周深松耕土一次，同时，视情况追施一次添加少量硝酸钾的清粪水一次。使用无纺布覆盖栽培，同样能有效防止外来的病虫进入栽培床。但施肥、浇水、除草均不可避免要揭开无纺布，而且在无纺布遮盖下的温、湿度环境，一旦有病虫进入，发展更快，因而更要严密注意育苗床中的病虫情况，一旦发现，则应及时防治，否则，覆面栽培的效果反而还不如露地育苗。

f. 采收。当蔬菜达到采收标准时，则彻底揭去无纺布，进行采收，如多次采收的蔬菜，在采收时，注意保护无纺布完整、干净，该次采收完后，再覆上无纺布。

该法可在越冬茬白菜、菠菜等耐寒叶菜，以及春茬萝卜、春大白菜、春马铃薯的终生覆面栽培，可以起到较好的防霜、寒害、防病虫侵入，还能提早采收、增加产量；同时也可以用于大棚内早春茬西瓜、黄瓜、西葫芦、甜瓜、番茄的定植初期的二重覆盖，20～30 天后，春暖即揭去，有很好的早熟增产效果。

③ 可用作防虫网

a. 相对价格便宜。无纺布用作防虫网，价格只有目前市场上推广的防虫网价格的一半左右，价格低廉。

b. 防虫效果十分理想。目前市场上推广的防虫网最大的缺点是对蚜虫、白粉虱、斑潜蝇等体积较小的成虫防虫效果不佳，用无纺布做防虫网，由于无纺布的自身结构特性，可以防止任何蔬菜成虫的侵入，防虫效果非常明显。可有效地预防斑潜蝇、白粉虱、蚜虫、小菜蛾等蔬菜上多种害虫，但对棚室内已存在的害虫，在盖网后应先进行 1～2 次农药灭杀处理。通过用无纺布做防虫网可以减少或者不用喷施农药，降低农药残留，做到无害化生产，而且明显比其他喷施农药的棚室防虫效果好。

c. 环保性能好。目前市场上推广的防虫网是由尼龙材料制成的，不能降解，对环境污染危害大。而无纺布由于原料的因素，降解速度快，一年之内即可降解完毕，对环境不造成危害，环保性能良好。

d. 有一定的防御自然灾害能力。目前市场上推广的防虫网不能防雨和冰雹，雨水和冰雹直接流入菜田，对蔬菜生长不利；无纺布做防虫网，处在干旱季节有保墒的作用，雨季能有效防止雨水流入（下小雨时全部滴入棚内，中雨30%外流，大雨或暴雨50%雨水外流）。还可防暴雨、冰雹、大风等恶劣天气对蔬菜造成的危害。

e. 节支增效。无纺布做防虫网减少用药次数，降低农药残留，确保安全生产，提高产品质量，做到无害化生产。

6. 使用时注意事项

无纺布的增产效应只有在技术配套的前提下才能充分发挥，要根据不同的作物，不同的栽培方式，选择不同的方式和时间覆盖。在大棚内使用时也应该白天揭、晚上盖，以利于白天增光、晚上保温，减少病害发生。露地栽培蔬菜一般也应白天揭、晚上盖，如选用每平方米20克以下的无纺布，可以昼夜覆盖，但必须盖严，防止被风吹掉。

大棚、温室的架杆等要光滑无刺，以防损伤无纺布。拉盖时要仔细，以延长使用寿命。

用过后，除掉泥土，卷好，无纺布在紫外线的长期照射下，会逐渐老化，因此应放在阴凉、弱光、干燥的室内架上保存，并尽量避免在光线较强季节挪作他用。

防高温、日晒、雨淋，避免老化变质。

使用前，无论新旧无纺布，均需要洗净，再用50%多菌灵可湿性粉剂1%浓度的溶液浸泡1小时进行消毒，晾干备用。

一般情况下，无纺布每年冬春约需使用3个半月，且多为夜间覆盖，保存好的可重复使用5年以上，因而，虽然使用无纺布的一次性投本约为草帘的2倍，但使用时间却是草帘的3倍以上，其折旧成本仍大大低于草帘。

四、 大棚膜

1. 适宜大棚覆盖的塑料薄膜应具备的特点

① 透光性能好　由于冬季光照不足，光照时间短，大棚内的温度偏低等原因，要求所用薄膜必须具有良好而持久的透光性，才能确保大棚内的光照需要以及白天增温的需要。

② 防尘防结露　这是因为冬季大棚内湿度大，薄膜表面容易结露，以及草苫的尘灰对薄膜表面污染严重等。

③ 抗压能力强　要求在草苫以及积雪等的重压下，薄膜不发生破碎，也不明显变松弛。

④ 保温性能强　由于薄膜的厚度与薄膜的保温能力成正相关，薄膜的厚度越大，薄膜的保温能力越强，因此，在不明显增加薄膜费用的前提下，要尽量选择厚度大一些的薄膜。

⑤ 易于修补　由于冬季大棚卷放草苫以及管理人员经常要上到薄膜上进行一些必要的作业（如北方琴弦式大棚），容易造成薄膜破碎，需要经常地对薄膜进行修补，因此要求薄膜必须容易修补，不易老化。

⑥ 透光成分应对蔬菜生长发育有利　在常用的薄膜中，以无色薄膜对蔬菜的生长和结果的优势最为明显，应优先选择无色薄膜，其次为蓝色薄膜。

2. 用于大棚覆盖的塑料薄膜种类

大棚薄膜应选择透光率高，保温性强，抗张力、抗农药、抗化肥力强的无滴、无毒、重量轻的透明薄膜。对于进行周年栽培的大型大棚，要求使用较厚的薄膜，可连续使用2～3年后更换；作简易栽培的大棚，在短期内即可采收完毕，不必使用厚薄膜，可采用每年更换一次的较薄薄膜。认识一下膜的种类，农民朋友可根据生产的需要，经济合理地选购。

棚膜品种规格多，性能各异，按树脂原料分，有聚乙烯膜、聚氯乙烯膜和乙烯-乙酸乙烯酯膜。按结构性能特点分，有普通膜、长寿膜、长寿无滴膜、漫反射膜、转光膜、复合多功能膜等多种。目前，南方大棚蔬菜生产上应用较多的是聚乙烯棚膜，聚氯乙烯棚膜应用较少，乙烯-乙酸乙烯酯膜正在示范推广中。

① 聚乙烯普通棚膜（PE）　透光性好，新膜透光率80%左右，吸尘性弱，没有聚氯乙烯膜（PVC）那种增塑剂析出造成的吸尘多的现象。耐低温性强，低温脆化温度为－70℃左右，在－30℃左右时仍可保持柔软性。红外线透过率可达70%以上。但

夜间保温性较差，不如PVC膜，雾滴性重，不耐晒，高温软化度为50℃，故不适于高温季节的覆盖栽培。延伸率大，不耐老化，连续使用时间4～5个月。膜厚0.06～0.12毫米，幅宽折径2～4米。可作早春提前和晚秋延后覆盖栽培，多用于大棚内的二层幕、裙膜或大棚内套小棚覆盖。

② 聚乙烯长寿膜　是以聚乙烯为基础树脂，加入一定比例的紫外线吸收剂、防老化剂和抗氧化剂后，吹塑而成的。克服了聚乙烯普通棚膜不耐日晒高温，不耐老化的缺点，可连续使用2年以上，成本低。厚度0.1～0.12毫米，幅宽折径1～4米，每亩用膜100～120千克。此膜应用面积大，适合周年覆盖栽培，但要注意减少膜面积尘，维持膜面清洁。

③ 聚乙烯长寿无滴棚膜　在聚乙烯膜中加入防老化剂和无滴性表面活性剂，使用时期2年以上，成本低。无滴期为3～4个月，厚度0.1～0.12毫米，每亩用量100～130千克，无滴期内能降低棚内空气湿度，减轻早春病虫的发生，增强透光，适于各种棚型使用，可在大棚内当二层幕覆盖，棚室冬春连续覆盖栽培。

④ 聚乙烯复合多功能棚膜　在聚乙烯原料中加入多种添加剂（如无滴剂、保温剂、耐老化剂等），使棚膜具有长寿、保温、无滴等多种功能。如薄型耐老化多功能膜，就是把长寿、保温、防滴等多功能融为一体。耐高温、日晒，夜间保温性好，耐老化，雾滴较轻，撕裂后易黏合，厚度0.06～0.08毫米，折幅宽1～4米，能连续使用一年以上，每亩用量60～100千克。透光性强，保温性好，晴天升温快，夜间有保温作用，适于塑料大棚冬季栽培和特早熟栽培及作二层幕使用。已大面积推广。

⑤ 漫反射膜　是在聚乙烯中掺入对太阳光漫反射的晶核，可抑制垂直入射阳光的透过作用，降低中午前后棚内高温峰值，防止高温危害，随太阳高度减少，使阳光的透光率相对增加，提高光强和温度。夜间保温性较好，积温性强。适宜于高温季节使用。

⑥ 聚乙烯调光膜（光转换膜）　以低密度聚乙烯树脂为原料，添加光转换剂后吹塑而成，有长寿、耐老化和透光率好等特点，厚度为0.08～0.12毫米，可使用2年以上，透光率85%以上，在弱

光下增温效果不显著。主要用于喜温、喜光作物，可提早扣棚，棚内积温高，有利提前定植，定植后注意控温。

⑦ 聚氯乙烯普通膜　以聚氯乙烯为基础树脂制成的薄膜。耐高温、耐日晒，夜间保温性能比聚乙烯好，耐老化，雾滴较轻，薄膜撕裂和折断以后，可用黏合剂黏合修补。同样的面积要比同样厚度的聚乙烯膜多用24%的重量。缺点是覆盖时间一长，增塑剂逐渐析出，膜面吸尘性强，降低透光率，较难清洗干净。低温脆化率为－50℃，硬化度为－30℃。聚氯乙烯适用于在风沙小、尘土少的北方地区使用。

3. 棚膜的选购

① 依据蔬菜的生长习性选择合适的棚膜　黄瓜、甜瓜、丝瓜等瓜类蔬菜在生产中对温度的要求较高，要选择保温性好的棚膜，如PVC膜的厚度为0.10毫米，保温层最厚，保温性最好，最适合瓜类等高温蔬菜的生产，但成本投入也较大；茄果类蔬菜对温度的要求相对较低一些，但是在果实的转色期对光的要求较高，应选择透光性好的EVA（乙烯-乙酸乙烯酯共聚物）膜；而长寿膜主要用于拱棚蔬菜种植。

② 检查棚膜厚薄是否均匀，是否存在起褶破损现象　有的棚膜由于生产设备老化，在生产过程中容易导致棚膜局部出现过厚或过薄现象，在使用过程中薄的地方容易出现破损，影响棚膜的保温效果；有的棚膜在生产中会出现起褶现象，而这些褶一旦破裂，就会形成刀割一样的裂口，严重影响棚膜的使用寿命。应当购买外观平整、明亮，厚度均匀，透明度一致的农用薄膜，不要购买表面有水纹或云雾状斑纹的薄膜，以及有气泡、穿孔、破裂等有质量瑕疵的薄膜。

③ 检查棚膜的黏结处是否完好　有的棚膜在黏结上下放风口的口袋（用于穿钢丝或放风绳）时，如果黏膜机黏膜的温度调得过高，就会将农膜烫破，影响农膜的保温性，如果温度调得过低，又将口袋粘不紧，容易开裂。

④ 正确识别普通膜和功能膜　避免花功能膜的钱买的却是普

通膜。如无滴膜表面一般都有一些粉状的析出物，但是很少，要仔细看。鉴定无滴膜，可在杯子里装 50℃左右的热水，把膜扣在杯子上面，看膜的内表面是结露滴还是一层水雾，如果是露滴，不具有流滴效果，就不是无滴膜或者是过了期的无滴膜。

⑤ 选购离生产日期较近的棚膜　有的农用复合薄膜出现穿孔、开裂等质量问题，致使大棚中种植的农作物秧苗大批死亡。这些问题薄膜要么是劣质产品，要么是已经老化的库存产品。由于劣质农用薄膜会失去应有的防护作用，在购买农用薄膜时，要看清保质期，农用薄膜有效质量保证期为 1 年，尽量选购离生产日期较近的农膜。

⑥ 选择有信誉的厂家产品　购买棚膜时，还要注意购买使用效果良好的棚膜，要选择有信誉厂家的产品，看是否有产品说明书、产品合格证、标识、联系电话等。

4. 棚膜的使用

① 掌握好上膜时间　在 7～9 月份，由于气温高，太阳光照强，农膜的老化速度很快，对棚膜的消雾流滴性能破坏最为严重，这时一个月的老化速度相当于冬春两个月棚膜的老化速度，而一般棚膜的消雾流滴期都在 6～8 个月之间，如果在 8 月份就将农膜覆盖到大棚之上，经过 8、9 两个月的高温期，农膜的消雾流滴期就减少了 4 个月，再经过 2～4 个月，农膜的消雾流滴性就过了保质期，以后农膜的消雾流滴性就很难保证了，到了 2、3 月份有的农膜会出现严重的流滴现象。故覆盖棚膜的最佳时期为每年的 10 月中下旬，避开了高温季节，能延长农膜消雾流滴的期限。

② 扣棚时要防刺伤　农膜在扣棚过程中，最易被地表残茬与大棚骨架刺伤或划破。因此在每次扣棚前，一定要将地表农作物（或杂草）残茬认真清理干净，同时将温室或大棚骨架逐一检查，凡是有可能挂破农膜的突出部位都要修理平整并仔细包扎。此外，在扣棚过程中，尽量不要在农膜上践踏。温室或大棚内需要搭架栽培的瓜类蔬菜，最好采取吊绳栽培。若用竹竿搭架，操作时稍不注意，就会将上面的棚膜刺穿。

③ 保持棚膜清洁　农膜污染后更易老化破碎。因此，农膜在使用过程中应尽量保持整洁，尤其要防止将杀虫剂、除草剂等化学农药喷洒到农膜上，从而降低农膜使用寿命。PVC 膜具有很强的吸尘性，在冬季光照弱时，尘土严重影响了棚膜的透光性，影响了蔬菜的光合作用，要注意及时清除棚膜上的尘土。

④ 覆膜时不可颠倒棚膜的内外面　因为棚膜的外侧添加抗老化剂，能延长农膜的使用寿命，而内侧具有消雾流滴性，如果内外面弄反，农膜就不会起到应有的作用。无滴膜分正反面，购买以后，若把有无滴功能的放在外面，无滴性能不好的放里面，则无滴性能达不到最佳效果。

⑤ 不用时应妥善保存农膜　农膜在夏季不用时应仔细取下，洗净放阴凉、干燥、无鼠害处妥善保存，防止高温曝晒。只要使用保管得当，一般农膜可以使用 2 年，长寿农膜可以使用 3 年。

⑥ 综合利用废旧膜　一般多功能膜连续使用 12～24 个月后性能变差，机械强度降低，可作为地膜使用；废旧膜要及时回收利用，防止出现白色污染。

5. 棚膜的粘接

除了有些大棚生产厂家专门配备的成块大棚膜外，从市场上买的塑料薄膜一般折径为 1～5 米不等，大棚覆盖一般都需要把几幅较窄的薄膜粘接成三四块或一整块，然后再覆盖到骨架上。粘接方法多采用电熨斗、电烙铁等加温烙合，以电熨斗粘接薄膜的方法最为普及，还可以采用剂粘法等。

① 热粘法　准备一根长 1.5～2 米、宽 5～6 厘米、高 8～10 厘米的平直光滑木条作为垫板，钉上细铁窗纱，并将其固定在长板凳上，为防止烙合时伤及塑料，要用刨子将木条的侧棱削平呈较圆滑的平面。把要粘接的两幅薄膜各一个边缘对合在木条上，相互重叠约 4～5 厘米。由 3～4 人同时操作，由两人分别在木条两旁负责“对缝”，第三人则在已对好缝的薄膜处放一条宽 8～10 厘米、长 1.2～1.5 米的牛皮纸或旧报纸条，盖好后用已预热的电熨斗顺木条一端，凭经验用适当的压力，慢慢地推向另一端（所用电熨斗的

热力，向下的压力，以及推进的速度都应以纸下的两幅薄膜受热后有一定程度的软化并黏在一起为度），然后将纸条揭下，将黏好的一段薄膜拉向木条的另一端，再重复地粘接下一段，循环往复，直到把薄膜接到所需要的长度。

粘接薄膜时要掌握好电熨斗的温度，粘接聚乙烯薄膜的适温为100～110℃，聚氯乙烯为120～130℃，温度低了粘得不牢，以后易出现裂缝，温度过高，易使薄膜熔化，在接缝处会出现孔洞或薄膜变薄。

所用的压力和电熨斗的移动速度要与温度配合好，温度高时用的压力要小，移动速度要快，温度低时用的压力大，移动速度减慢。当所垫的纸条上出现油渍状斑痕时，说明温度过高，塑料已熔化，此时不能马上将纸条取下，应冷却一会儿，当纸条不烫手时再取，这样可以更好地保证粘接质量。

烙合旧的薄膜时，应将接合部的薄膜擦干净，而且应以报纸轻度地与薄膜粘连在一起为粘接适度的标准，否则接缝易开裂。为验证薄膜的热粘质量，推烫速度可先用两小块薄膜进行预烫，成功后再正式粘接。

② 剂粘法　适用于薄膜的修补。薄膜在覆盖大棚时用力过猛或机械损伤，会出现破裂，为防破损处继续扩大，需及时修补。用过氯乙烯树脂塑料胶可粘接修补聚氯乙烯薄膜，聚乙烯薄膜可用聚氨酯胶黏剂修补，有时也可用烧热的小钢锯条烫轧。粘接时，根据破损面积，剪成比破口稍大的一块薄膜（应是同一类型的膜），去掉膜表面上的尘土和水雾，用毛笔或小毛刷涂上黏合剂，然后贴在破损处，并按实，数小时后就牢固了。

③ 泥浆粘补法　大棚膜使用过程中，如出现挂坏、吹皱等小破损，可剪取一块塑料，粘上泥浆水贴在破损处即可。

④ 缝合法　将两块薄膜的接边重叠6～8厘米后，上下各添1条6～8厘米的布条，在布条两边1.5厘米处用针线缝实即可。此法仅适于薄膜的修补，不适于拼接大棚用膜。

6. 大棚覆盖形式

① 保温覆盖　指10月至翌年4月的冬、春低温季节用农膜全

封闭覆盖栽培方式。主要用于茄果类、瓜类等喜温蔬菜的越冬栽培和春提早栽培，可比露地栽培提前数月栽培，达到早上市、产量高、效益好的目的。宜选用透光率高、保温性好的优质农膜。

② 避雨覆盖　多在4～5月天气转暖后，采用继续保留大棚顶膜，拆除四周裙膜的应用方式。主要作用是避雨防湿，降低棚内湿度，减轻疫病等靠水流传播的病害发生，减少肥水流失，改善棚内环境，可使夏菜采收期延长，产量提高。在7～9月夏秋高温季节还可在避雨棚上加盖遮阳网，即避雨又降温，有利于提高夏秋菜出苗率和生长，提高产量和品质。避雨栽培是近年来南方夏季大棚栽培的一种重要形式。

③ 多层覆盖　冬、春季雨水天气较多，通常采用多层内覆盖保温形式，即在大棚内再搭架盖几层保温材料，以提高棚温。目前，多层覆盖已成为南方大棚栽培的重要形式，生产上应用较多的多层覆盖形式主要有四种：大棚加二道膜套中棚套小拱棚加地膜、大棚套中棚套小拱棚加地膜、大棚套小拱棚加地膜和大棚套中棚加地膜，前两种保温性最好，但操作管理不便，第三种操作方便，但保温性相对较差，边际效应较大，第四种棚内温度均匀，适宜连片种植。各种多层覆盖形式可根据种植作物、保温性要求和架材等因素灵活选用。另外，还可在大棚四周围一圈草帘增加棚温。大棚顶膜覆盖多采用新型薄型多功能农膜，内层覆盖物可采用新膜，也可采用旧膜，以节省成本。为增加棚内光照，提高棚内蔬菜光合作用效率，内覆盖保温材料要做到日揭夜盖。当冷空气来临时，夜间还需在中棚或小拱棚上加盖遮阳网、草帘等覆盖材料保温。

7. 塑料大棚棚膜的覆盖方法

塑料大棚膜覆盖方法有多种，有一棚一膜覆盖、一棚三膜覆盖等。三块薄膜，棚两侧一边一块，宽度在1～1.5米，大棚顶部为一大块，两侧薄膜固定在棚架上。

一个长30米、宽6米、高2.5米左右的标准大棚，顶膜的长度需36米，幅宽7.5米，顶膜总面积270平方米，裙膜宽1米，一侧裙膜长为31米，裙膜总面积为62平方米。根据棚膜的种类可计算膜的用量，如顶膜 7 丝厚的长寿无滴膜，裙膜为 5 丝普通膜，则一个标准大棚需要顶膜和裙膜重量分别约为 18 千克、3 千克。

盖膜应选无风天气进行，先围裙膜，后盖顶膜。裙膜上部用卡槽固定在边拉杆上或用塑料绳固定在拱杆上，下部用泥土压住。顶部大块薄膜与两侧膜接触时要有 30～40 厘米重叠，顶膜在上，然后用压膜线压紧，以后可在搭缝处扒缝放风。

8. 防止大棚薄膜因大风受到破损的措施

① 破损原因　大棚属于轻型建筑，由于骨架强度不够，薄膜棚面质量不好，或压膜线不紧、不牢、根数少，覆盖薄膜过松，一遇大风薄膜上下摔打，则大棚对风力的抵抗力变小，当风压超过大棚承受的压力极限时，大棚膜就会破损，压膜线绷断，骨架上下活动，甚至会出现大棚骨架变形。大棚建在容易招风的风口处。刮风天放风不科学，只揭迎风处薄膜，大风进棚出不去，没有形成对流，风力集中一处鼓起薄膜。平时不注意修补薄膜破损处，一旦风来了从破损处刮开大口子。

② 防止办法　建棚地址应选背风处。大棚周围夹风障，可起防风、防寒作用。大棚的结构要合理，设计标准要能抗御当地可能出现的最大风力，选用骨架的材质要符合要求，不容易变形，要有一定的强度。拱杆的间距不能过大，要求竹木大棚拱杆的间距不大于 1.2 米，管架大棚拱架间距要按产品安装说明施工，不要随意加大。拱杆的纵向拉杆要 2 米左右设一道，并与拱杆紧密连接。拱杆底脚应与基础连接好，基础要有一定的大小，入土深度最低 40～50 厘米，竹木大棚跨度较大时，中间要设立柱。棚膜、特别是顶膜要拉紧绷平，四边卷好埋入土中踩实。棚膜质量要上乘，选用厚度在 0.1 毫米以上的耐低温防老化无滴膜。棚膜在施工中要保持完整无损，选择晴天、暖和无风天气扣棚。扣棚以后要经常巡视检查，发现孔洞、撕裂处要及时修补。每两道拱杆间加一道压膜线，压膜线应绑在大棚两侧已经埋设好的 8 号铁丝上，或者固定在地锚上。扣棚后相当一段时期，每隔 2～3 天把压膜线重新勒紧一次，防止薄膜上下摇动、摔打。刮大风时大棚门要关闭好。切忌迎风门

大开，背风门关闭，以防鼓破薄膜。大风天也不能揭迎风处的底边薄膜放风。

五、地膜

地膜覆盖的主要作用是增温保墒。在南方，蔬菜地膜栽培主要应用于早春、晚秋、秋冬及冬春茬的栽培。6～7月的高温季节应用较少。对于秋菜或秋冬菜，因其前期温度高，后期温度低，如进行地膜覆盖栽培，可选用增温效果差的黑膜、黑白双面膜或灰黑双面膜的效果较好。

一般蔬菜都可应用地膜覆盖栽培，但从效益出发则应注重于茄果类、瓜类、豆类、根茎类蔬菜为主，经济效益好的花椰菜、芥蓝、甘蓝、菜薹、芹菜（西芹）、生菜、洋葱、马铃薯以及特种蔬菜、出口创汇蔬菜等也可应用地膜栽培。撒播的速生叶菜可用近地面小拱棚或浮面覆盖栽培方式，沙地及盐碱地应普遍推广地膜覆盖栽培。

地膜覆盖栽培还可与小拱棚配套使用，在早春茄果类、瓜类、豆类等蔬菜栽培中应用，由于投入不多，经济效益好，在生产中应用广泛。设施栽培中如采用大、中、小棚加地膜的多层覆盖栽培方式，效果更佳。

1. 地膜覆盖的作用

地膜覆盖，就是用很薄（厚度为0.015～0.02毫米）的聚乙烯或聚氯乙烯膜覆盖在畦面上，其作用如下。

① 显著提高地温　利用透明地膜覆盖，一般可使5厘米深表土层温度提高3～6℃，提高了地温，有利于早春蔬菜定植后迅速缓苗和促进根系生长。春季大棚内进行地膜覆盖，其增温效果十分明显，据测定，在春季大棚覆盖辣椒田中，大棚内地膜覆盖5～20厘米土层日平均地温比单用大棚的提高0.5～2℃。秋季地膜覆盖也有很好的增温效果。

② 保墒防旱、防涝、防返盐　覆盖了地膜的，降雨时大部分落在畦面的雨水，顺着膜流入畦沟而被排走，起到避雨作用，土壤

水分一般不至于过饱和。不降雨时，土壤下层的水分可自下向上垂直运转，畦沟中的水也可沿畦边向畦中部横向转移，供给植株吸收。天旱时，薄膜阻碍了土壤水分蒸发，有保水作用，可减少灌溉次数。盐碱地覆盖地膜，可减少表层土壤返盐，据测定，0～5 厘米和 5～10 厘米土层全盐含量可以下降 41.31%和 2.24%。

③ 防止土壤板结　在作物生长期中，由于地膜覆盖使土壤表面减少了风吹雨淋以及在中耕除草、施肥、浇水和人工机械操作过程中人为的践踏，能使土壤保持较好的疏松状态，防止土壤板结。早春温度低，土壤又冷、又湿、又板结，使栽下去的早春蔬菜难以发根生长，覆盖地膜后，地面不受雨滴冲击，也不至受渍水、灌水的渗透作用，有利于根系生长。

④ 防止养分流失　地膜覆盖后，土壤温湿度适宜，通透性好，土壤最高温度可高达 30℃以上，因此土壤微生物增加，活性增强，加速有机质分解和转化，促进土壤有益微生物的活动和繁殖，土壤中有效养分增加，一般可节省肥料用量 1/3 左右。由于地膜的阻隔，可防止氮素的挥发，防止雨水冲刷而造成的淋溶流失，起到保肥作用。

⑤ 增强近地面株间光照　由于膜本身和膜下水滴的反射作用，一般可以反射 10%～20%以上的太阳光量，使近地面株间的光照增强，植株中下部叶片能获得较多的太阳辐射能，因而光合作用增强，产量提高。

⑥ 增加土壤中二氧化碳　地膜覆盖一方面阻碍了土壤中二氧化碳向大气扩散，另一方面，由于盖地膜后土壤环境条件的改善，加速了土壤微生物对有机质的分解，使土壤中的二氧化碳增多，促进了光合作用，增加产量。

⑦ 减少病虫草害　覆盖地膜后，可减少地老虎咬断蔬菜苗。薄膜的反光可驱除蚜虫，减轻病毒病。如大棚黄瓜应用地膜覆盖栽培可以降低大棚内空气相对湿度，减轻黄瓜霜霉病的为害。紧贴地面覆盖的地膜，兼有除草作用，当杂草幼苗刚出土就触及薄膜，在阳光下很容易灼伤变黄死亡。如果使用了除草地膜，可直接杀伤杂草。

⑧ 早熟、增产增收　地面盖膜后，土壤的水、肥、气、热条件得到改善，为蔬菜的生长创造了良好的土壤环境条件，能加速作物生长发育过程，根系发达。可使茄果类、瓜类、豆类蔬菜比露地提早5～10天采收；西瓜地膜覆盖栽培比露地栽培提早10～15天。盖地膜虽然增加了购地膜的成本和盖地膜的人工，但由于盖地膜后减少了追肥，不需要中耕松土和除草，减少田间管理用工，提早上市抢占价格优势，前期产量增加，平均比露地栽培的早期产量增加50%以上以至数倍，总产量也增加，由地膜覆盖所带来的效益产出远远大于地膜的投入。

2. 常见的地膜种类

① 普通无色透明地膜（彩图7）　有聚乙烯（PE）和聚氯乙烯（PVE）两种原料吹塑加工而成的地膜，是目前生产中应用最广泛的一种地膜。透光率高，为80%～94%，但在膜上有水滴存在时透光率为50%～60%，受到灰尘等污染后透光率降至50%以下。早春可使表土层最低温度提高3～6℃，夏季膜下最高温度可高达60℃以上（可用于夏季覆盖土壤进行高温消毒）。一般膜厚0.007～0.02毫米，幅宽50～150厘米，可根据不同栽培方式选用。亩用地膜，按覆盖面积70%～80%计算，如选用0.01～0.02毫米厚的聚乙烯地膜，需7.5～10千克。该种类型的膜应用最为普遍，但因透光率高，杂草易繁殖生长，需采用适当的除草措施。

② 黑色地膜（彩图8）　在聚乙烯树脂中加入2%～3%的黑色母料吹塑成膜。厚度0.01～0.03毫米，每亩用量7～12千克，可使透光率降低，地膜下由于光弱使杂草黄化而死亡。黑色地膜增温效果差，仅能使土温提高1～3℃。由于厚度大、加碳素、易回收，可在某种程度上减少对环境的污染。适宜夏季高温季节使用。据试验，在西瓜栽培上应用黑色膜后增产效果比普通无色透明膜高30%左右。在生姜栽培上，用黑色地膜覆盖代替传统的遮阴方式，降温保湿效果好，产量提高8%～30.2%，成本大幅度降低。草莓大棚促成栽培一般配套选用黑色地膜覆盖。黑色膜由于黑色膜透光性差，还可做遮光栽培用，如生产韭黄、蒜黄等。

③ 绿色地膜　在聚乙烯树脂中加入一定量的绿色母料而成的膜。绿色地膜不透紫外线，能减少红橙光区的透光率。绿色光谱不能被植株所利用，杂草因失去光合作用，因而能抑制杂草的生长。绿色地膜增温作用较强，但由于绿色颜料对聚乙烯有破坏作用，因而这种地膜使用时间短，并且在较强的光照条件下很易褪色。在经济效益较高的作物，如茄子、辣椒、草莓、瓜类上有些应用。

④ 银灰色反光地膜　在工艺过程中，把薄层的铝粉接在聚乙烯膜的两面，制成夹层膜，或在聚乙烯树脂中掺入2%～3%的铝粉，制成含铝地膜。由于该种地膜具有反光作用，能提高植株群体内的光照强度。透光率≤15%，而反光率≥35%，对紫外线的反射率可高达90%。银灰色反光地膜的增温效果较差，但有隔热作用，覆盖后比透明地膜土温低0.5～3℃。另外，它具有驱避蚜虫的作用，因而能减轻蚜虫为害和控制病毒病发生。适宜在夏季高温季节或易受蚜虫为害的蔬菜上使用。为了降低使用成本，在大、中、小棚周围悬挂银灰色地膜条，或在番茄田间挂银灰地膜条，也有驱避蚜虫的作用。在普通透明地膜上隔一定距离印刷上银灰色条带，同样具有驱避蚜虫、减轻病毒病效果，但后期植株茎蔓封行后，对蚜虫的驱避效果下降。

⑤ 双色地膜及双面地膜　双色地膜，是指宽10～15厘米的透明地膜相间同样宽度的黑色地膜或银灰色反光膜，如此两色相间成为双色条膜，它既能透光增温，又不影响根系生长，还有抑制杂草的作用。

同面异色地膜，一块膜有无色和有色两部分，膜中央部分是透明的，覆盖于种植行上，能提高地温，两边是黑色，可抑制杂草生长。

双面地膜，如黑白（银黑）双面膜，是指一面为乳白色或银灰色，另一面为黑色的复合地膜，覆膜时，乳白色或银灰色的一面向上，可以反射阳光降低地温。黑色的面朝下贴地，用来阻止光透射抑制杂草、降低地温，一般可降低土温0.5～5℃。银灰色面反光能力更强，可驱避蚜虫。该种地膜兼有降温、驱避蚜虫及抑制杂草生长的作用。适用于高温季节防草、降温覆盖栽培。黑白膜的厚度

0.025～0.04 毫米，银黑膜的厚度 0.03～0.05 毫米，覆盖成本较高。

⑥ 除草地膜　又称杀草地膜。在制膜工艺过程中，在膜的一面融入不同品种、数量的化学除草剂，地膜覆盖后，薄膜表面凝聚的水珠将膜内除草剂溶解，滴到土壤里而杀伤杂草，或杂草接触到薄膜时被除草剂触杀。除草剂对作物有严格的选择性，如果用错，则对作物产生药害，所以要有针对性地使用专用除草地膜。

⑦ 红外地膜　在聚乙烯树脂中，加入透过红外线的助剂，薄膜能透过更多的红外光，使增温效果提高 20%左右。

⑧ 杀菌地膜　在地膜中加入高效杀菌剂，可防止蔬菜感染某些病害。

⑨ 防病虫长寿地膜　以聚乙烯为基础树脂，加入一定比例的紫外线阻隔剂，降低阳光中紫外线的透入，可有效减轻作物受菌核病的危害。

⑩ 崩坏膜　是为了解决地膜回收的困难而研制的一种专用地膜。覆盖栽培一定的时间后地膜会自行崩坏破碎，但聚乙烯分子仍残存于土壤中。崩坏膜可分光降解膜和生物降解膜两种。光降解膜，即可控性光降解地膜，是在吹塑过程中混入一定量的“促老化材料”制成的地膜，在自然光照条件下，经过一定时间后，能自行迅速老化降解破碎成小块，进一步降解成粉末掺混于土壤中，不造成污染，对土壤结构无不良影响。

⑪ 有孔膜　在地膜吹塑成型后，经圆刀切割打孔而成。孔径及孔数排列是根据栽培作物的行株距要求进行的，孔径有 3.5～4.5 厘米的播种孔和直径为 10～15 厘米的定植孔。根据要求可打孔一排或数排，适用于玉米、萝卜和菜豆等直播作物，也适用于番茄、黄瓜、茄子等育苗移栽作物。可省去播种或定植打孔用工，确保行株距及孔径整齐一致，有利于保持地膜，防止撕裂。

⑫ 切口膜　专用于撒播或条播作物，如小白菜、小萝卜、胡萝卜、油菜、菠菜、茼蒿等。在吹塑成形地膜的过程中，在地膜上打成一定规格的栅形条口，便于幼苗从孔眼处长出，达到覆盖栽培的目的。

⑬ 水枕膜　在厚度为 0.1 毫米、直径为 30 厘米的透明塑料小管中（有的下半面为黑色）充水，置于早春作物的根际，白天接受阳光照射提高水温，夜间以长波辐射方式，将白天积蓄的热量释放出来。在早春有防寒、防冻、提高根际地温、促进根系生长的作用。

⑭ 超薄地膜　又称微薄地膜，可分为低压高密度聚乙烯、线性聚乙烯、高压聚乙烯与线性或高密度聚乙烯共混、线性聚乙烯与高密度聚乙烯共混超薄地膜。厚度 0.006～0.008 毫米。由于厚度减薄、强度降低，增温、保温性能与普通地膜相近，透光率低于普通地膜。亩用膜量为 4～5 千克。

3. 除草地膜的选用和注意事项

国产除草地膜含有除草剂 1 号、敌草隆和扑草净等除草剂，因单位面积薄膜内含除草剂数量不同，又分为各种不同型号，如敌草隆 5 号膜、6 号膜，除草剂 1 号膜、7 号膜、8 号膜等。用除草地膜除草试验表明，覆膜后一个月内，对菜园中常见的灰菜、稗草、蟋蟀草、野苋、野铁苋、马齿苋、龙葵等杂草的防除效果都在 90％以上，但在一个月以后，由于环境条件的改变（主要是植株长大，枝叶繁茂遮阴以及除草剂本身残效期长短的区别），防除效果逐渐下降，不如最初一个月内高。应用时要根据不同作物生育期长短去选用不同的除草地膜，对生育期较长的作物如辣椒、茄子、豇豆等，应选用残效期长的除草地膜，反之要选残效期较短的除草地膜。使用除草地膜时要注意以下几点。

① 注意整地做畦的质量，务必做到畦面平整土细如面。这样盖膜时才能使膜面紧贴在畦面上与表土密接，可直接提高除草效果。如果畦面不平整，从膜面上离析出来的除草剂会随着聚成较大的水滴流到畦面低洼处，造成局部除草剂浓度过高，不但对作物产生药害，而且还会因局部无除草剂存在而使杂草活下来，影响除草效果。

② 栽植孔四周必须用土盖严，如因封土不严或透气出现杂草时，应及时拔除杂草并封好膜孔及其周围。

③ 由于不同作物和土壤对除草剂都具有严格的选择性，一种除草剂只适用于某一种或几种作物。有些除草剂在黏土上使用效果比在沙土或沙壤土上为好。因此应用前必须先了解所用的除草膜含有哪种除草剂和它本身的化学性质，适用于什么作物，如生产厂家没有附带使用说明书，可查找有关资料或事先进行小规模的对比试验，看是否对作物安全，而后决定采用与否。

4. 普通高畦地膜覆盖

普通高畦地膜覆盖，是目前应用最广泛的地膜覆盖方式。即平地起垄后做成畦高 10～12 厘米、畦面宽 65～70 厘米、畦底宽 100 厘米的高畦，平整畦面后将膜平铺于畦面上，膜四周压入土中，地膜要求铺平、盖紧、埋牢。具有增温快，保温、保湿效果好，能减轻雨季及低洼多雨地区涝淹危害，减少杂草繁生，增产显著，适于机械化作用等优点。

盖膜之前先用铁锹拍打畦面，使之非常平整，土细碎。如果畦面坑坑洼洼，或有大土坷垃，则地膜不能紧贴地面，既影响土壤增温，又容易长杂草。一般定植前 7～10 天盖好地膜，预先提高地温，并可避免肥料烧根。有的菜农施入较多的复合肥或有机肥后盖地膜，并当即栽苗，结果烧死很多苗。盖膜时要先把畦块打透底水，做到土壤湿度适中而比较干爽。若土壤过湿，黏结成块，盖地膜后地里的湿气难以蒸发，栽下去的苗不发根，生长极差，甚至死苗。反之，土壤过干也不利秧苗生长，并可能因基肥较多而缺水、烧根、灼苗。

普通地膜覆盖不能防霜冻，也不能抵御低温对蔬菜秧苗的危害，因此地膜覆盖栽培的蔬菜只能比露地栽培的提早 7～10 天。

5. 沟栽地膜覆盖

沟栽地膜覆盖，也叫改良地膜覆盖，即先沟栽，盖天膜，后平沟盖地膜。在做好的小高畦面上沿畦长开两条 10～12 厘米深的定植沟，开沟的土堆放在畦中间，在沟中按株距斜（斜向畦中央）栽秧苗，浇定根水。然后用小细竹在畦面上支起 20～25 厘米高的矮拱架，在架上盖地膜，膜四周压入畦旁的土中。

此法既能提高地温，又能增高局部小空间内的气温，使幼苗在小沟内既能避霜又能避风，具有地膜加小棚的双重作用，可比普通高畦早栽植10～15天，提早一周左右上市，同时也便于往栽植沟内直接追肥灌水，解决普通高畦渗水不充分，容易出现畦心土干及中后期脱肥早衰问题。比较适合于辣椒、茄子、番茄、豇豆、菜豆等的早春栽培。

采用沟栽地膜覆盖，应选用当地的早熟品种，育苗期要比普通地膜覆盖栽培的提前15～20天播种育苗，要培育矮壮苗，并选择地势较高、地下水位较低、雨后能及时排除积水的地块。秧苗要采取卧栽或斜栽。

在管理上要经常检查，不让苗接触薄膜，以免烧坏苗。晴天，如果膜下沟中的气温达30℃以上，应进行通风换气，可在膜上扎一些孔，或揭开部分地膜放风。为便于放风，铺地膜时每铺15～20米将膜剪断，接头处地膜重叠30厘米长。要放风时，只要将畦两头和畦中间接头处的地膜揭开。待终霜过后，气温稳定在15℃以上，蔬菜秧苗大部分将要触到薄膜时，把地膜从一边掀起，再将定植沟复平，整成龟背形畦面，将膜划破从苗顶部套下来平铺于畦面。

6. 地膜覆盖技术要领

① 合理选择地膜　春提早栽培，以提高地温为主要目的，可选用无色透明地膜；作夏秋蔬菜栽培，因温度高、蚜虫多，可选用银黑双面膜；草害重的地块，宜用除草膜或黑色膜等。

目前生产的地膜幅宽从1.0～2.0米有多种，可根据栽培作物的株行距和整地方式的不同选用。西瓜、甜瓜等实行露地宽畦栽培，只需沿行覆盖较窄的地膜，可将宽膜剪成两幅使用。

② 精细整地做畦　准备地膜覆盖栽培的土壤必须提早进行深耕冻、晒垡。盖膜前结合施有机肥还要浅耕细耙，精细整地，务必使土地平整细碎。

做畦应根据不同地区、不同季节、栽培作物的种类来决定畦的宽窄和高低。南方春夏多雨季节一般采用高畦、窄畦栽培，畦宽

80～120厘米，畦高25～30厘米，采用幅宽120～160厘米地膜覆盖；少雨地区和旱季，畦面可适当加宽至150～160厘米，采用幅宽200厘米的地膜覆盖。使用滴灌或喷灌设备时畦面可稍高并加宽，采用沟灌畦面不宜过高或过宽。要留有适当的灌水畦沟，畦沟不应铺地膜，每次灌水量应充足。

做好的土畦畦面略呈龟背形，并用铁锹稍加镇压土面，使畦面无大土坨凸出。

③ 做畦时要施足有机肥和化肥　地膜一旦盖好，以后追施有机肥困难，所以结合整地一定要把有机底肥施足，与土壤混合均匀。为充分发挥肥效和防止烧根，肥料一定要腐熟，并在施入时将肥加入适当水分，打碎过筛。有机肥全园撒施，化肥集中施于畦底（沟施），应施一定量磷肥和钾肥。由于地膜覆盖后土壤挥发性差，而微生物活动强烈，有机物分解会产生氨气，氨气过多对根部有害，所以地膜覆盖一般有机氮肥要比露地少施20%以上。

④ 保证盖膜质量　使土壤疏松、平整，绝对不能有土块，否则畦面不平，盖膜后膜与土表贴不紧，中间有空隙，风吹鼓动，可使膜刮起或吹破，而且中间空隙还能滋生杂草，影响蔬菜生长。整地时，土壤水分一定要适宜，底墒要足，这样才能整得精细平坦，干燥时，要浇水造墒。

畦面盖膜要严，畦沟宽度和深度应有利于灌水。视土壤干湿状况，把握时机适时覆膜，南方春季雨水多，覆膜时土壤宜偏干；秋季干旱少雨，覆膜时土壤宜湿润，因此土壤过湿或过干，均不宜覆膜。

⑤ 株行距稍大　盖地膜的蔬菜，由于生长快，长势好，其株行距应比露地栽培的稍大一些，定植时可比一般露地栽培深一些。

⑥ 讲究覆盖方法　普通高畦地膜覆盖定植的方法有两种，一种是先盖膜后定植。即按株行距用刀划破膜或用打孔器打孔，挖定植穴，苗栽下后浇定根水、覆土，将定植孔周围的薄膜压紧，封死孔穴，并稍高出地面呈一小土堆，可防止雨水从定植穴渗进去，造成烂根死苗，防止天晴温度高时，地膜内的热气从定植穴往外溢而灼苗，防止风害，避免苗吹得摇摇晃晃，茎基部在薄膜上摩擦而受

损伤，影响生长，此法操作简便，为生产上常用。但当秧苗大、带土多或采用大营养钵育苗时，定植穴要开得很大，会影响地膜覆盖的效果，这时可改用第二种方法，先定植后套膜，即按栽下去的苗的位置，将薄膜划一个“十”字形孔、让苗从孔中伸出来，把膜套盖地面上，此法容易碰伤幼苗叶片，操作较麻烦，也不易保持畦面和地膜的平整。

⑦ 加强盖后管理　地膜盖好后，要经常下田检查，发现地膜裂口及时用土封严，以免裂口扩大，发现膜边被风掀起，及时埋牢。在苗期，应注意清扫膜面多余的泥土杂物，保持膜面清洁，提高透光率。

⑧ 最好一盖到底　正常情况下，地膜覆盖一直要到采收结束。但在后期高温或土壤干旱时，为防止高温影响植株生长发育，可在膜上盖土，或在地膜上盖草，以降低地温，也可及时揭掉地膜或把地膜划破，及时追肥灌水，防止植株早衰而减产；地膜覆盖的蔬菜发生了较严重的土传病害时，应揭去地膜，以降低地温，改变膜下土壤高温高湿的状况，也便于灌药防治，表现严重缺肥时，也可考虑揭去地膜，以便于补充追肥，增加后期产量；如果遇到由于连作，或施化学肥料过多等原因膜下出现盐渍现象，导致植株长期僵而不发，此时也只能把地膜揭开，通过自然降雨或人工灌水进行洗盐。

⑨ 结合地膜覆盖使用除草剂　地膜栽培往往膜下杂草丛生，一般防治方法只好在后期不需盖膜时把膜去掉，中耕除草。为防止杂草，除盖除草膜外，可在盖膜前配合使用芽前除草剂进行除草，选用蔬菜适宜的芽前除草剂，均匀地喷到畦面上，再行盖膜。盖膜前三天可根据作物种类的不同选择敌草胺、氟乐灵、乙草胺、精异丙甲草胺、甲草胺等除草剂喷洒畦面。

茄果类、豇豆、菜豆、马铃薯等蔬菜在铺膜前，每亩可用50%扑草净可湿性粉剂60～70克，兑水50～60千克，均匀喷洒畦面后盖膜。番茄地，可用甲草胺杀草。要注意除草剂的使用剂量和使用方法，如使用氟乐灵时，喷药不要喷到幼苗上，喷后浅耧畦面使药土混合耙平后再盖膜。此外，除草剂的剂量要较露地减少1/3，以防药害。

⑩ 及时清除残膜　采收结束，应尽量清除残膜，防止土壤被碎膜污染。据调查，每亩残留地膜 3～4 千克，蔬菜一般减产 1.8%～10.8%，影响蔬菜根系发育，对养分、水分吸收下降，降低了蔬菜的抗病能力。如番茄劣质果增加，大白菜包心不足，萝卜生长受阻致肉质根弯曲、个小，蔬菜食用率下降，病情指数增加。因此，在每茬作物收获后，应彻底清除田间废旧残膜碎片。

7. 地膜覆盖栽培施肥原则

实践证明，在土地肥力好、底肥充足、追肥及时和精耕细管的情况下，充分发挥出地膜覆盖的技术优势，增产潜力很大。若在地力不足、中低等施肥水平、田间管理粗放的情况下，则生育后期易出现早衰现象，甚至后期的产量比露地栽培的还要低。地膜覆盖栽培施肥要讲究以下原则。

① 在施肥总量上，应比露地栽培多施入各种肥料有效成分定量的 15%左右。因地膜覆盖栽培产量高，营养生长旺盛，开花结果多，养分吸收量相应加大。但对于氮素肥料，由于覆盖后分解快且彻底，挥发淋溶也很少，要比露地栽培减少 20%～30%。

② 在肥料比例上，要注意氮、磷、钾三要素肥料配合施用比例，并且对基肥和追肥也要采用适宜的比例。要重点增加磷、钾肥的比例，少施氮素肥料。在全生育期，肥料施用量应突出基肥、兼顾追肥，可按 6∶4 或 7∶3 的比例施用。蔬菜作物覆盖期长的种类可按 6∶4，即 60%的施肥量应用于基肥，余下的 40%作为追肥；对覆盖期较短和生育期不长的叶菜类和部分果菜类，可按 8∶2 的比例施用。

③ 在施肥策略上，地膜覆盖后，施肥比较困难，施肥要以基肥为主、追肥为辅的原则，不宜采用把全部肥料总量作为基肥一次施入土中，以后不再追肥的方法，要注意生育中期的追肥工作，既要突出重点施入基肥，又要考虑中途养分的补充。

④ 在施肥方法上，对土壤肥力较差的地块应采用全层施肥的办法，使耕层土壤肥力均匀分布，而对土壤肥力较高的地块，宜把

肥料集中于高畦（或大垄）内，用条施或穴施于深层土壤中。

⑤ 在施用形式上，应以长效肥为主，速效肥为辅。除以有机肥作基肥为主施入外，作基肥用的化肥也应尽可能用颗粒长效肥施用，如颗粒的磷、钾肥和氮、磷、钾三元颗粒肥，磷酸二铵颗粒肥等，也可自制成直径 1 厘米左右的大粒球肥。

8. 地膜覆盖栽培基肥和追肥的施用

地膜覆盖栽培后再进行土壤施肥很不方便，在施肥方法上有别于一般露地栽培。由于地膜覆盖栽培主张地膜一盖到底，不在生育期中撤除地膜的效益高，若在生育期间撤除地膜，撤除时间越早，效益越低。从管理上说，不撤除地膜，在施加追肥，特别是在追施固体肥料（有机和无机肥）时，则不如不盖地膜方便。为解决地膜覆盖栽培在生育期间既不撤除地膜，又能保证作物中、后期不出现营养不足而早衰的现象，可通过以下几种方法进行施肥和补充追肥。

① 要一次性施足优质有机肥　在整地做畦或栽种时，应坚持一次性施足优质底肥 4000 千克以上，其中迟效性肥料占一定比例。若每亩加施氮磷钾三元复合肥作底肥时，增产、保苗效果更好。施用时可以用总基肥量的三分之二，在翻耙地前，均匀撒到地里翻入土中，实行全层施肥，待起垄后再隔垄施入余下的三分之一基肥，做畦时将两垄合成一高畦，即可把撒入垄沟的基肥埋在畦块中部。也可以把这部分基肥集中施于高畦内，方法是依作物行距及位置开两条深沟（深 10～12 厘米，宽 15～20 厘米），均匀施入基肥后再平整畦面。此部分基肥最好施入优质的精肥和化肥，如鸡粪、豆饼等预先沤制好的堆肥。有条件的可与部分化肥和适量黄泥制成有机无机混合的复合球肥，采取深穴方式，深施于两株之间，肥劲长、肥料利用率高。

② 及时追肥　地膜覆盖后生育期中进行追肥，不仅对覆盖期长的作物需要追肥，对覆盖期短的作物也应适当追肥。追肥时期原则上是掌握覆盖后土壤中养分含量开始下降，植株刚刚开始表现出脱肥时进行追肥为适宜。茄果类蔬菜可在覆盖后的 60～70 天，即

盛花期开始追肥，叶菜类在覆盖后40天左右开始追肥。其追施方法有以下几种。

a. 沟施肥：一般结合灌水同时进行，凡是可以用作液态追施的肥料，如粪稀、氨水、碳酸氢铵等，可在浇水时随水追施在畦间沟里，肥料随水渗入土层中。此法操作方便，追肥后根系吸收面广，增产效果最好，但肥料挥发流失较多，肥料利用率低。

b. 埋施法：碳酸氢铵、硫酸铵、硝酸铵、尿素、复合肥和棉籽饼、豆饼等颗粒形及固体化肥和有机肥（先堆沤腐熟后再施用），可采取埋施的方法，即在蔬菜行垄间、四棵（穴）植株的中间部位，挖坑埋施。施肥坑要离开蔬菜植株茎基部10厘米以上，以防肥料溶液浓度过高而造成“烧根”现象；埋施肥料后要用土把施肥坑埋严。也可采用在畦块的两侧开沟埋施的方法。施肥后应及时在畦间沟内浇一次水。追施速效氮肥，要采取“少食多餐”的方法，即少施勤施，避免一次追肥量太大。

c. 根外追肥法：用尿素、磷酸二氢钾、微量元素等肥料作追肥时，均可配制成0.3%～0.5%浓度的液态肥，在生育中、后期经常用作根外追肥，喷洒于植株的茎、叶、花、果上，每5～7天进行一次，可促进增产，延长供应期。此法方便省肥，适合于地膜覆盖条件下作补充养分不足时应用。

d. 畦中破膜追肥法：选择雨天或灌水前，用小铲或铁锹在畦中部地膜上，划一破口施入化肥或粪水。如膜下杂草丛生，需进行揭膜除草的地块，可在揭膜除草后，及时在行垄间开沟追施化肥和有机肥，将肥料埋严，再重新把地膜覆盖好。

e. 注射法：凡是能溶化成液态的肥料，有条件的，可用注射枪把液态肥料注射到作物根系活动的土壤耕作层中，供根系吸收，则效果更好。注射时，应在两株之间或畦肩上距植株10～15厘米处注入，深达15厘米左右。

f. 塑料软管滴灌法：如果能采用塑料软管滴灌配套地膜覆盖，再配以施肥器，则技术更完善。只要是液肥就能用施肥器随滴灌浇水施入土壤中。如在大、中、小棚等保护地内，配套使用塑料软管滴灌带、地膜覆盖，同时安装上施肥器，则可达到两低（空气相对湿度低、发病率低，且发病时间推迟）、三增（增温、增产、增收）、四省（省工、省水达48%～60%、省药、省肥）的效果，而且浇水、施肥不必人工开沟、挖穴、撒施，这是一项完整、综合、配套、简便、高效益的技术，适宜缺水的北方地区或用水量大、供水困难的大城市郊区。

g. 畦边开浅沟追肥法：采用畦边开浅沟法，可用耧钩在沟底两边距植株15厘米处，耧出5～6厘米深的浅沟，撒入化肥后盖上土即行灌水。此法节省肥料，肥料集中利用率高，操作简便，增产效果较好。

③ 注意事项　不要为了盲目追求地膜覆盖高产，而单一考虑高肥因素，在基肥及追肥中施入过量的氮素肥料，造成覆盖后植株疯秧徒长，不仅浪费了肥料，且增产效果并不明显。

防止在做畦时化肥用量过大，加上底墒不足，造成土壤中肥料溶液浓度过大，使幼苗根系细胞脱水，幼根萎缩，出现烧根伤苗，甚至发生死苗现象。

如果施入过量未充分腐熟的有机肥（尤其是马粪）以及拌入了碳酸氢铵化肥作基肥使用，会使覆盖后土壤中氨气累积量过大，使秧苗遭受肥害。

如果施肥量不足，或有机肥质量太差，并且全部作基肥施用，生育中期也不追肥，会出现覆盖中期严重脱肥早衰，造成明显减产。

9. 地膜覆盖栽培中容易出现的问题与解决办法

地膜覆盖栽培后，尽管土壤环境条件优越，但有时也会在前期出现个别死苗和已萌芽的种子不出土、植株徒长、容易倒伏及早衰现象。

① 死苗

a. 原因：覆膜质量差，定植孔覆土不严，幼苗基部培土太少，致使地膜下中午高温热气从孔隙冒出灼伤幼苗，使秧苗萎蔫或死亡；在底水不足、土壤含水量太低时匆忙覆盖定植后，较长时间处于土温较高又干燥的条件下，幼苗根系因严重缺水而发生萎蔫死亡；整地时施入了大量未发酵的生粪或做畦时施入了过多的化肥(尤其是碳酸氢铵)，特别是采用条施或穴施化肥太集中，遇到地膜下土壤较干旱和高温的条件，引起肥害烧根；在采用改良式覆盖时，未能及时放风，破洞引苗太晚，晴天中午膜下气温出现短期内超过 50℃的高温，同时畦内土壤底水不足，穴内小空间湿度太小，产生高温引起死苗；幼苗本身质量差，栽植不得法，地下害虫及田鼠危害、冰雹、人畜、机械损伤、灌水不及时等。

b. 解决办法：出现个别或成片死苗时，应及时补苗或重新播种。

② 徒长

a. 原因：基肥施用量过大，尤其是盲目施入大量速效氮肥，植株营养生长过旺，生育失调；灌水量过大，过早追肥，使中期植株营养生长太快；雨量过于集中和提前进入雨季，加速植株徒长。

b. 解决办法：严格按不同蔬菜需要氮肥数量施用氮肥，覆盖前可按减少 20%～30%的数量施入，施肥比例上应压减氮肥、多施磷钾肥；灌水及追肥时期不能太早，一般应在开花坐稳果后或团棵期开始追施肥水；选用适宜的株行距，单位面积的栽植株数要比露地栽培减少 10%左右。

③ 倒伏

a. 原因：地膜覆盖的植株根系分布都比较浅，水平根比较发达，根系主要分布区有上移现象，垂直根一般生长差，向下扎得不深，大多数根群分布在 0～20 厘米耕层表土中，加上覆盖后的土壤都比较疏松，植株自然支撑力差，遇到刮大风及大雨天，连续经风雨摇摆而产生倒伏；覆盖植株地上部分营养生长量都比较大，茎粗、分枝多、叶面积大，平均比露地植株鲜重增加 40%，地上植株和地下根系的鲜重失去正常比例，植株重心上移，造成头重脚轻，根系固定的能力变弱，遇上多雨大风时，植株失去平衡而倒伏；覆盖后幼苗定植过浅，土坨上露，又没有进行分次培土，从而使根系分布更浅，水平根集中于表土，增加了倒伏因素。

b. 解决办法：适当深栽，使营养土块低于畦面 3～4 厘米为合适，并且栽苗后多培土；通过控制灌水，少施氮肥多施磷钾肥，以及整枝打杈，喷施植物生长调节剂等措施，来调节植株营养生长和生殖生长的正常关系，防止植株徒长和营养生长过旺；植株过于高大时，立支架固定植株，并用绳子扎紧，植株矮的进行培土即可，还可在栽培行两侧斜插交叉架材固定住植株，或在每个畦的四周架设栏杆。

④ 早衰

a. 原因：土壤养分不足，因植株的营养生长较一般露地栽培旺盛，产量也较高，从土壤中吸收大量的养分，当前茬地土壤肥力比较低，施肥水平和肥料的质量又较差，而覆盖作物对养分的吸收量往往大于施入量，造成土壤养分的投入和植株吸收之间不平衡，使覆盖中期植株出现脱肥早衰；连续覆盖或重茬，造成不利的土壤生态环境，引起生理障碍，影响地下部根系的正常生长发育，促使根系提前衰老，导致植株地上部加速早衰；地膜覆盖最需水时期的到来比露地早，遇到入夏后高温干旱天气，很易出现旱情，如供水不及时，灌水量不足，地膜下地温又比较高，地上植株水分蒸发量过大，易使植株提前衰老死亡；病虫危害，加速了作物早衰，地膜覆盖后土壤环境条件优越，作物物候期提前，生育进程加速，可促使另外一些病虫害早发生，并使早衰加重；缺乏某些营养元素，特别是微量元素，引起生理病害，地膜覆盖后植株对土壤中某些元素，特别是一些微量元素的吸收量比露地栽培大，微量元素不足，既影响植株正常生育，也影响氮、磷、钾等重要元素之间的吸收平衡关系，导致植株生育上各种生理病害发生，间接加速植株早衰；不利的气象因素促进早衰，地膜覆盖初期地温明显提高，对作物生育有利，但5～6月间常常出现短期内间歇性过高的地温，对根系正常生活和生长有一定不良影响，特别是入夏后高温少雨的时间太长，覆盖植株遭受干热天，土壤干旱、地温过高等不利因素的共同影响，使覆盖植株更容易出现早衰。

b. 解决办法：按地膜覆盖蔬菜作物需肥特性，适时适量施肥供足养分；防止连作，避免重茬；掌握在覆盖后作物最需水的时期，及时充分灌水灌透；选择抗早衰品种；及早防治病虫，做到“治早、治小、治了”。

10. 地膜覆盖栽培注意事项

① 采用地膜覆盖栽培以一盖到底为好　蔬菜采用地膜覆盖栽培，是在作物生育期中的某一阶段撤掉覆盖的地膜（指盖地膜而不是指“盖天”膜），还是直到生育期结束才撤掉？有的认为覆盖地膜后，不少地块均出现膜下杂草丛生，与作物争光、温、水、肥，应揭膜除草，不再覆盖。有的认为，膜下出现杂草丛生现象，主要是盖膜质量不好造成的，生长一段时间后作物封垄遮阴，可抑制杂草生长。

实践证明，地膜覆盖地面后，还是一盖到底比中途撤膜的增产效果好，而且撤膜越早，减产越多。因为除了杂草、温度这两个因素外，坚持覆膜到生长周期结束的整个生育期中，地膜还始终起到保持土壤水分，使土壤疏松不板结，防止露根和保护根系，以及促使肥料发挥作用和减少流失等多方面的良性效应。特别是蔬菜作物，大多只覆盖 2～3 个月或半年即收获结束，已相当于提前揭膜作用，即使覆盖全年的茄果类蔬菜，不提前揭膜影响也不大。所以，还是应坚持一盖到底。

对于膜下草多的情况，可以采取把膜紧贴地面，封严栽苗、播种膜孔的方法来抑制杂草滋生，也可以用除草剂来防止出现草荒。如每亩地用 48%的氟乐灵或甲草胺 120～150 克，防杂草的效果都很理想。但氟乐灵使用时应注意：一是喷洒畦面后要使药液与土掺和一下，混入 3 厘米内的表土层，才能真正发挥除草效果。否则药液在土表面易被太阳照晒而光解，失去药效。二是黄瓜等瓜类蔬菜用种子直播时，最好用药后过 3～5 天再直播，否则会出现轻微药害而影响出苗，因为除草剂药液易被瓜菜的芽鞘吸收而抑制发芽速度。育苗移栽则无药害问题，可放心使用。

提前揭膜的情况，只有在覆盖中后期干旱缺水，又缺乏灌溉条件，或者低洼积水，或蔬菜本身对成熟期条件的要求，如成熟期早，要求高温干燥等，或底墒及施肥量不足等，可以适当提前揭膜。揭膜时，尽可能整片揭起，以提高地膜回收率，减轻对土壤的污染。

② 地膜“一膜多用”　“一膜多用”是指一块薄膜反复多次利用。可提高地膜利用率，降低地膜覆盖栽培成本，提高经济效益。“一膜多用”的方式有如下几种：

a. 地膜柳条小拱棚：用地膜、柳条拱架作成地膜小拱棚代替普通塑料小棚。覆盖栽培越冬菜、早春菜以及冬瓜、笋瓜、西瓜等。

b. 多次覆盖或两层覆盖：先以地膜覆盖小棚，提早定植瓜类等蔬菜。气温回升后，就地覆盖地面，或同时用地膜套小拱棚覆盖。

c. 一膜多次覆盖：一膜可覆盖两次以上。如先平地覆盖越冬菜，再覆盖早春菜或马铃薯，还可用来覆盖夏季茄果类、瓜类、豆类蔬菜。

d. 一膜两茬：可在地膜覆盖栽培的茄子、辣椒等喜温蔬菜行间套种早甘蓝、莴笋、苤蓝、四月白等喜冷凉蔬菜；春茬矮生菜豆或大棚地膜黄瓜收获拉秧后，复种萝卜、夏秋大白菜、秋菜豆和秋黄瓜等；生长期较短的早甘蓝、莴笋等蔬菜收获后，将田间残根、落叶、杂物清除干净，但不清除地膜，也不耕翻土地，在原来的小高畦上接着播种、定植第二茬蔬菜，如直播（或移栽）夏黄瓜、豇豆等。

e. 旧膜覆盖：用作大、小棚覆盖后的旧膜或未损坏的废旧地膜进行覆盖栽培，也有明显的增产效果。

六、电热温床

电热温床设置可分为地上式和地下式两种。凡床面与地面相平的称为地下式。具有较好的保温性和保湿性，宜建在地下水位较低的地方，且常用来育苗。凡床面高于地面的称地上式。它有利于土温的升高，宜建在地下水位较高的地方，常用来移苗（假植或分苗）。是以电热加温线加温的苗床。一般与塑料大棚、温室结合起来使用。

1. 设备

① 电加温线　为外包漆皮的0.6～0.9毫米的镀锌铁扎丝。目

前大都使用上海农机所产品，型号为DV系列250～1000瓦几种规格，常用的有500瓦60米长，600瓦80米长，800瓦100米长，1000瓦120米长等。DV型电加温线的型号有DV20406、DV20608、DV20810、DV21012，主要技术参数见表1-1。如DV20810型号的“D”表示电热加温线，“V”表示塑料绝缘层，“2”表示电热加温线额定电压为220伏，“08”表示电热加温线的额定功率为800瓦，“10”表示电热加温线长度为100米（表1-1）。

表1-1 DV型电加温线主要技术参数

型号	电压/伏	电流/安	功率/瓦	长度/米	色标	使用温度/℃
DV20406	220	2	400	60	棕	≤40
DV20608	220	3	600	80	蓝	≤40
DV20810	220	4	800	100	黄	≤40
DV21012	220	5	1000	120	绿	≤40

② 控温仪　在不寒冷的地区，只夜间加温，可不用控温仪，而用电开关控制，天冷时可夜间接通电源，白天有太阳时切断电源，节省控温仪开支。

③ 其他　线距之间为保证安全和方便，应连接保险丝和闸刀。备足碎稻草、木屑、糠灰、树叶、稻壳等隔热物。

2. 建造

电热温床可在阳畦的基础上建造。建造时挖土可较阳畦浅，一般挖土20厘米左右，床坑底要平，并且要踩压紧。然后在温床底部将碎稻草等隔热物填好、踏实，厚5厘米以上，铺均匀，铺后踩压紧。再在碎草层上均匀铺厚3厘米左右的沙子，将隔热物盖住、耙平。取两块长度同床面宽的窄木板，按线距在板上打钉，将两木板平放到温床的两端，再铺线。

安装电热线之前，要根据当地气候条件确定功率密度（单位面积苗床上使用的功率）。长江流域，如使用控温仪，采用80～100瓦/平方米的功率密度为好。

铺线时床两侧稍密，中间稍疏，布线距离根据设定的功率和电热线的型号确定，计算公式：

每根电加温线可加温面积＝电加温线额定功率（瓦/根）÷电热温床选定功率密度（瓦/平方米）

电加温线的根数（取整数）＝电加温面积即温床面积（平方米）÷每根电加温线可加温面积（平方米）

电加温线总长度＝每根电加温线长度×根数

电加温线布线行数（取整数）＝［电加温线总长度（米）－温床宽度（米）×2］÷温床长度（米）

平均布线间距＝温床宽（米）÷［布线行数（根）－1］

因温床边缘散热快，布线时可把边行的电加温线的间距适当缩小，温床中间部位的间距适当拉大，但平均间距不变。例如，一个标准大棚（6 米×30 米），如果选用 1000 瓦的电加温线，约需14～15根，其平均线距约为 10 厘米；800 瓦的电加温线其平均线距约为 8 厘米；600 瓦的电加温线平均线距为 6.5～7 厘米。线要拉直，不要打结、交叉，要先按规定线距在畦两端插木棍，以便绕线，每根电热线之间不能串联，应并联，往返趟数应为偶数。现将DV 型系列电加温线用于不同功率密度要求的苗床的布线间距列于表 1-2。

表 1-2　DV 型加温线用于不同苗床选定功率密度的布线间距

单位：（厘米）

苗床选定功率 \ 型号	DV20406	DV20608	DV20810	DV21012
60 瓦/米^2	11.1	12.5	13.3	13.9
80 瓦/米^2	8.3	9.4	10.0	10.4
100 瓦/米^2	6.7	7.5	8.0	8.3
120 瓦/米^2	5.6	6.3	6.7	6.9

绕好线后，在线上平铺一层厚约 2 厘米的细沙将线压住（也可用取出的床土覆盖），整平温床，并拔去木棍等固定物，最好盖严不能使电加温线露在空气中。安装控温仪。

作为播种床，上面再覆盖填 8～10 厘米的营养土；作为移苗床，床土厚 10～12 厘米。营养钵育苗，则直接放置营养钵于沙层上即可（彩图 9）。

3. 建造和使用电热温床注意事项

应用电加温线只适用于床土加温，只能在土中使用，不能用于空气加温，更不能成捆地在空气中通电加温试验，在土中也不能堆结或交叉，接头不要露出地面。

电加温线的功率是额定的，不要随便接长或剪短使用，用完后要及时从土中挖出，并清除泥土，使其保持干燥并妥善保管。

电热温床因温度较高，幼苗出土后应加强放风炼苗，防徒长。因地温较高，水分蒸发大，畦面易干燥，应及时灌小水或喷水，但不宜浇大水。

电热温床温度较高，主要用于瓜类蔬菜育苗，在冬季温度较低的地区，茄果类、豆类蔬菜也可用电热温床育苗。要经常检查床温，防止夜温过高，导致幼苗营养缺乏，生长不良，出现徒长现象。

使用时要综合考虑电力变压器的容量、供电母线的粗细及保险闸刀开关的容量，不能超载使用。每根电热线的使用电压是 220 伏，单线使用时可与 220 伏电源连接，使用 380 伏的电源时，同时需要三根电热线，并采用星形接法。

电热温床功率的选定与气候、作物需温和散热等因素有关。一般每平方米蘑菇房 60～80 瓦，蔬菜育苗 90～120 瓦，喜温作物 120～140 瓦。

DV 加温线使用前必须注意检查外包漆皮是否完整，如果有破损而露出镀锌铁扎丝的不能再使用，绝缘层有小破损时可用热熔胶修补（专用），断后可用锡焊接，接头处应套入 3 毫米孔径的聚氯乙烯套管。修复线、母线用前应将接头浸入水中，接头露出水面，用绝缘表检查绝缘后才能用。

电热温床要有地温表和气温表，谨防温度过高。由于电热温床的土温较高，幼苗出土快，出苗后要加强通风、锻炼，防止幼苗徒长。土壤水分蒸发快，要注意补水保湿。采用电热温床育苗苗龄也比一般方法相应缩短，要注意调整相应的播种期。

七、喷滴灌

1. 微喷灌

微喷灌又称雾灌，是通过低压管道系统，以较小的流量将水喷洒到土壤表面进行灌溉的一种灌水方法。它是在滴灌和喷灌的基础上逐步形成的一种新的灌水技术。微喷灌时水流以较大的流速由微喷头喷出，在空气阻力的作用下粉碎成细小的水滴降落在地面或作物叶面。可减少灌水器的堵塞。将可溶性化肥随灌溉水直接喷洒到作物叶面或根系周围的土壤表面，提高施肥效率，节省化肥用量。一般可节水50%～70%，减少蒸发和渗漏，防止病虫害发生，保证土壤不板结，又能促使蔬菜提前上市，延长产品供应期，减少农药用量，提高产量20%。

① 设备及安装　微喷灌系统包括水源、供水泵、控制阀门、过滤器、施肥阀、施肥罐、输水管、微喷头等。材料选择与安装：吊管、支管、主管管径宜分别选用4～5毫米、8～20毫米、32毫米和壁厚2毫米的PV管，微喷头间距2.8～3米，工作压力0.18MPa（压强单位：兆帕斯卡）左右，单相供水泵流量8～12升/小时，要求管道抗堵塞性能好，微喷头射程直径为3.5～4米，喷水雾化要均匀。布管时2根支管间距2.6米，把膨胀螺栓固定在大棚长度方向距地面2米的位置上，将支管固定，把微喷头、吊管、弯头连接起来，倒挂式安装好微喷头即可。

② 安装后的检查　微喷系统安装好后，先检查供水泵，冲洗过滤器和主、支管道，放水2分钟，封住尾部，如发现连接部位有问题应及时处理。发现微喷头不喷水时，应停止供水，检查喷孔，如果是沙子等杂物堵塞，应取下喷头，除去杂物，但不可自行扩大喷孔，以免影响微喷质量，同时要检查过滤器是否完好。

③ 微喷灌系统的使用　喷灌时，通过阀门控制供水压力，使其保持在0.18MPa左右。微喷灌时间一般选择在上午或下午，这时进行微喷灌后地温能快速上升。喷水时间及间隔可根据作物的不

同生长期和需水量来确定。随着作物长势的增高，微喷灌时间逐步增加，经测定，在高温季节微喷灌 20 分钟，可降温 6～8℃。微喷灌的水直接喷洒在作物叶面，便于叶面吸收，促进作物生长。

④ 利用微喷灌施肥喷药　微喷灌能够随水施肥，提高肥效。宜施用易溶解的化肥，每次 3～4 千克，先溶解（液体肥根据作物生长情况而定），连接好施肥阀及施肥罐，打开阀门，调节主阀，待连接管中有水流即可，一般一次微喷 15～20 分钟，即可施完，根据需水量，施肥停止后继续微喷 3～5 分钟以清洗管道及微喷头。根据病情将农药溶解于化肥罐中随水喷洒在作物表面，达到治病的目的。

2. 膜下滴灌

膜下滴灌技术是滴灌技术的一种，是地膜栽培技术与滴灌技术的有机结合，通过可控管道系统供水，将加压的水经过过滤设施滤“清”后，和水溶性肥料充分融合，形成肥水溶液，进入输水管→支管→毛管（铺设在地膜下方的灌溉带），再由毛管上的滴水器一滴一滴地均匀、定时、定量浸润蔬菜作物根系发育区，供根系吸收。大棚栽培下采用膜下滴灌技术还可大大降低空气湿度，减轻病害的发生和蔓延。

① 膜下滴灌适应范围　膜下滴灌技术适用于所有适宜地膜覆盖、有水源条件（如池塘、井水、水库等）的地区推广应用。特别适宜于宽行大田作物规模种植单一作物并配合机械化作业同时进行。

② 膜下滴灌技术要点

a. 滴灌带的设置。滴灌毛管选用。对蔬菜等条播密植作物，根系发育范围小，对水分和养分的供应十分敏感，要求滴头布置密度大，毛管用量多，因而毛管选用价格较低的滴灌带，可有效地降低滴灌造价，且运行可靠，安装使用方便。

在滴灌进棚前，应顺棚跨（或棚长）起垄，垄宽 40 厘米，高 10～15 厘米，做成中间低的双高垄，滴灌带放在双高垄的中间低凹处，垄上覆盖地膜。双高垄的中心距一般为 1 米，因而滴灌毛管的布置间距为1米。滴灌毛管的每根长度一般与棚宽（或棚长）相等，对需水量大的蔬菜有时也布置2道。支管布置一般顺棚长，长度与棚长相等。在支管的首部安装施肥装置和二级网式过滤器等。

b. 灌水定额的确定。根据作物种类及其品种的需水量、降水量等确定灌水定额。膜下滴灌的用水量是传统灌溉方式的1/8，是喷灌的1/2，是一般滴灌方式的70%；灌水定额确定后可按作物的需水规律，并结合降水情况和土壤墒情确定灌水次数、灌水时期和每次的灌水量。

c. 滴灌肥的合理施用。应根据作物的需肥规律、地块的肥力水平、目标产量确定总施肥量、氮磷钾比例及基肥、追肥的比例，作基肥的肥料在整地时施入，追肥按照不同作物不同生长发育期的需肥特点确定施肥时期、次数及每次的追肥量。追肥应选择可溶性的肥料品种，以免堵塞滴头。采用膜下滴肥技术，随水滴肥，水肥同步，肥料利用率大大提高，作物全生育期的施肥量为传统施肥量的70%～80%。膜下滴灌，配置了膜下滴灌施肥系统，施肥装置选择压差式施肥罐等。

d. 配套技术的选择。一是选择优良品种，充分发挥该技术的应用效果；二是确定合理的留苗密度，保持规范的株行距，确保滴灌水肥直达作物根系；三是及时防治病虫害，减少因其造成的损失。

③ 膜下滴灌的管理

a. 规范操作。要想达到蔬菜滴灌的最佳效果，设计、安装、管理必须规范操作，不能随意拆掉过滤设施和在任意位置自行打孔。

b. 注意过滤。大棚膜下滴灌蔬菜，要经常清洗过滤器内的网，发现滤网破损要更换，滴灌管网发现泥沙应及时打开堵头冲洗。

c. 适量灌水。每次滴灌时间长短要根据缺水程度和蔬菜品种决定，一般控制在1～4小时。由于滴灌能保持地面不板结，且透气性好，因此不适宜种菜的黏质土壤也能获得高产。

④ 注意事项

a. 防堵。滴孔堵塞是滴灌使用中最大的难题，所以供水10小时后，立即拆下过滤器清洗，换茬拆装时，要防止滴带中进入泥沙。

b. 防折。滴带“弓”字形排列时要防止拐弯处出现直角、拧劲，阻碍通水。

c. 防漏。主管道与直通连接处要防止漏水，必要时要用塑料胶密封，防止渗漏影响滴灌效果。

⑤ 膜下滴灌实施效果

a. 节水。地膜覆盖大大减少了地表蒸发，滴灌系统又是管道输水，局部灌溉，无深层渗漏，和沟灌比节水50%左右；和喷灌比因其是全面灌溉，地表蒸发量大，节水30%左右。

b. 抗堵塞能力强。大流量、大流道滴灌带通过能力强，抗堵塞性能好。

c. 抑制土壤盐碱化。膜下滴灌可使滴圆点形成的湿润峰外围形成盐分积累区，湿润峰内形成脱盐区，有利于作物生长。在0～100厘米土层平均含盐率为2.2%的重盐碱地上，经过3年连续膜下滴灌，土壤耕作层盐分降至0.35%。

d. 提高肥料的利用率。采用膜下滴灌技术，可溶性化肥随水直接施入作物根系范围，使氮肥综合利用率从30%～40%提高到47%～54%，磷肥利用率从12%～20%提高到18.73%～26.33%，在目标产量下，肥料投放减少30%以上。

一般是采用先滴水60%，然后滴溶解了肥的水20%，最后滴水20%的操作方式，即水—肥—水的施肥方式，磷肥移动速度加快，使中层居多，土壤中全磷平均含量为1.03%，所以滴施磷肥当年即可见效。

e. 提高土地利用率。由于膜下滴灌系统采用管道输水，田间不修水渠，土地利用率可提高5%～7%。

f. 降低机耕成本。由于滴灌改变了传统沟灌所需的田间渠网系统，且垄间无水，杂草少，因此可减少中耕、打毛渠、开沟、机力施肥等作业，节省机力费20%左右。

g. 提高作物产量和品质。在各种作物上的试验表明，采用膜下滴灌技术苗肥、苗壮、增加收获株数，并为作物生长创造了良好的水、肥、气、热环境，可使作物增产30%左右。

h. 提高劳动生产率。常规灌溉农民管理定额为25～30亩/人，采用膜下滴灌后，减少了作业层次，降低了劳动强度，使管理作物定额提高到60～80亩/人，农民收入也相应增加。

第二章 大棚蔬菜环境调控技术

第一节　温度

一、 南方塑料大棚内温度变化规律

南方大棚一般均为不加温的日光型大棚，棚内的小气候随着季节和天气状况而变化，其气温具有升温快、温差大、晴天变化剧烈、阴雨天变化平缓和分布不均等特点。温度是决定蔬菜作物能否生长的首要条件，温度过高过低对蔬菜生长均不利。掌握其温度变化规律，可更好地搞好大棚的管理。否则，往往会出现大棚栽培反不及露地的现象，这就是有些地方大棚未能在生产中迅速推广的主要原因。

1. 气温变化规律

① 月变化趋势　南方地区，大棚覆盖保温栽培的时间一般在10月至翌年6月，大棚内的气温随着外界气温的降低而降低，并于1～2月份达到最低，以后则随外界气温的升高而上升。12月至翌年2月棚内温度一般为－1～15℃，应特别注意保温，但晴天中午有时最高气温仍可达30℃以上，假植缓苗时要注意用遮阳网遮阴。2～3月棚内最高气温可达25～28℃，甚至更高，最低温度在5～10℃。3月下旬～4月上中旬要注意防止倒春寒，做好保温。4～5月棚内如不通风，棚温可达40～50℃时，应及时通风，否则有时中午1～2个小时就可烫伤棚内蔬菜。一般到5月中、下旬，可转入露地栽培。6～9月夏秋季栽培，棚架上宜盖遮阳网降温保湿。9～11月视天气和棚内作物决定是否盖棚。11月初霜前10天盖棚。

② 日变化趋势　与露地基本相似，但比露地强烈，日较差比露地大。一般最低气温出现在清晨，日出后随着太阳高度的增加棚温上升，并于8～10时上升最快，在密闭条件下，平均每小时可升高5～8℃，有时甚至在10℃以上；棚内最高气温出现在13时前后，比露地稍早；14时后，气温下降，平均每小时下降3～5℃，

日落前下降最快。

③ 不同天气变化趋势　大棚内外最高气温的差异在晴天较大，而阴天较小。如晴天大棚内外的最高气温相差18.7℃，而阴天则仅差6.6℃。晴天白天大棚内的最高气温已经超过了多数蔬菜的生长适宜温度，有时甚至达到40℃以上，及时通风是大棚栽培上的一项重要措施。大棚内的最低气温一般也比大棚外高，在夜间密闭不通风并进行保温覆盖的条件下，棚内最低气温一般均在0℃以上，而此时大棚外的最低气温则常在0℃以下。

④“棚温逆转”现象　在冬季和早春，有时出现棚内最低气温短时低于大棚外的现象，称为“棚温逆转”。一般在晴天或少云天气的夜间易出现，常给蔬菜秧苗或已经定植的蔬菜带来冷害甚至冻害，在生产上应严加防范。

2. 地温变化规律

大棚内地温的变化情况与气温有较大的相似性。秋季地温逐渐下降，但比气温下降慢，以后随着气温的逐渐下降，地温也随之下降。在霜冻来临时，地温的下降比较缓慢，即使外界已经开始冰冻，大棚内的地温仍在0℃以上，一般在5℃以上。立春后，气温持续回升，地温也逐渐升高。2月中旬，10厘米土层的温度一般在10℃以上，大棚栽培可进行茄果类蔬菜的定植；3月份，地温继续回升，一般能达到15℃以上，几乎所有的夏季蔬菜均可定植。在蔬菜栽培上，一般将10厘米的地温（或0～20厘米的平均地温）作为蔬菜适宜定植期的一个指标。

二、冬春低温寒冷季节加温、保温和防冻措施

大棚内温度的调节主要是指保温和降温两个方面。大棚保温主要是在晚秋、冬季及春季，一般开始于10月下旬，结束于4月中下旬，常用酿热物、火炉、电热炉、电灯、水暖、风暖、蒸汽、覆盖等进行加温保温。在实际操作中，有时需几种方法同时配合使用。应特别注意防冻，在生产中由于冻寒常造成30%以上的损失，保温防冻要随时关注天气预报，另外保温也要解决好与通风降湿、

增强光强之间的矛盾。加温、保温、防冻方法可采取如下综合措施。

1. 合理布局

大棚在搭建时应遵循相应的原则，避免遮阴。特别是在一些山区、半山区以及城市郊区等，必须使大棚具有能充分接受阳光的条件，如标准型高效节能日光温室，东西走向，坐北朝南，多采用拱圆形棚面。最佳采光时段合理采光屋面角应为22°～23°。拱圆形日光温室前屋面倾角上沿12°～14°、中部22°～23°、前坡26°～30°、前坡角35°～40°，后屋面仰角为135°～140°。

2. 选择适宜的大棚农膜

最好选用无滴膜。大棚顶膜必须选用新膜，不能用旧膜。大棚面积越大，温度降低越慢，保温效果越好。经常清洁棚面，保持透光面的洁净。

3. 多层覆盖

冬季外界气候寒冷，棚室内热量散失快，采用多层覆盖技术，能有效地降低热量的散失，延缓热量散失的时间，这是最经济有效的保温技术。在霜冻来临时，最低气温在0～4℃，在大棚内套小拱棚，并可加盖遮阳网或无纺布；当大棚外界最低气温降至0℃以下时，在大棚外围的裙边处加盖草片，大棚内的小拱棚上覆盖两层薄膜，在两层薄膜中间夹一层遮阳网或无纺布，并在靠近大棚两侧处的小拱棚边覆盖一层草片；如果温度还太低，则可在大棚顶膜上覆盖一层遮阳网，甚至在大棚内距顶膜10～20厘米处覆盖二道膜。据测定，越冬期采用多层覆盖技术比单层覆盖棚内气温高4～5℃。

4. 临时加温

在外界温度特别低，采用多层覆盖也不能达到要求时，则应考虑采用临时加温措施。方法有以下几种。

① 明火加温　明火加温不能在大棚设施内燃烧柴火或煤。可用木炭燃烧加温，但也应注意一氧化碳等有毒气体的危害。

② 电热线加温　在大棚土壤内埋入电热线，利用电热线加温以提高土温。普遍用于冬春育苗和保护地栽培。效果好，但使用成本较高。

③ 热风炉加温　在电厂或有锅炉的工厂周围，可利用其余热进行加温。成本低、效果好，特别适合在连栋大棚或大跨度大棚内使用。

④ 热水袋加温　白天在大棚内放置水袋，利用水比热容大的特点，白天水袋吸收太阳光能，并转化为热能贮存起来，在夜间降温时逐渐释放，从而提高大棚温度。

⑤ 水暖加温　将水送入锅炉内加温，使水变成蒸汽、热水或温水，通过传送铁管引入保护设施内的铁管或暖气片内增温。冷却后从回水管回到锅炉内重新加热不断循环。

5. 填充酿热物

在整地后、做畦或做苗床时，在土壤中填充酿热物，如新鲜垃圾、新鲜厩肥、牛粪、猪粪等并加稻草，然后再填埋菜园土，播种或定植。利用酿热物的发酵所逐渐释放的热量提高土壤和空气的温度。这种方法在冬季果菜类育苗及蕹菜、落葵等叶菜作物的早熟栽培上具有良好的效果。在南方，常用猪牛粪等作酿热物，掺和一些鸡、羊粪或人尿、碳酸氢铵等，酿热物一定要是新鲜的，踩床时分层踩入，厚度20～30厘米，含水量70%左右。

6. 生态保温

在冬春季节育苗或栽培上，应在播种或定植前10～30天整地、施基肥、覆盖农膜，使大棚预热，提高土温。一般于10月上中旬开始扣棚。

在大棚内四周开防寒沟，宽25～30厘米，填入马粪、鸡粪、羊粪、锯木屑、柴草等，上面盖土稍高于地面。

定植时苗坨要与地面相平或稍高于地面，不宜定植太深。定植后速浇定根水，并最好用深井水浇灌促缓苗。

没有覆盖地膜的，生长前期应在行间多次中耕松土，可提高地温、保墒。

7. 及时防冻

寒潮到来前，如果大棚内没有再盖小棚的条件，可在土壤较干时灌水，有一定的防冻效果。霜冻前，在棚外熏烟，可使棚周围气温提高1～2℃，棚内气温相应增加。

此外，可选用CR-6植物抗寒剂75倍液喷施，还可结合在播种前用50倍液浸种，移栽时用100倍液浸根，或叶面喷施。如辣椒苗，在3～4片叶时，7天一次，连喷两次0.5%的氯化钙液，防冻效果好。寒潮来临前1～2天，还可叶面喷施1%的葡萄糖液。

三、 大棚内的高温危害的防止措施

在冬春季节，大棚内的温度不仅会出现低温危害，而且也会出现高温危害问题，特别是在晴朗天气的中午前后。在夏季高温季节，或秋季大棚栽培时，同样会遇到高温问题。晚秋、冬春季节大棚降温措施，主要是通风和覆盖遮阳网，而夏季高温时节降低温度的方法主要是覆盖遮阳网、进行深井灌溉以及畦面覆盖稻草等。应特别注意夏秋棚温最高不要超过33℃。在生产中有时几种方法同时配合使用。大棚栽培中因高温烧苗（彩图10）毁苗的现象经常见到，切不可一盖了之。

1. 通风降温

通风是指将大棚两侧的顶膜适当往上顶起，使得大棚内外空气进行交换。一般在11月中下旬至4月初的冬春季，只进行大棚两侧通风，其他时间大棚两头也可通风。有多层覆盖时，一般是先内后外进行通风，即先对中、小棚通风，然后进行大棚通风；秧苗假植、植株定植缓苗前，一般不通风，但如果棚内温度太高，可对大棚通风，而中、小棚仍处于密闭状态。大棚通风的位置应背风，通常是大棚东侧先通风，有大风天气更应注意风向；通风口应由小而大；开始通风的时间应视天气情况而定，一般不能在棚内温度到达或超过作物所能忍受的温度时才通风，应适当提前。

有时还可利用排气扇强迫进行人工通风降温。排气扇最好安装在大棚的顶部，也可安装在大棚的一侧，利用另一侧的通风口进气。人工通风降温快，但需一定能耗，一般只在大规模保护地栽培中采用。

2. 覆盖遮阳网

冬季育苗，特别是假植期间，有时遇到晴朗、“高温”天气，应一边假植，一边洒水，并覆盖农膜及遮阳网遮阳、保湿降温。

进入 6 月份后，气温上升快、温度高，对叶菜类蔬菜生长、秋冬菜秧苗生长不利，应采用遮阳网覆盖降温。一般在大棚顶覆盖遮阳网，如果采用小拱棚育苗，也可在小拱棚顶覆盖遮阳网，使大棚（或小拱棚）两侧通风。在 8 月下旬或 9 月上中旬，秋冬季栽培瓜果蔬菜时，有时会遇到“秋老虎”天气，大棚内温度较高，应采用遮阳网进行棚顶覆盖。

3. 深井灌溉

6～9 月间外界气温高，水分蒸发量大，常常需要浇水，以补充水分。如果用深井水灌溉，采用微喷，可补充植株（秧苗）生长所需的水分，降低气温和土温。同时，深井灌溉应与遮阳网、棚顶薄膜覆盖相结合。高温季节适时适量灌水，必要时进行叶面喷水或棚面、室内喷水，有明显降温效果。

4. 畦面覆盖稻草或秸秆

夏秋季栽培茄果类、瓜类蔬菜时，在畦面覆盖稻草或秸秆，可有效地降低土温，并可保持土壤水分及土壤疏松，有利于根系的生长。据观察，在蔬菜操作行内覆盖作物秸秆，能降低棚内地温 4～5℃，并能把夏季每 5～7 天浇一遍水延迟至 10～12 天浇一遍水，不仅达到了降温保湿的效果，而且还因减少了浇水次数而节省了电费。此外，在蔬菜操作行内铺盖作物秸秆有效改变了大棚内高温干旱的环境，从而减轻了大棚蔬菜病毒病的发生，并且，操作行内的土壤不容易被踏实，透气性较好，有利于蔬菜根系的生长发育。

5. 降温帘降温

降温帘又称蒸发帘，是一种新型的空气冷却系统，在美国已普遍用于棚室，目前国内尚无报道采用。它利用干湿球温度计两球之间有差异的原理，在棚室北侧建降温帘。帘片用白杨木丝、纸、猪鬃、铝箔等材料制成。在帘片上面均匀地滴水，湿润帘片，室内通过排风扇排出热空气后，室外空气必定经过帘片，由于帘片上水分蒸发、吸收汽化热，进入室内的空气就比室外低，达到降温目的。

第二节　湿度

一、大棚蔬菜对湿度环境的基本要求

1. 湿度与大棚蔬菜的生长发育

蔬菜进行光合作用需求有适宜的空气相对湿度和土壤湿度。多数蔬菜作物光合作用的适宜空气湿度为60%～85%。当空气相对湿度低于40%或大于90%时，光合作用就会受到障碍，从而使生长发育受到不良影响。而蔬菜作物光合作用对土壤相对含水量的要求，一般为田间最大持水量的70%～95%，过干或过湿对光合作用都不利。

水分严重不足易引起萎蔫和叶片枯焦等现象。水分长期不足，植株表现为叶子小、机械组织形成较多、果实膨大速度慢、品质不良、产量降低。开花期水分不足则引起落花落果。

水分过多时，因土壤缺氧而造成根系窒息，变色而腐烂，地上部会因此而变得茎叶发黄，严重时整株死亡。高湿高温易使植株徒长，高湿低温又易诱发沤根，造成植株死亡。

2. 湿度与病虫害的发生

大棚栽培蔬菜病虫害的发生与空气相对湿度以及土壤水分有着密切的联系。大多数蔬菜病害的发生均与空气湿度有关，一般适宜的空气相对湿度是80%以上。但有些蔬菜病害易在干燥的条件下发生，如病毒病、白粉病等，虫害如红蜘蛛、瓜蚜等。而蝼蛄则在土壤潮湿的条件下易于发生。几种主要蔬菜作物病虫害发生与湿度的关系见表2-1。

表 2-1　几种蔬菜主要病虫害与湿度的关系

蔬菜种类	病虫害种类	要求相对湿度/%
黄瓜	炭疽病、疫病、细菌性病害等	＞95
	枯萎病、黑星病、灰霉病、细菌性角斑病等	＞90
	霜霉病	＞85
	白粉病	25～85
	花叶病(病毒病)、瓜蚜	干燥
茄子	褐纹病	＞80
	黄萎病、枯萎病	土壤潮湿
	红蜘蛛	干燥
番茄	叶霉病	＞80
	早疫病	＞60
	枯萎病	土壤潮湿
	花叶病(TMR)、蕨叶病(CMV)	干燥
	绵疫病、软腐病等	＞95
	炭疽病、灰霉病等	＞90
	晚疫病	＞85
辣椒	疫病、炭疽病、细菌性角斑病	＞95
	病毒病	干燥

二、大棚内湿度变化规律

大棚内的空气相对湿度与露地有很大的不同。塑料薄膜不易透气，具有较强的保湿能力，加上地面和作物叶面水分的蒸发，棚内水蒸气的含量要比棚外高3～4倍。当大棚密闭不通风时，棚内相对湿度常高于露地，一般在80%～90%，夜间外界气温低，棚内相对湿度甚至达100%。大棚内空气湿度过大是诱发病害的主要因素之一。特别是菜农在开始进行大棚等设施栽培时，往往只注重了大棚的保温，而忽视了湿度的管理。了解大棚内的湿度变化规律，对如何更好地调节大棚内湿度非常必要。

1. 空气湿度变化规律

冬春季节，由于塑料薄膜的密闭性强，大棚内的空气与外界的交换受到阻碍，土壤和植株（主要是叶片）蒸腾的水汽难以挥发，所以空气湿度较大。

① 昼夜变化规律　大棚内，空气湿度的昼夜变化规律与温度相反，即白天低，夜间高。在日出后，温度升高，棚内的空气相对湿度呈下降趋势，下午气温开始下降后，空气相对湿度逐渐上升。如在长江中下游地区，4月份夜间20时～次日晨8时，棚内的空气相对湿度在90%以上，甚至处于饱和状态，而白天棚内的空气相对湿度80%～90%。

② 随季节变化规律　1～2月各旬平均空气相对湿度都在90%以上，比露地高20%左右；3～5月温度上升，棚内空气相对湿度下降，一般在80%左右，仅比露地高10%左右。

③ 随天气情况变化规律　晴天白天棚内空气相对湿度较低，一般为70%～80%；阴天、雨天棚内空气相对湿度可达80%～90%，甚至100%。

④ 随通风等管理变化规律　早、晚不通风时，相对湿度高于露地，通风后棚内大量水蒸气逸出，棚内空气相对湿度降低，甚至低于露地。

⑤ 大棚大小变化规律　容积大的湿度小，但局部湿度大，一般中小棚湿度的变化大于大棚及温室湿度的变化。

在进行大棚通风换气时，棚内湿度高而较温暖的空气排出去，外面的冷空气进入到大棚内。由于冷空气的绝对湿度较低，进入大棚后，温度升高，相对湿度降低，于是从周围吸收水分。随着大棚内、外空气不断交换，棚内湿度便逐渐降低了。这是通风换气降低大棚湿度的原因。因此，在不使大棚温度过低的前提下，即使是寒冷天气，若大棚内湿度较高，仍需要通过通风换气来降低湿度。

2. 土壤湿度变化规律

冬春季节大棚内土壤湿度的变化比较平缓，主要受蔬菜作物蒸腾量、浇灌水、浇水次数以及大棚外面水分内渗的影响。大棚盖膜后，雨水一般不能直接淋入大棚内，但大棚周围的水分易经过土壤的渗透而进入大棚内，特别是大棚两边的畦内；同时，大棚两边由于温度较低，植株生长对水分的吸收相对较少，所以，大棚内水分的分布一般是中间低、两边高。

由于大棚内温度较高，植株生长速度较快，需水量较大，而大棚内灌水不易，特别是在地膜覆盖的情况下浇水更不容易。因此，大棚内的土壤湿度一般较低。

土壤湿度和空气湿度是相互影响的。空气湿度高，蔬菜叶面蒸腾作用受到抑制，土壤湿度也相对较高，尤其是晴天夜间，棚膜上层凝集大量水珠，当其积累到一定大小时，会形成“冷雨”降到地面，又增加土壤的湿度。反之，空气湿度较低时，土壤蒸发和植株蒸腾加强，土壤湿度也随之降低。

三、降低大棚内湿度的技术措施

大棚越冬冷床育苗，如果棚内湿度偏大，会造成长势不好，病害较多。通过对大棚内湿度的调节，要求达到的适宜空气相对湿度是：白天50%～60%，夜间80%～90%，尤其是夜间湿度不可过高，否则不但影响大棚内温度的提高，也极易使蔬菜发生病害。大棚内湿度的调节，应根据季节、天气状况、作物种类及其生长发育阶段以及病害发生情况等综合条件，依据干湿温度计的相对湿度，采用多种方法及时调节控制棚内相对湿度，以利作物生长。

1. 通风换气

通风换气是最有效，也最常用的大棚降湿措施。作物对湿度的要求是空气湿度低，而土壤湿度要适当高些。一般每次灌水后，在不影响温度条件的情况下，都要加大通风量，降低棚内湿度。一般应在中午前后气温高时进行，以放顶风和腰风为主，不能放底脚风，以防棚室温度过低和“扫地风”伤苗。

在早春和晚秋，由于外界气温较低，通风降湿常与闭棚保温有矛盾，即闭棚保温常会使棚内湿度增加，而通风降湿又会使棚温降低，可依靠通风时间的早晚、长短和通风口的大小来解决。

高温季节降温、排湿，需早通风、通大风，晚闭风，甚至昼夜通风。

在雨天或大雪等恶劣天气，大棚内的温度比较低，一般以保温为主，降湿为辅，但必须通风降湿，只是可比平时迟通风，通常在中午前后进行短时间通风，早闭棚，揭膜时应在背风面进行，只有在棚内温度过高时才在通风面通风。通风引起的降温应以作物不发生冷害为前提。

2. 加温降湿

有时由于大棚内温度较低，而湿度又较高，仅采用通风的方法来降低湿度，其效果可能不很理想。可以采取加温的方法来降低大棚湿度。假如棚内湿度为 100%，棚温为 5℃时，每提高 1℃，湿度约降低 5%；在 5～10℃时，每提高 1℃，湿度降低 3%～4%。温度 20℃时，湿度为 70%；温度 30℃时，湿度为 40%。可通过采取各种保温和增加光照的措施，防止棚室内气温下降。如每天早晨用干布擦除棚膜内表面附着的水滴，不仅能增加透光率，提高棚温，还能减少棚室内的空气湿度，降低病害发生概率。另外，若外界气温太低，棚室内出现低温高湿时，可采取临时辅助加温措施来提高棚温，使棚室内相对湿度降低，防止植株叶面结露。

3. 采用无滴膜或消雾膜覆盖

无滴膜能增加棚膜的流滴性，使棚膜内表面形成的水滴顺着薄膜流入土壤，既避免了冷凉的水滴直接滴到蔬菜植株上，也降低了棚内湿度；消雾膜能使夜间或灌水后蒸发形成的水雾有效地消除，降湿效果显著。目前广为应用的是第五代涂覆型消雾膜。

4. 地膜覆盖

地膜覆盖可以降低土壤水分的蒸发，降低空气湿度 10%～15%，同时还可以增加土壤湿度和提高地温，减少浇水次数，对棚内蔬菜有利。

5. 合理浇水

应根据天气、土壤状况、蔬菜种类、生长期及生长势，正确地掌握浇水时间、浇水次数、浇水量及浇水方法。一般应浇小水或隔沟轮浇，切忌大水浇灌或漫灌。如果菜类蔬菜，定植水和缓苗水要浇透，在结果期要供水充足，其他时期则一般不需浇水。在棚室内温度较低，特别是不能放风通气时，应尽量控制浇水，更不能用畦灌方式灌水。

浇水时间，以早晨日出之前或日出之后尚未晒热蔬菜时最为适宜，如在下午浇水，最好选日落之后或无日光直晒蔬菜1小时后进行。不可在下午、阴天或雨雪天浇水，要避免浇水后出现连阴雨天。

浇水量的多少，除取决于不同的蔬菜种类以外，还与温度、土壤和风力有关，应根据实际情况灵活掌握，一般应浇至田间最大持水量为止。大棚内的灌溉水温度不能太低，应与空气温度基本一致。

浇水方法可采用喷灌、沟灌、壶灌、渗灌及滴灌等。

a. 喷灌：采用全园式喷头的喷灌设备，用3千克/厘米^{2}以上的压力喷灌。5千克/厘米^{2}压力雾化效果更好，安装在温室或大棚顶部2.0～2.5米高处。也有的采用地面喷灌，即在水管上钻有小孔，在小孔处安装小喷嘴，使水能从地面喷洒到植物上。

b. 水龙浇水法：即采用塑料薄膜滴灌带，成本较低，可以在每个畦上固定一条，每条上面每隔20～40厘米有一对0.6毫米的小孔，用低水压也能使20～30米长的畦灌水均匀。也可放在地膜下面，降低室内湿度。

c. 滴灌法：在浇水用的直径25～40毫米的塑料软管上，按株距钻小孔，每个孔再接上小细塑料管，用0.2～0.5千克/厘米^{2}的低压使水滴到作物根部。可防止土壤板结、省水、省工、降低棚内湿度，抑制病害发生，但需一定设备投入。

d. 地下灌溉：用带小孔的水管埋在地下10厘米处，直接将水浇到根系内，一般用塑料管，耕地时再取出。或选用8厘米的瓦管埋入土壤深处，靠毛细管作用长期供给水分。此法投资较大，花费劳力，但对土壤保湿及防止板结、降低土壤及空气湿度、防止病害效果比较明显。

e. 软管微灌：由供水装置和输水管道组成。供水装置可用水缸、水泥槽等，容量0.5～1立方米，距地面1.0～1.5米。输水管道由主管（直径80～100毫米）和出水支管（直径40毫米）组成，支管上方每隔一定距离各有两个直径为0.5～0.7毫米的小孔，此装置以压差式不断地将贮水罐中的水慢慢地灌入蔬菜根际。应用软管微灌系统可以防止水分向深层土壤渗漏，也可减少地表径流和水分蒸发，从而减少灌水量，比沟灌节水35%左右，也可将药肥随水施入，减少用工量，节约肥药用量，节省成本。

f. 膜下暗灌：在整好的畦中间开一“V”形水沟，使一头稍高，上面覆盖地膜，“V”形沟两边定植蔬菜，从膜下沟中灌水，此法简便易行，成本低，用水节约，并能显著降低棚内湿度，减少病害发生。

6. 开沟排水

除了在大棚内采用深沟高畦外，在大棚四周应开排水沟，确保大棚外面的水分不倒灌棚内，做到雨停沟干。下雪天，应将从大棚上清扫的积雪及时清除，可降低棚内湿度，避免大棚土温的进一步降低（特别在融雪期）。

7. 及时盖棚

冬春时，应注意盖棚的时间。如果在土壤很湿的情况下盖棚，易使作物经常处于高湿的条件下，对作物生长极为不利，应在秋末冬初，土壤干燥时即盖棚，便于日后对棚内土壤和空气湿度进行调节，这点在生产中应引起高度重视，特别是越冬育苗。

早春气温回升后，即使是阴天或雨天，当棚内湿度大时，也应及时揭膜通风降湿。

春夏之交，顶膜不要过早揭除，迟揭顶膜可防止雨水的冲击，控制棚内土壤和空气的湿度，利于作物的生长结实和防止病害传播蔓延。为解决棚温过高的矛盾，可撤掉裙膜，加大通风量并日夜通风。必要时还可在棚顶加盖一层遮阳网降温，只有当棚内春夏作物收获之后才揭顶膜，然后深耕晒土，准备秋种。

8. 选择用药

在棚室内，宜选用粉尘剂或烟剂防治蔬菜病虫害。若用喷药法防治，需在晴天上午进行，然后结合放风排湿。

9. 其他措施

可在大棚内畦面或畦沟中撒（铺）砻糠灰、砻糠等吸水能力强的材料，既能防止土壤水分蒸发，又可吸收空气中水分，降低空气湿度。据试验，每1000克砻糠灰可吸收2000克的水分。在苗床地内，降低湿度还可以采用撒干土和松土等方法。在育苗和定植初期用无纺布扣小拱棚或在植株表面覆盖无纺布，不但具有透光、保温作用，还有透气、吸湿的功能。在建棚室时，应选择地下水位高的地块。扣棚膜前，若雨水过多，可预先用旧膜覆盖地面，防止过多雨水渗入地下；若降雪过多，应及时清除地面积雪，并晾晒数日。所用棚膜可根据实际条件，选用无滴膜。

第三节　光照

一、大棚内光照特点

在蔬菜的生产栽培过程中，许多菜农往往只注意大棚的保温作用，而常常忽视了光照的作用。大棚内的温度条件一般用人工较易控制，但光照条件至今依靠自然光照，而其利用率只有自然环境的40%～60%，大棚内光照条件不仅影响蔬菜的生育，而且还直接影响大棚内的温度、湿度和二氧化碳浓度等，大棚内对光照的要求，一是要最大限度地透过光线，二是受光面积大，光照分布均匀。蔬菜需要光照，而大棚内的光照有它的特点。

1. 光照强度弱

由于大棚骨架、覆盖材料的挡光，棚内光强明显低于露地。一般在距地面1米高处，大棚内的光照强度只有露地的70%左右。影响大棚光照强度的因素主要有大棚类型和结构，农膜的种类和新旧。据测定，装配式镀锌钢管大棚采用透明薄膜覆盖的第一年，其透光率为70%～80%，第二年为65%左右，被尘泥污染的旧薄膜，其透光率仅为40%；同样的覆盖方式，若采用毛竹大棚，则其透光率又将下降10个百分点。

一天中不同时间，大棚内的透光率差异较大。据报道，三连栋大棚用新膜覆盖7天后的晴天，在日出后到9时左右，棚内雾气较大，透光率只有55%～60%，9时以后逐渐提高，到12～13时可达70%～72%，下午15时前后的透光率又降到55%左右。

2. 光照分布不均匀

大棚内的光照强度是上面强、下面弱；棚架越高，近地面的光照强度越弱。棚内光照强度的这种垂直分布还受棚内湿度、蔬菜种类、高度、密度和叶片形态等的影响。棚内水平方向的光强，南北延伸的大棚，上午大棚东侧的光照强度大于大棚西侧，下午相反，但全天大棚两侧光照强度的差异不大；东西延长的大棚，全天大棚两侧的光照强度差异达20%以上。大棚内光强的水平分布在不同季节、不同天气情况下有相似现象。

3. 光照时间短

大棚由于采用覆盖保温，而且常常是下午提早覆盖，上午延迟揭开，故大棚内的光照时间比露地要少得多。日照时间的减少又受天气情况、大棚内操作管理的影响。大棚内光照时间的缩短明显影响蔬菜的生长发育，如光合作用时间，花芽分化的早晚或雌雄花的发生规律。

4. 光谱组成发生变化

同一个地区、特定的季节，大棚内光谱的组成随覆盖农膜的种类而发生变化。一般大棚内紫外线的透过率低，但在大棚生产中，如果缺乏紫外线会影响作物干物质的积累，植株徒长，其品质成分（如维生素C）的含量比露地低。红外线有利于植物体和土壤温度升高，对冬季保护地生产非常重要。

二、提高大棚内光照的技术措施

光照强度对作物的光合作用、呼吸作用、开花、结实及产量品质都有影响，大部分果菜作物如瓜类（黄瓜除外）、茄果类蔬菜均要求较强的光照，光照不足，不仅不能进行较为旺盛的光合作用，而且影响正常的生长发育，如造成叶片大而薄，颜色淡，茎秆细长，植株徒长，抗性降低，影响茄果类蔬菜的授粉授精，落花落果严重。因此，在大棚蔬菜生产中，应特别注意如何进行大棚的增光。

1. 优化棚室结构

一个好的大棚，首先要能充分利用太阳能，既能充分利用太阳直射光，又能充分利用散射光。所以在建造时，应注意建在背风向阳，周围无高大建筑物遮阴的地方。在保持原有采光、保温性能的基础上，适当增加高度及跨度。尽量增加采光面的倾斜度，因为角度越大，冬季日光射入量越多，大棚内光照条件越好。尽量减少大棚内的支柱、拱架、拉杆的数量，或采用悬梁吊柱式结构，节约材料，以减少大棚内遮阴面积，改善光照条件。

2. 改善采光条件

选用透光率高的薄膜是增加大棚光照的关键，如聚乙烯膜透光率64.6%，聚氯乙烯透光率70.2%，无滴膜为77%，故大棚顶膜原则上应采用新膜，特别是冬季育苗，而且最好使用无滴膜；合理通风，降低棚内湿度，减少顶膜水滴；在确保植株不受冷（冻）害前提下，对草片、遮阳网、无纺布等不透明或透光率低的覆盖材料，尽量做到早揭晚盖，尽量延长作物光照时间，要晴天日出1小时揭盖，日落前半小时覆盖，连阴雨后遇晴天不宜全揭，要先隔一揭一逐渐全揭，连阴雨天最好有人工补充光照；即使在雨雪天气，在中午前后也应揭开覆盖物，保证有2～3小时的照光时间，下雪天气及时清扫棚顶积雪。

3. 挂反光幕，增加反射光

双层薄膜覆盖影响白天的光照，最好把固定式双层覆盖改为拉帘式覆盖。采用覆盖地膜、刷白架材、棚内挂反光幕等措施。挂反光幕是在后部横拉一道铝丝，将聚酯镀铝膜上端搭在铝丝上，下端卷入竹竿细绳中，可增加光照25%左右。利用反射光是一种廉价的补光措施，方法是在建材和土墙上涂白。

4. 人工补光

若遇连续阴雨天气（冬季或早春），可采用人工补光。人工补光必须根据蔬菜生长发育对光照的要求，选择适宜的光源，如白炽灯、卤钨灯、荧光灯、高压水银灯、金属卤化物灯、氙灯及高压钠灯等。注意灯具的安装位置、补光强度及连续补光的时间。一般灯具应悬挂在苗床上方80～100厘米处，白炽灯和卤钨灯尤应控制其高度，以免炽伤秧苗；补光的强度应根据光源及棚内自然光强度确定，一般在连续阴雨天，用白炽灯补光的功率应掌握在每平方米80瓦的水平；一天中的补光时间不能超过8小时。由于成本较高，生产上很少采用，主要用于育种、引种、育苗。

5. 合理布局

将对温度要求相似而生长习性不同的蔬菜种类安排在同一个大棚内，即将植株高大的作物安排在大棚的中间，矮小的作物安排在大棚两侧，采取高秧与矮秧、速生与迟生、喜强光与喜弱光等不同蔬菜进行间、混、套种，合理利用光能；蔬菜品种其叶片较小、而且较耐弱光；双斜面塑料大棚，育苗宜采用南北延长，栽培宜东西延长，大棚内的作畦方式应南北向，定植密度根据植株的生长势及开展度确定。栽培管理过程中，及时整枝搭架和引蔓，摘除植株下部的病叶、老叶，及时打顶等都能改善大棚内的光照条件。

三、 大棚蔬菜遮阴技术措施

蔬菜生长发育都有适宜的光照条件，并非越强越好，大棚内光照过强，容易发生日灼现象，叶片日灼多发生在晴天的中午，首先叶片边缘被灼伤（彩图11），严重时整株叶片被灼伤。因此在保证蔬菜一定营养面积的前提下，尽量减少植株相互遮阴，又要保持一定的密度以及合理的株行距。

遮阴的目的是降低温度和光照强度，避免蔬菜秧苗、植株受高温、强光的伤害。遮阴对6～8月的大棚蔬菜栽培是一个非常重要的管理内容；对冬春季育苗，在特定的情况下，同样需要遮阴。

大棚遮光不但可以减弱大棚内的光照强度，还可以降低大棚内的温度，这在光照过强时相当有用。大棚遮光20%～40%能使室内温度下降2～4℃，在光照过强或幼苗移栽时都需要遮光，遮光材料要求有较高的反射率、一定的透光率和较低的吸收率。

1. 夏、秋遮阴

一般在大棚顶部覆盖遮阳网。遮阳网可以在大棚骨架上直接覆盖，也可以在原有的大棚顶膜外覆盖，后者除了能遮阴外，还具有避雨的作用。在夏秋季的秋冬蔬菜育苗、秋冬季果菜类反季节栽培上，一般需要进行遮阴。遮阴效果取决于遮阳网的种类（规格）、覆盖时间、覆盖率，应根据蔬菜作物生长发育对光照、温度的要求选择适宜的遮阳网及覆盖方法。

2. 冬、春遮阴

在冬春季果菜类蔬菜育苗中，有时同样需要遮阴。例如，秧苗假植时若光照较强、温度较高，就需要遮阴，待秧苗缓苗后再使其接受正常光照。遇到连续阴雨（雪）天气，秧苗生长瘦弱，特别是根系的吸收能力下降，如果突然遇到晴朗天气，若不遮阴，秧苗容易出现萎蔫现象，甚至死亡。所以，在遇连续阴雨（雪）天相连后的晴朗天气，应对秧苗进行遮阴，以使秧苗逐渐适应比较强的光照条件，恢复生长。

遮阴还可采用其他方法，如玻璃面涂白；覆盖苇帘、竹帘、无纺布等遮阴物，可遮光50%～55%，降低室温3.5～5.0℃；玻璃面流水，可遮光25%，降低室温4.0℃。

第四节　气体

一、塑料大棚内二氧化碳气体变化规律

大棚中的气体，由于不如温、湿度那样明显地影响蔬菜的生

育，容易被人忽视。在密闭的情况下，大棚内二氧化碳（CO_2）的浓度，因管理方法不同，有时能降到0.007%，影响蔬菜的生育，CO_2 是绿色蔬菜进行光合作用制造有机营养物质的主要原料，CO_2 浓度是大棚生产的重要限制因子。增施 CO_2 肥可提高大棚内蔬菜对太阳光能的利用率，是大棚蔬菜获得优质高产高效的一项有效措施。据报道，在大棚中用 CO_2 施肥，提高其浓度至常量的3～6倍，可使黄瓜增产36%～69%，菜豆增产17%～82%，番茄增产19%左右。该项技术推广已久，但发展很慢，应引起重视。

一般而言，露地空气中 CO_2 浓度一般为0.03%。大棚小气候中 CO_2 的昼夜变化规律与空气相对湿度一致，大棚内夜间蔬菜作物和微生物呼吸作用和土壤有机物发酵分解释放出大量的 CO_2，高于自然界，可达0.05%～0.06%，甚至更高。日出后，蔬菜进行光合作用，棚内 CO_2 浓度急剧下降，常常低于露地，有时会降到0.01%，甚至更低。CO_2 浓度的日变化与大棚容积大小有关，随着大棚容积的增大，最低浓度出现的时间推迟。当温度升高大棚开始放风后，棚内 CO_2 得到露地空气的补充，浓度开始上升，逐渐接近露地 CO_2 水平。

二、 增加二氧化碳浓度常用的方法

1. 增施有机肥料

有机肥经微生物的分解可释放出 CO_2 气体。

2. 通风换气

晴天日出后，大棚内温度升高时及时进行通风换气，可使大气中 CO_2 气体补充入大棚内。

3. 人工增施 CO_2

① 施肥时期　苗期一般不进行 CO_2 施肥。茄果类、瓜类等果菜类蔬菜，从雌花着生、开花结果初期开始喷施，能有效地促进果实肥大。除阴雨天外，可连续使用至采收盛期。

② 施肥浓度　大多数蔬菜适宜的 CO_2 浓度为0.08%～

0.12%。南方应用较多的 CO_2 浓度为：茄子、辣椒、草莓等，晴天 0.075%，阴天 0.055%；番茄、黄瓜、西葫芦等，晴天 0.1%，阴天 0.075%。

③ 施肥时间　一般在日出 1 小时后开始施用，停止施用应根据温度管理及通风换气情况而定，一般在棚温上升至 30℃左右、通风换气之前 1～2 小时停止施用。中午强光下蔬菜大都有“午休”现象，而晚上没有光合作用，不需进行 CO_2 施肥。阴天、雨雪天气，一般也不必施用。

④ 施肥方法　CO_2 施肥方法有多种，有钢瓶法、燃烧法、干冰法、化学反应法、颗粒法等。

a. 钢瓶法：是利用酒精等工业的副产品产气，利用钢瓶盛装，直接在棚的室内施放。优点是施放方便、气量足、效果快、易控制用量和时间。缺点是气源难、搬运不便、成本高。

b. 燃烧法：是通过燃烧白煤油、液化石油气、天然气、沼气等产生 CO_2 气体。优点是 CO_2 纯净，产气时间长。缺点是易引起有毒气体危害，成本高，还要加强注意防火。

c. 干冰法：是利用固体的 CO_2（俗称干冰），在常温下升华变成气态 CO_2。运输时需要保温设备，使用时不要直接接触。

d. 化学反应法：是通过酸和碳酸氢铵进行化学反应产生 CO_2 气体。这种方法贮运方便、操作简单、经济实用、安全卫生、价格低廉、环境污染少。方法是：先将 98%工业浓硫酸按 1∶3 比例稀释，放入塑料桶内，每桶每次放 0.5～0.75 千克，每亩棚室内均匀悬挂 35～40 个，高于作物上层，每天在每个容器中加入碳酸氢铵 90～100 克，即可产生 CO_2。目前，国外多利用大型固定装置燃烧天燃气、丙烷、石蜡、白煤油等，来产生 CO_2 气体，南方多采用化学反应法。

此外，还可采取菇菜间套种，食用菌分解纤维素、半纤维素，释放出蔬菜所需要的 CO_2 和热能。采用畜菜、禽菜同棚生产，畜禽新陈代谢为蔬菜增加 CO_2 和热能。目前，在山东等地大力推广秸秆生物反应堆技术给大棚蔬菜提供 CO_2，效果非常好。

三、提高棚室内二氧化碳浓度注意事项

1. 及时闭棚

大棚蔬菜人工增施 CO_2 后大棚要密闭 1～2 小时，以利作物有足够的时间吸收 CO_2。

2. 加强管理

作物增施 CO_2 后，在栽培管理技术上要采取相应措施，适当控制生长，促进发育，加强肥水管理，增施有机肥，降低棚内湿度和增加光量。要想提高棚室中晚间 CO_2 的生成量，除注意严密关棚外，在菜地中使用大量的农家有机肥是主要措施。一般每年每亩地施入禽畜粪、秸秆沤制肥达 5000 千克左右。

3. 注意使用量、使用次数、使用时间

CO_2 气肥也不能过量施用，多了会发生严重的副作用，可能会引起茎叶徒长，秧苗老化、早衰，影响后期产量，用了不如不用。

一般一天只用一次，最多用两次。使用次数太多，当 CO_2 浓度超高时就会反过来影响光合作用的正常进行。

时间也不是越长越好，应在光照条件良好的上午使用。有人整天使用，晚上也用，都是错误的，都会引发气害，轻则叶黄，重则死株。在上午使用，也应注意使用时间，须在拉开棚见阳光一小时以后再使用，不能立即使用。过早地使用会使棚室中 CO_2 浓度过高产生毒害作用。因棚室中地下有机质的分解及蔬菜本身的呼吸作用也会产生 CO_2，在棚中经过一夜的积累会达到很高的浓度，盲目过早补充 CO_2，蔬菜也会受害。

4. 搞好棚室中的 CO_2 调节

蔬菜大棚中从傍晚闭棚后 CO_2 浓度都会不断升高，在棚里农家有机肥用量较多时，由于其分解产生 CO_2 的量会很大，有机肥充足的大棚里 CO_2 通过一晚上的不断积累，其浓度会达到 0.15%～0.20%，这个浓度是棚外空气中 CO_2 浓度的 5 倍以上，

所以，利用好这些 CO_2 是棚室蔬菜产量的潜力所在。一个棚室中一晚上积累的 CO_2 约可供棚中蔬菜一小时光合作用的需要，同在一小时内由于棚室中 CO_2 浓度高，蔬菜生成的光合物质要比通常大气中生成的量明显增加。因此，在太阳升起后的一个小时内一定不能放风。

如果大棚见光 1 小时后不进行人工增施 CO_2，就要及时放风，使室外空气中的 CO_2 早进棚，以使蔬菜的光合作用继续进行下去，故这段时间若温度条件允许放风就应及时。

四、 大棚内的毒气及其来源

大棚内由于加温时的烟火和施肥不当以及有毒塑料薄膜产生的有毒气体，能使蔬菜遭受危害。在大棚蔬菜生产中应特别注意其产生、危害特点，并及时采取防止措施。

1. 氨气（NH_3）

主要来自未腐熟粪肥、饼肥、鱼肥等有机肥（特别是未发酵的鸡粪），尿素及碳酸氢铵等氮素肥料施用过多或施用不当能引起氨气危害（彩图 12）。当达到 5 毫升/米^3 时，蔬菜从外观上就可看出危害症状，达到 40 毫升/米^3，24 小时后严重危害。一般在追肥几天后发生，叶片呈水浸状，颜色变淡，逐渐变白或变褐，继而枯死。黄瓜、番茄、辣椒最敏感。

2. 二氧化氮（NO_2）

主要来源是铵态氮素肥料施用过多或施用不当，在强酸性环境下使 NO_2 挥发出来。一般在施肥 7 天后发生，达到 2 毫升/米^3 时，危害叶肉，先漂白侵入的气孔，叶面上出现白斑点，以后褪绿，严重时除叶脉外叶肉均漂白致死。莴苣、黄瓜、番茄、茄子、芹菜对 NO_2 反应很敏感，茄子对 NO_2 危害的抵抗力最弱。

3. 一氧化碳（CO）

大棚内火炉加温时，若燃烧不完全，易产生 CO 和 SO_2 气体中毒。番茄、芹菜比较敏感，空气中 CO 浓度达 2～3 毫升/米^3

时，叶片开始褪色。高浓度的CO使叶片表面、叶尖和叶脉组织先变水浸状，再变白变黄，最后成不规则的坏死斑。

4. 二氧化硫（SO_2）

由燃烧含硫量高的煤炭或施用大量的肥料产生。其危害是由于SO_2遇水（或湿度高）时生成亚硫酸，直接破坏蔬菜作物的叶绿体，轻者组织失绿白化，严重时，整个叶变成绿色网状，很快叶脉也干枯，变黄褐色枯死。菜豆、黄瓜、番茄、茄子等比较敏感。

5. 其他气体危害

用聚氯乙烯为材料制成的塑料薄膜及塑料管，在制作过程中加入了一些增塑剂和稳定剂，可散发乙烯和氯气等有毒气体。危害蔬菜生长，叶绿体解体变黄，重者叶缘或叶脉间变白枯死。如果棚内含有10毫升/米^{3}氧化的二异丁酯，番茄、黄瓜等在2天内就会表现出生长不正常，失绿、叶片黄化或皱缩卷曲。

五、预防和减轻大棚内毒气的措施

1. 通风换气

低温季节追肥以后的数天之内，在不影响温度条件的前提下，应适当加强通风换气，排除有害气体。

2. 施腐熟粪肥

不用新鲜或未充分腐施的粪肥作追肥。肥料要充分腐熟，用量适当，不能施用过多。不宜在冬春季密闭的大棚内施用人畜粪作基肥。

3. 合理追肥

在大棚内严禁使用碳酸氢铵、氨水作追肥，少施或不施尿素、硫铵，并严格控制用量。每亩每次随水追施尿素20千克，每隔7～10天用0.2%的尿素和0.1%～0.2%的磷酸二氢钾作叶面追肥。为避免发生氨气和二氧化氮的挥发，氮肥每次少施，且宜与氮磷钾肥结合穴施或深施，并及时覆土、浇水。施石灰使土壤呈碱性可停止二氧化氮的挥发。

4. 安全加温

保护地需加温时，不宜明火加温，可采用保密性好的烟道加温，并选用含硫量低的优质燃料。最好采用电热加温。采取燃烧燃料加温时，一定要接管道和排气口，使废气排放到室外。

5. 选用合适棚膜

尽量采用聚乙烯膜作为棚膜，以聚氯乙烯为材料制成的塑料制品或其他材料，尽量不要放在棚内，用后及时搬出棚外。

6. 中耕松土

棚室土壤气体的调节主要是中耕松土，增施有机肥，防止土壤板结。

7. 人工补充气体

人工补充二氧化碳，浓度不宜超过 1000 毫升/米^3。

第五节 土壤连作障碍

蔬菜连作是指在同一块菜地上不同年份内连年栽种同一种蔬菜作物，俗称连茬，如第一年春、夏季种番茄或辣椒，收获后秋季在同一块土地上种植大白菜或萝卜，到第二年春、夏季再种番茄或辣椒，仍属连作。连续种植同一种或近缘作物的土壤叫连作土壤。连作障碍则是指因连续种植某种（乃至同一科）作物而出现的病害发生、作物生长发育不良、产量下降、品质变差等现象，俗称“重茬病”。大棚蔬菜栽培能充分利用太阳能，保温保湿，提高抵抗自然灾害的能力，为反季栽培提供了保障，确保蔬菜的长年供应，满足市场的需求，但近年来，由于大量使用化肥、农药及高度地集约化种植、蔬菜种植品种相对单一等原因造成大棚土壤生产力退化现象（如土壤板结硬化、酸化、盐渍化、根结线虫病及土传病害等）日趋严重，导致蔬菜产量和效益降低，或为解决连作障碍而投入大量农药使蔬菜的食用安全性降低。

一、连作障碍的危害与表现

1. 次生盐渍化

次生盐渍化主要表现为土壤含盐量超过千分之三，有的甚至高于千分之五，土表发白起盐蒿。种植一般的蔬菜，植株矮小，发育不良，叶色暗深，叶缘干枯，根系发黑，轻则不生长，重则死亡。

2. 病虫为害加重

大棚蔬菜很难进行有效轮作，棚内地温、气温多高于露地栽培，加速了病虫害的发生。一是土传性病原菌增多。大棚内高温高湿，西瓜、茄子枯萎病、黄萎病发生早而重；十字花科蔬菜软腐病、根肿病等病原菌积聚，病害加重。二是多年重茬导致地下害虫激增，如蛴螬。三是“土壤病”越来越重。

3. 品质差、产量低

二、连作障碍原因

1. 长期覆盖

大棚蔬菜栽培几乎周年为塑料薄膜所覆盖，长期无降雨淋溶，棚内大量施用无机、有机含盐量极高的矿物质肥料，既不能随雨水流失又不能随高温蒸发，只能聚集在土壤表层，从而造成次生盐渍化。

2. 化肥施用量超标

在大棚蔬菜生产中，广大菜农凭经验施肥，常使施肥量超标导致土壤盐渍化。据调查，连作黄瓜、番茄土壤中总菌数量与连作年限呈显著负相关，真菌和病原菌数量与连作年限呈正相关。化肥施用量过高不仅造成了肥料的浪费，还使蔬菜减产，并导致了土壤盐渍化，致使新建塑料大棚 3～5 年即出现不同程度的连作障碍，蔬菜受害初期表现植株生长矮小、产量降低，严重者不能立苗。

3. 土壤中养分不均衡

氮磷钾比例失调，据调查，大棚蔬菜施用氮磷钾肥比例与蔬菜需要的氮磷钾比例有很大差距。

4. 施用化肥种类和方法不符合蔬菜生产要求

大棚蔬菜禁止施用易释放氨气的化肥，但复合肥是菜农施用的主要化肥，磷酸二铵、三元复合肥在土表面撒施中也占了较大比例，造成了磷钾资源的浪费。

5. 有机肥施用量偏高

目前粪肥已成为大棚蔬菜生产的主要基肥之一，菜农为了施用方便，经常将人或畜禽粪便晒干或未经腐熟直接施入土壤中，使杂草滋生，带入大量病菌、虫卵。长期大量施用有机肥同样会影响土壤的理化性质，导致土壤盐分累积，影响作物生长等。

6. 灌溉不合理

在水分管理上，连续的灌溉和冲施肥的使用造成了土壤的干湿交替不明显，加重了土壤的厌气环境，使一些厌氧微生物的繁殖加快，好气微生物的繁殖降低，破坏了土壤微生物的均衡发展。

7. 耕层过浅

在土壤管理上，由于设施的限制和小型农机的应用造成耕层变浅、犁底层抬高、根系分布的空间变小。

8. 土壤生态环境恶化

受利益驱动以及种植习惯和技术等条件的限制，种植模式单一，重茬现象普遍，造成大棚土壤营养元素平衡被破坏、土壤性能变低，导致寄生虫卵、病原菌在土壤中越积越多，蔬菜重茬或连作提供了根系病虫害赖以生存的寄生和繁殖的场所，病原菌大量繁殖，加重了土传病虫害的发生，如由镰刀菌引起的番茄和瓜类的枯萎病、青枯病、茎基腐病、根腐病和根结线虫等。大棚蔬菜如果栽培种类单一，其独特的环境抑制了硝化细菌、氨化细菌等有益微生物的生长繁育，使有害的真菌种类数量增加，细菌减少，土壤生态环境恶化。

9. 植物本身的自毒抑制

植物本身的原因是指植物的化感作用，植物的化感作用是一种植物或微生物（供体）向环境释放某些化学物质而影响其他有机体包括植物、动物、微生物（受体）的生长和发育的化学生态现象，包括促进和抑制两个方面，当受体和供体同属于一种植物时产生的抑制作用叫做植物的自毒作用。化感物质作用的机理是抑制细胞分裂、伸长、损坏细胞壁、改变细胞的结构和亚显微结构，影响作物体内生长素、赤霉素、脱落酸的水平，破坏细胞结构，改变酶的功能和活性，抑制氨基酸的运输和氨基酸向蛋白质的整合，阻碍气体的传导。

三、 防止连作障碍的技术措施

1. 合理轮作

利用不同蔬菜作物对养分需求和病虫害抗性的差异，进行合理的轮作和间、混、套作，也可以减轻土壤障碍和土传病害的发生。一是不同科的蔬菜进行轮作，可以使病原菌失去寄主或改变生活环境，达到减轻或消灭病虫害的目的（如蒜、葱后茬种植大白菜，可以减轻白菜的软腐病）；二是根系不同的作物进行轮作，根据瓜菜吸收土壤养分成分、数量、比例和根系分布的深浅不同进行轮作，可以充分利用土壤养分，获得持续高产，如将茄果类、瓜类、豆类等深根性作物与白菜类、绿叶菜类、葱蒜类等浅根性作物轮作，可减轻病害发生，提高单位面积产量和品质；三是根据蔬菜对土壤酸碱度和肥力的影响不同进行轮作，如种植甜、糯玉米会降低土壤的酸碱度，种植马铃薯、甘蓝会增加土壤的酸度，种植豆科作物可以改良土壤结构，提高土壤肥力；四是水旱轮作，大棚栽培连续种植 5～8 年后很有必要进行水旱轮作，因为水旱轮作对土壤的次生盐渍化及生态修复具有良好的作用，对土壤的病虫害传播，也可起到抑制作用，旱作时土壤中以好气性真菌型微生物为主，连作时病原菌累积，水作时以厌气性细菌型微生物为主，病原菌得到抑制和减少。水旱轮作提高了土壤有益微生物的活性，土壤的生态环境得到了修复。五是改变栽培时期，错过发病期种植，如在高温期易发生的病害，在栽培上要错过高温期进行种植，可减轻连作障碍的发生。

2. 选用抗病品种和采用嫁接技术

当前大棚瓜类蔬菜栽培中嫁接技术的应用已相当普遍，茄果类蔬菜嫁接栽培的比例也在不断增加。

3. 深翻土壤

据测算，每增加 3 厘米活土层，每亩可增加 70～75 米^3 的蓄水量，并可使当季蔬菜增产 10%左右。深翻可以增加土壤耕作层，破除土壤板结，提高土壤通透性，改善土壤理化性状，消除土壤连作障碍。在土地耕翻的过程中可以采用横耕、斜耕的方法破坏土壤的微生物分布结构达到改良土壤的目的，一般年份耕层深度应保持在 20 厘米以上，每 2～3 年进行一次深翻，深度在 30～40 厘米。

4. 调节土壤 pH 值

蔬菜连作引起土壤酸化是一种普遍现象，每年对棚内土壤要作一次 pH 值检测，当 pH 值 5.5 左右时，翻地时每亩可施用石灰 50～100 千克，与土壤充分混匀，这样不但可提高 pH 值，还对土壤病菌有杀灭作用。

5. 推广平衡施肥技术

① 增施有机肥　有机肥养分全面，对土壤酸碱度、盐分、耕性、缓冲性有调节作用。以有机肥为主，化肥为辅，无机氮肥和有机氮肥之比不应低于 1∶1。将所施用的有机肥都进行无害化处理。一般农家肥（如鸡粪、厩肥、畜禽粪等）与磷肥混合后进行堆沤或高温发酵后使用，或采用蔬菜专用有机肥、有机无机复合肥等。

② 平衡施肥　按蔬菜种类、肥料品种、施肥总量的不同，基肥用量要灵活掌握。磷肥要以基施为主，基施比例占 3/5～2/3，氮、钾肥基施比例 1/5～1/3。为控制氮肥投入，连续采摘的作物，要注意分期控氮，每次每亩追施尿素不宜超过 20 千克。禁止使用硝酸铵、硝酸钾等硝态氮肥，以降低蔬菜硝酸盐含量。不宜施用含氯化肥，如氯化钾、氯化铵等，因氯离子能降低蔬菜的淀粉及糖含量，并能引起土壤板结。禁止使用碳酸氢铵，因其易挥发产生大量氨气，从而引发氨害。

③ 补充中、微量元素　蔬菜是喜钙作物，配合使用钙肥或含钙磷肥，对提高蔬菜产量和品质具有积极作用。同时，随着化肥的大量施用，注意补充锌、硼、镁等中、微量元素，对平衡土壤养分，实现蔬菜高产，也具有促进作用。

④ 科学测土施肥　蔬菜种类繁多，人为干扰因素较多，以至于菜农在施肥上存在很大的盲目性，导致氮磷钾肥施用比例不合理，中微量元素缺乏没有得到及时补充，肥料利用率低，肥料的增产效应没能充分发挥。可参照寿光制定的《寿光市保护地蔬菜土壤养分评价标准》（表 2-2），来解决许多测土单位和菜农化验土壤后，不知如何施肥的问题。

表 2-2　寿光市保护地蔬菜土壤养分分级评价标准

级别	有机质/(克/千克)	全氮/(克/千克)	碱解氮/(毫克/千克)	速效磷/(毫克/千克)	速效钾/(毫克/千克)	pH 值
1	＞40	＞0.2	＞200	＞150	＞450	＞5.5
2	30～40	0.15～0.2	150～200	120～150	350～450	5.5～6.5
3	20～30	0.1～0.15	100～150	70～120	250～350	6.5～7.5
4	10～20	0.75～0.1	50～100	50～70	100～250	7.5～8.5
5	≤10	≤0.75	≤50	≤50	≤100	＞8.5

注：4 级水平偏低，要注意培肥地力，增施相应的肥料；3 级水平比较适宜，注意平衡施肥；2 级水平偏高，注意减少相应肥料的使用。

6. 间作诱集

发病严重的菜园，作物定植后一周内可播种速生叶菜作物，如小白菜或菠菜等，诱集土壤中的线虫，20～25 天根部形成大量根结后拔除诱集作物，尽可能将病根全部挖出，集中销毁，以减少土壤中根结线虫的数量，重病田可重复诱集。

7. 生物菌肥改良

① 可施入生物菌肥　以鸡粪、秸秆为原料，加入多维复合菌种，每 1 千克菌种先与 10 千克麦麸搅拌均匀，喷水 5～6 升，堆闷 5～6 小时。再将鸡粪和粉碎的秸秆、菌种（1 千克菌种：1 立方米

鸡粪：100～300千克秸秆）搅拌均匀，堆成高1米、宽1米（长度随鸡粪的多少而定）的发酵堆，外面盖上草苫，2～3天翻一次，一般翻倒3～4次。一般作基肥，也可作追肥，每亩施用3000千克（需9立方米鸡粪发酵）。

② 可施入美国亚联微生物肥　亚联微生物地面肥与叶面肥配合使用效果最佳，可节省大量化学肥料，明显提高肥料利用率，培肥改土，治理、消除土壤污染和连作障碍，提高蔬菜的商品率，但要特别注意按说明书使用。

③ 应用多功能根际益生菌S506　多功能根际益生菌S506由河北省农业科学院遗传生物研究所生产，按说明书使用。一般是在育苗时按S506调控剂：农家肥：田土＝1：2：7的比例（体积比）配制栽培基质育苗。定植前挖好苗穴，按每株30克的用量，将调配好的基质均匀撒入定苗穴中。定苗后需浇透一次水。以后的田间管理同常规。

④ 可施用“国优生态有机肥”　该肥是一种含有多种高效微生物、具有多种功能的微生物肥料。含有植物生长所必需的有机质，氮、磷、钾、中微量元素，还含有大量的有益菌、氨基酸、蛋白质等，将生物技术枯草芽孢杆菌和D1土壤改良优质菌群及韩国进口的高含量土壤调理剂、阿维菌素菌丝、豆粉原料、植物楝素、蓖麻粕、草药等经过发酵提炼出的又一新产品，对防治连作障碍有明显的作用，对防治线虫有突出的作用，其中的蓖麻粕主要起到驱虫的作用；草药（大黄）起到杀菌的作用；植物楝素起到驱虫、抑制化肥的损失的作用；阿维菌素菌丝、豆粉原料起到驱虫的作用；进口土壤调理剂是一种高硅土壤调节剂，能够释放远红外线，阻止病原菌的萌发，分解病原菌的毒素，形成沃土养根，降解土壤中重金属及农药残留物，可有效防治作物因缺素而引起的生理病害；多种生物菌群可以修复土壤的微生物群体，增加土壤中微生物的多样化；富含很高的有机质可以起到培肥地力、增加土壤缓冲能力的作用；这种肥料是一种具有供肥、促生长、防病抑菌、杀灭线虫和根部害虫等多重功效的生态肥料，施用后能够提高地温，活化、疏松土壤，修复土壤环境，达到防止连作障碍的目的。

⑤ 施用根际生态修复剂　根际生态修复剂采用植物根际益生菌，主要包括枯草杆菌、蜡质杆菌、放线菌、真菌等多种植物根际有益菌，其作用为促进根际有益菌的繁殖，抑制有害微生物的生长，促进土壤有机质与土壤微量元素的分解与释放，提高作物的吸收和抗病能力，帮助恢复土壤微生态环境，进而提高作物品质和产量。根际生态修复剂还可通过激活土壤微生物而增加土壤肥力，如土壤中无机磷细菌可以把难溶性的磷酸盐转化为速效磷，有机磷细菌能把有机态磷转化为速效磷，硅酸盐细菌可以把原生矿物中的钾转化为速效钾，固氮菌能将氮气转化为铵态氮、亚硝态氮和硝态氮，腐生菌能将有机态物质转化为无机态养分元素为作物吸收利用等；激活土壤微生物可减少土壤中病原菌基数，进而减少病害的发生。一般通过根际生态修复剂 400 倍液浸种、400～600 倍液灌根、穴施或叶面喷雾方式接种，能保护作物根部和叶部不受病菌侵染，防止植物病害的发生和蔓延，进而促进作物增产增收。苗床处理，按药剂：细土＝1：10 的比例混匀，撒施苗床，或将混合后的药剂直接稀释为 50～200 倍液灌根，或将混合后的药剂直接施用于苗床。移栽处理，移栽时按照药剂：细土＝1：10 的比例混匀，撒施于移栽穴中，每穴使用 20～30 克。灌根时根据所栽蔬菜品种，于移栽后 10～15 天，视植株生长情况，每隔 10～20 天灌根一次。

8. 拉秧后土壤处理

拉秧后根据实际情况选用下述措施进行处理。

① 3DT-0 型土壤水电解器消毒　主要用于空棚的土壤处理，在低电压情况下也可用于植物生长期间连作障碍的防治，处理时可将不锈钢丝绳阴、阳极按一定间距布设在土壤中，深度应大于 50 厘米，为了获得良好的处理效果，土壤含水量应保持 35%～70%，处理电压应达到最大值，处理 5 分钟以上。

② GJK-1 型臭氧水基质消毒机消毒　利用臭氧水处理土壤、基质后，猝倒病、立枯病、根腐病、炭疽病、褐斑病、枯萎病等常见蔬菜土传病害的发生显著减少，对根结线虫也有一定的防治效果。

③ 酒精消毒法　这种土壤消毒法是日本千叶县农业综合研究中心等机构的研究人员开发出的一种简易土壤消毒法，在土壤上喷洒2%左右酒精水溶液，然后用塑料薄膜覆盖1～2周。

④ 高温消毒　棚室完全封闭，要求20厘米土层温度达到40℃维持7天，或37℃维持20天，即可有效杀灭土壤中细菌、根结线虫等有害生物。消毒翻耕（应控制深度，以30～40厘米为宜，以防土壤深层的生物翻到地表），晾晒3～5天后即可播种或定植。

⑤ 使用反光板消毒　将配制好的培养土铺开，在阳光下曝晒3天左右，为了提高紫外线的强度，通常采用铝箔制成的反光板，将铝箔板迎着阳光斜对地面，利用光的辐射提高土壤的温度，可使土壤的地表温度达到50℃，地下20厘米土层的温度可达15～20℃，这样可以消灭大量病菌、害虫（卵）等，虽然不是很彻底，但还是有效果的。

⑥ 灌水洗盐　在夏季高温不能生产的季节大量灌水，灌水量至少每亩达100立方米，进行2～3次，以使盐分随灌溉水流出，达到洗盐的目的。原则上，塑料大棚不宜长年用塑料棚膜覆盖，应在外界温度高、雨水多的6、7、8月拆掉棚膜，让自然雨水洗盐，气温降低后再重新盖棚膜。

⑦ 湿热杀菌法　冬春茬蔬菜拉秧后，每亩撒施100千克生石灰粉、10～15立方米生鸡粪或其他畜禽粪、植物秸秆3000千克、微生物多维菌种（石家庄格瑞林生物工程技术研究所生产）8千克；喷施美地那活化剂（河北慈航科技有限公司生产）400毫升。旋耕1遍，使秸秆、畜禽粪、菌种搅拌均匀，然后深翻土地30厘米，浇透水，盖上地膜，扣严棚膜，保持1个月左右，去掉地膜，耕地1遍，裸地晾晒1周，即可达到杀灭病菌、活化土壤的效果。对蔬菜重茬导致的土传病害具有明显防治效果，对嫁接黄瓜根腐病和根结线虫病防治效果较好。对嫁接口细菌性腐烂病也有明显防治效果。

⑧ 热水消毒　土壤热水消毒是利用高温热水消毒机产生高温热水对土壤进行消毒，采用温度传感器控制热水温度，采用循环泵使水温均匀。包括燃煤式土壤热水消毒机、热水输送系统、热水分

配器及注水滴灌系统等 4 部分。这种技术采用耐高温水管将 92℃高温热水输送到需要消毒的温室的栽培基质槽或栽培畦。可将 20 厘米土层温度在 2 小时左右升至 50℃以上，50℃以上可持续 1～2 小时，45℃以上持续时间可达 3.5 小时，而 30 厘米深的土层温度达 33℃左右。经过处理前后的观测比较发现，土壤经高温热水消毒处理后，土壤中大量存在的根结线虫基本上被杀灭。采用热水消毒法除了对土壤中的根结线虫有很强的灭杀性，同时还可加速土壤中的有机物分解，并释放出氨气、二氧化碳和有机产物，从而改变土壤的微生物群落，有效抑制病原真菌的繁殖，利于植物根系的生长，从而增强植株的抗逆性。

⑨ 高温闷棚　以太阳、生物、化学所产生的三大热能综合利用为基础，通过高温闷棚处理，促使耕作层土壤形成 55℃以上的持续高温，能够有效灭除致病微生物及部分地下害虫，获得局部生态防治的良性效应。利用高温闷棚技术，充分腐熟土壤内有机肥，提高吸收利用率，通过增加土壤有机质含量，促使次生盐渍土脱盐；能够改善土壤团粒结构、培育有益微生物群落。在高温闷棚过程中，石灰氮作为一种有效缓释氮肥，对降低蔬菜产品中硝酸盐含量、补充土壤钙离子、减轻土壤酸化、平衡土壤酸碱度具有明显效果。

6 月下旬至 7 月下旬，棚内蔬菜收获后，拔除植株残体，保持棚架完好、棚膜完整，深翻土壤 25～30 厘米后整平地面，按每亩用蔬菜植株残体（秸秆、秧蔓、枝叶等）3000～5000 千克、作物秸秆（玉米秸、麦秸、麦糠、稻草、稻糠等）1000～3000 千克、有机肥料（鸡粪、牛粪、猪粪、菇渣等）5000～10000 千克，根据实际条件可灵活选择用料方案，选其一或二合一、选其二或三合一，只要用料适量皆可。石灰氮每亩用量 60～80 千克。将植株残体、麦、稻和玉米秸秆，利用铡草机铡成 3～5 厘米长的寸段，并与菇渣、鸡粪或猪圈牛栏粪等有机肥、石灰氮，选定适宜的用料方案，充分混合后均匀撒施于土壤表面，进行人工或机械翻混 1～2 遍。每隔 1 米培起一条宽 60 厘米、高 30 厘米南北向的瓦背垄，还可按下茬蔬菜作物的定植株行距要求直接培垄。对无支柱的暖棚可用整块塑料薄膜覆盖，对有支柱的暖棚，须根据具体情况覆盖薄膜，但要密封薄膜搭接处，塑料薄膜可重复使用。棚内灌水至饱和度，密封整个棚室的棚膜及通风处，提高闷棚受热、灭菌杀虫效果。高温闷棚可进行至蔬菜苗定植前5天揭膜晾棚，闷棚时间不得少于25天。

9. 药剂消毒

药剂消毒是利用各种化学药剂或生物药剂通过喷淋、浇灌、拌土、熏蒸等手段对土壤进行消毒，可利用的药剂主要有甲醛、代森铵、氯化苦、棉隆、二氯丙烯、阿维菌素、线净（苦参碱）、菌线威（1.5％二硫氰甲烷）等杀虫剂和杀菌剂。

① 喷淋和浇灌法　将药剂用清水稀释成一定浓度，用喷雾器喷淋于土壤表层，或直接灌到土壤中，药液渗入土壤深层，杀死土中病菌。适宜于大田、育苗营养土、棚室栽培等的土壤消毒。喷淋法主要使用的农药是甲醛、代森铵、波尔多液等。甲醛对防治黑斑病、灰霉病、锈病、褐斑病、炭疽病等效果较明显。代森铵可防治球根类种球的多种病害。波尔多液对防治黑斑病、灰霉病、锈病、褐斑病、炭疽病等效果较明显。菌线威是新型高效广谱杀菌杀线虫剂，具有极高的杀菌活性，该剂为非内吸保护性杀菌、杀线虫剂，可用作土壤消毒、种子处理和灌根使用，对多种植物病原真菌、细菌、藻类及线虫都有显著效果，对蔬菜苗期猝倒病、立枯病、腐霉病，西瓜枯萎病，茄子褐纹病，黄瓜、番茄、茄子、辣椒青枯病等防效较好。

② 毒土法　毒土法是将农药（乳油、可湿性粉剂）与具有一定湿度的细土按比例混匀制成的。施用方法有沟施、穴施和撒施。毒土法可以起到土壤消毒的作用，也可以起到杀虫、灭草的作用，在稻田、菜田、果园都可以使用，药剂的选择需因地而宜、因作物而宜。

③ 熏蒸法　利用土壤注射器或土壤消毒机将熏蒸剂注入土壤中，在土壤表面盖上薄膜等覆盖物，在密闭或半密闭的设施中使熏蒸剂的有毒气体在土壤中扩散，杀死病菌。土壤熏蒸后，待药剂充

分散失后才能播种，否则易产生药害。常用的土壤熏蒸消毒剂有甲醛、氯化苦等，可在大棚草莓、西瓜、蔬菜的种植中应用。

第六节　土壤盐渍化

近几年，随着大棚蔬菜的飞速发展，土壤盐渍化现象越来越严重，应引起高度重视。土壤盐渍化是指易溶性盐分在土壤表层积累的现象或过程，也称盐碱化。一般情况下，棚室种植2～3年后，土壤都会不同程度地出现盐渍化现象。随着种植年限的增加，棚内土壤盐化程度会逐渐加重。据调查，单栋大棚建棚5年的土壤盐分含量最高，为10年的1～3倍，其中主要的盐分离子有：Cl^-、SO_4^{2-} 和 NO_3^- 等。一般建棚3年后出现盐渍化的情况比较普遍。连栋大棚的棚内温度高、揭膜间隔长，加速了盐渍化的进程，一般建棚1～2年就出现盐渍化问题，而且，比单栋大棚发生速度更快、程度更重、危害更大。盐渍化是一个缓慢的积累过程，一般不被人注意。当蔬菜生长矮小，品质变差，土壤已经受到轻度盐渍化的危害。如果蔬菜叶片干枯，只开花不结果，出现绝收现象，表明棚室土壤已经发生了重度盐害。

一、 大棚土壤盐渍症状识别

盐渍化会使蔬菜作物根部吸水困难，给生长发育造成障碍。特别是对种植5年以上的棚室土壤。

a. 苗期：表现为种子播种后发芽受阻、出苗缓慢、出苗率低，或出苗后逐渐死亡（彩图13）。

b. 植株：生长缓慢、茎细、矮小，生长停滞。

c. 根系：生长受抑制，根尖及新根呈褐色，严重时整个根系发黑腐烂、失去活力。

d. 叶片：叶色呈深绿或暗绿色、有闪光感，严重时叶色变褐，或叶缘有波浪状枯黄色瘢痕、下位叶片反卷或下垂，或叶片卷曲缺绿，叶尖枯黄卷曲。重者植株中午凋萎，早晚可恢复，受害严重时茎叶枯死。还可造成植株缺乏某种微量元素（如钙）。

e. 土壤：冬季或早春地表干燥时，在突出地表的土块表面还会出现一层白色盐类物质，湿度大时发绿、湿润时呈紫红色，特别是棚室滴水的地方更明显。

当土壤全盐含量＜0.1％时，对作物生长影响较小；当土壤全盐含量为0.1％～0.3％时，番茄、黄瓜、茄子、辣椒生长受阻，且产品商品性差；当土壤全含盐量＞0.3％时，绝大多数蔬菜不能正常生长。

二、 大棚土壤盐渍化发生原因

1. 盲目施肥

部分菜农对各类肥料在植株生长发育中所起的作用和所产生的影响了解不够全面，主要表现在以下三个方面：一是偏施某一种肥料，基肥大多以含养分较高但盐分较多的鸡粪为主，将盐分带到土壤中，使作物产生盐害；二是误认为多施肥能高产出，不考虑作物需肥数量及种类，而盲目大量施肥（特别是偏施硝酸铵等），造成土壤中氮、磷、钾比例失调，有些不能利用的成分残留并积累于土壤中，引起土壤盐分偏高；三是生施人畜尿和施入副成分多的化肥造成土壤盐渍化。

2. 大棚设施内的特定环境

盖棚时间过长，大棚是人为创造的有利于作物反季节生长的小环境，一般盖膜时间较长，特别是大棚西瓜，一年内揭膜时间仅为两三个月，雨水冲刷时间较短，为盐分积累创造了条件。大棚内温度高，土壤水分蒸发量大，致使土壤深层的盐分借毛细管作用上升到表土积聚。在含盐量较高的土地上修建大棚，或用含盐量较高的水浇地。蔬菜根系分布浅，易受盐害。大棚内为沙质土壤，不施用有机肥，种植不耐盐的蔬菜等。种植蔬菜年限越久，危害越重。

大棚蔬菜生产中由于灌水次数频繁，使土壤的团粒结构遭到破坏，大孔隙减少，通透性变差，盐分不能渗透到土壤深层，水分蒸发后使盐分也积累下来。大棚内不受降雨影响，而且多用小水浇灌，使积累于土壤中的肥料成分不被淋失。

三、 防治大棚土壤盐渍化措施

1. 增施有机肥和生物菌肥

坚持施用优质腐熟有机肥，不偏施化肥。施用适量腐熟的猪粪、鸡粪、稻草、豆秸、玉米秸等有机肥，在微生物的作用下提高土壤中的活性物质，保持土壤肥力，减轻和防御土壤盐分表聚，例如，每亩施用优质堆肥或厩肥1500～2500千克。在初发生盐害的保护地内，可施用半腐熟的秸秆类有机肥。生物菌肥能促进有机质的分解及转化，改善土壤的理化特性，有效地减少盐渍化危害，促进蔬菜作物的生长发育。

2. 测土配方施肥

在施用有机肥的前提下，配合施用氮、磷、钾及中微量元素。要做到根据作物、地块合理施肥。在目标产量的用肥基础上，参照习惯施肥的实践经验，增加正常施肥量的15%～20%，达到既增产，又提高肥料的利用率，并减少土壤盐渍化的目的，种地养地相结合。根据土壤养分状况及所种蔬菜的需肥特性，确定施肥量、施肥方式、肥料种类；避免多年施用同一种化肥，可选用尿素、磷酸二铵、复合肥等；应尽量减少追肥次数。化肥应沟施或穴施，开沟的深度应该在5～6厘米为好，施肥后覆土，随后浇水。有条件的，应该用追肥器进行穴施。在高温季节，适当控制追肥量。发生盐害地，不宜使用氯化铵、硝酸钠等肥料。根外追施叶面肥不易使土壤盐渍化，应大力提倡。尿素、过磷酸钙、磷酸二氢钾以及一些微量元素，作为叶面肥都是很适宜的。

3. 生物降盐

利用温室夏季高温休闲期，种一茬不施肥的玉米，或种植生长速度快、吸肥能力强的速生小白菜、茼蒿、绿肥苏丹草等，可从土壤中吸收各种养分，从而降低土壤溶液的浓度。可种植耐盐性较强的番茄、茄子、芹菜、莴苣、甘蓝、菠菜等蔬菜，适当增加浇水次数。

4. 深翻和淋雨

利用休闲期深翻，使含盐多的表层土与含盐少的深层土混合，起到稀释耕层土壤盐分的作用，一般每年可深翻土地 2 次以上，深度为 20～30 厘米。在当地降雨量较多的夏秋季节，揭去保护地上的棚膜，任雨水淋洗土壤中的盐分，但在水位较浅的地区或下挖较深的大棚不宜采取这种方法；或在大棚外挖深 1 米以上的排水沟、在大棚内起田埂，每亩浇水 130 立方米，使土壤中的盐分随水排走。降雨和浇水可配合进行。淋雨后要在种植作物前 20 天增施有机肥、生物菌肥，深翻 2～3 次，以提高土壤的透气性。

5. 灌水洗盐

当地如果雨水少，可以选择灌水洗盐的方法治理土壤盐渍化。选择在每年 6～8 月的高温季节，利用温室的换茬空隙，对有土壤盐渍的大棚进行大水漫灌。因为大棚一般较大，应一块一块地进行灌水处理比较好。灌水前，根据具体地块情况，按照适当的大小在地块四周筑起土围。土围应该高出土壤表面 10 厘米以上比较合适。土围应拍实，以防止灌水时漏水。灌水时，必须让水浸没土壤表面 3～5 厘米。不必过高，否则容易造成土壤养分流失。让土壤中的盐分，充分浸入水中，一段时间之后，水下渗流失，自然落干，这时可再向棚内灌水，反复几次，使土壤表层的盐分随水流下，整个过程 3～4 天。灌水洗盐不仅可减少土壤耕作层中的盐分，还可起到消毒土壤的作用，减少土传病害。灌水洗盐后，大棚内生产的后茬蔬菜长势良好，短期内没有盐渍化的现象出现。

6. 膜下滴灌

在作物生长季节，采用滴管膜下灌水，使土壤湿润，使溶解了的盐分随重力水下渗到土壤深层。还可以保持土壤疏松，有效抑制毛管水的上升，减缓土壤中的盐分积聚，减缓土壤盐渍化的进程。该项技术省水、省肥，对肥料的要求比较高，必须是水溶性的肥料。滴灌设备应距离植株 5 厘米左右比较合适，通常每行作物铺一条滴灌为好。滴头间距应该在 30～50 厘米之间。单滴头流量每小时 1～2 升，每亩每小时滴量为 3～5 吨。

7. 换土

当土壤中盐分含量较高时，可在土壤干旱时，把 5 厘米左右深的表土层（该层积累的盐分较多）铲除，运到大棚外，同时用肥沃低盐的客土补充。也可在土壤中掺入适量的沙子，可改善土壤透气性，促使盐分下渗到土壤深层，活化土壤，改善土壤质地。沙子的施用量应根据具体情况而定，通常应按照每亩施用 100～200 千克为好。撒施后翻耕入土。

8. 轮作

轮作也具有较理想的降盐效果，在种植几茬蔬菜瓜果后，栽培玉米或高粱等除盐作物，或种植一些水生作物如水稻等，可以有效地降低土壤盐分。

9. 地面覆盖

秋延迟或越冬茬栽培，定植作物后地面可覆盖地膜或切碎的稻草、麦秸等物，以减少水分蒸发，且蒸发的水分在地膜内凝结形成水滴，重新落回地面可以洗刷表土盐分，防止表层土壤盐分积累，秸秆腐烂后还会增加土壤有机质；加强中耕松土，切断土壤毛细管作用。

10. 无土栽培

无土是彻底解决大棚土壤盐渍化的方法，无土栽培有水培和基质培两种，但无土栽培与常规栽培相比需要更多资金、设备的投入和技术的配套。因此，大规模的推广应用有一定的困难。垄式或槽式栽培技术是比较实用的栽培方式，不但可以有效地去除土壤盐渍化危害，而且成本比纯粹的无土栽培低。

第三章

几种蔬菜大棚栽培技术

第一节　辣椒大棚栽培技术

一、辣椒大棚春提早促成栽培技术

辣椒春提早促成栽培（彩图 14）可比露地春茬提早定植和上市 40～50 天。最早在 4 月中旬上市，5 月大量上市。盛夏后通过植株调整，还可进行恋秋栽培，使结果期延迟到 8 月份，每亩再采收辣椒 750～1000 千克，是提高早春大棚辣椒收入的重要途径。

1. 品种选择

选用抗性好、早熟、耐低温弱光、抗病性和抗逆性强、在大棚内不易徒长、丰产、商品性好的品种。

2. 播种育苗

在长江流域一般 10 月中旬～11 月上旬，利用大棚进行冷床育苗，或 11 月上旬至下旬用酿热温床或电热线加温苗床育苗。可采用营养土育苗（适合小户菜农）或穴盘育苗（适合蔬菜种植大户或合作社）等育苗方法。

① 营养土育苗

a. 营养土配制。播种床选用烤晒过筛园土 1/3，腐熟猪粪渣 1/3，炭化谷壳 1/3 充分混匀。分苗床选用园土 2/4，猪粪渣 1/4，炭化谷壳 1/4。营养土消毒用 40%甲醛 200～300 毫升，兑水 25～30 千克，喷 1000 千克营养土，适当翻动，用薄膜覆盖 5～7 天，或用该药液直接喷洒于苗床，盖地膜闷土 5～7 天，然后敞开透气 2～3 天后可用于播种。也可在土面整细整平后，用 50%多菌灵可湿性粉剂和 50%甲基硫菌灵可湿性粉剂混土消毒苗床，每平方米用药量 8～10 克，此法较简单。

b. 种子处理。先晒种 2～3 天或置于 70℃烘箱中干热 72 小时，再将种子浸入 55℃温水，经 15 分钟，再用常温水继续浸泡 5～6 小时，再用 1%硫酸铜溶液浸 5 分钟，浸后用清水洗净。置 25～

30℃条件下的培养箱、催芽箱或简易催芽器中催芽。一般3～4天，约70%的种子破嘴时播种。在个别种子破嘴时，置0℃左右低温下锻炼7～8小时后再继续催芽，可提高抗寒性。

c. 播种。每亩需种50～75克，每平方米播种10克左右，先浇足底水，待水下渗后，耙松表土，均匀播种，盖消毒过筛细土1～2厘米厚，薄晒一层压籽水，塌地盖薄膜，并弓起小拱棚，闭严大棚。

d. 苗期管理。播后至幼苗出土期，白天28～30℃，夜间18℃左右，床温20℃，闭棚，70%幼苗出土后去掉塌地薄膜。破心期，日温20～25℃，夜温15～16℃，床温18℃。注意防止夜间低温冻害，并在不受冻害的前提下加强光照，控制浇水，使床土“露白”。破心后至分苗期，床温19～20℃。晴朗天气多通风见光，维持床土表面呈半干半湿状态，“露白”前及时浇水，床土湿度过大，可撒干细土或干草木灰吸潮，并适当进行通风换气。若床土养分不足，可于2片真叶后结合浇水喷施1～2次营养液。发现猝倒病，应连土拔除病苗，并撒多菌灵或百菌清药土防治，阴雨天突然转晴时，小拱棚上要盖遮阳网，以后逐渐揭开见光。分苗前3～4天适当炼苗，白天加强通风，夜间温度13～15℃。

苗龄30～35天，3～4片真叶时，选晴朗天气的上午10：00至下午3：00及时分苗，间距7～8厘米，分苗宜浅。最好用营养钵分苗，分苗时先浇湿苗床，分苗深度以露出子叶1厘米为准，速浇压根水，盖严小拱棚和大棚膜促缓苗，晴天在小拱棚上盖遮阳网。

e. 分苗床的管理。缓苗期，地温18～20℃，日温25℃，加强覆盖，提高空气相对湿度，一般假植后密闭大棚和小拱棚5～7天，保持适宜的温度和湿度，有利于辣椒苗假植成活。旺盛生长期，加强揭盖，适当降温2～3℃，每隔7天结合浇水喷一次0.2%的复合肥营养液，用营养钵排苗的，应维持床土表面呈半干半湿状态，防止“露白”。即使是阴雨天气也要于中午短时通风1～2小时。发现秧苗徒长，可喷施50毫克/千克多效唑抑制。定植前7天炼苗，夜温降至13～15℃，控制水分和逐步增大通风量。

② 穴盘育苗　有条件的种植大户或大型蔬菜合作社建议采用穴盘育苗。穴盘无土育苗是指用穴盘作育苗容器，以草炭、蛭石等为育苗基质的一种无土育苗方式。所用育苗盘是分格的，播种时一穴一粒或两粒，成苗时一穴一株或两株，植株根系与基质紧密结合在一起，不易散落，不伤根系，根坨呈上大下小的塞子状（彩图15）。穴盘育苗，省时、省工、省力、省地，苗龄短，易成活，定植后基本不需缓苗。

a. 选择穴盘。穴盘为定型的硬制塑料制品，其上有很多小穴，小穴上大下小，底部有小孔，供排水通气之用。每穴育1～2株幼苗。穴盘具有各种规格，进行辣椒育苗最好选用50孔穴盘。

b. 混配基质。可用多种基质育苗，如蛭石、珍珠岩、煤渣、平菇渣、炭化稻壳、草木灰、锯末、草炭、甘蔗渣等，但最常用的基质是蛭石、珍珠岩、草炭，目前有专门的商家出售商用育苗基质。基质材料可单独使用，但最好是按适当的比例将2～3种基质混合使用，混配成的复合基质通气性、保水性好，营养均衡。最常用的复合基质配方是草炭、蛭石，冬春育苗按草炭∶蛭石＝1∶1（体积比）或2∶1混合，或平菇渣∶草炭∶蛭石＝1∶1∶1。在配制基质时还应加入一定量的肥料，一般每立方米基质中加入烘干的粉碎鸡粪10千克、优质复合肥1～2千克，或每立方米基质中加入硫酸铵1～1.5千克、过磷酸钙1.5～2.5千克、硫酸钾2～2.5千克。

c. 基质装盘摆盘。将基质按预定比例混合均匀，装入穴盘，表面用木板刮平。然后，将装好基质的7～10个穴盘垒叠在一起，用双手摁住最上面的育苗盘向下压，上边的穴盘的底部会在其下面穴盘基质表面的相应位置压出深约0.5厘米的凹坑。然后摆放到大棚里。

d. 播种。将经过处理的辣椒种子点播在穴盘内，每穴播种1～3粒，播后覆盖蛭石，盖没种子，并与育苗盘平齐，再用木板刮平。用喷壶浇透水，而后覆盖塑料地膜或报纸，减少水分蒸发。出苗后及时除去覆盖物，防止幼苗徒长，及时间苗，单株定植，每穴只留1株幼苗，多余的幼苗用剪刀从茎基部剪断；双株定植，每穴留2株健壮幼苗。

e. 苗期管理。由于育苗基质中常用的草炭来源于腐烂的枯枝败叶、苔藓或杂草，营养十分丰富，所以一般不再施肥。如果育苗期比较长，在育苗后期，可结合浇水，定期浇灌营养液，补充营养。用草炭、蛭石混合基质育苗，多用氮磷钾三元复合肥0.2%～0.3%的浓度，喷浇基质。一般冬季每2～3天喷浇一次。育苗穴盘只需浇清水即可，采用喷灌方式浇水，一般冬季每2～3天喷一次水。

播种10天以后，幼苗可能出现生长缓苗、叶片黄化等现象，这时需要补充营养，可喷复合肥配成的营养液，开始时采用0.1%浓度，第一片真叶出现后浓度提高到0.2%～0.3%。

由于穴盘的容积有限，基质容量少，基质的保水能力远远低于土壤，这种特性保证了幼苗不易发生涝害，但浇水的次数却要比营养钵育苗频繁，几乎每天都要喷一次水，阴天可两天喷一次水。但由于基质的湿度比较高，容易发生旺长，控制办法是：定期控水，对辣椒苗定期低湿度蹲苗，发现辣椒苗有徒长迹象时，叶面喷洒助壮素、矮壮素等，辣椒苗长大后，应逐渐加大苗盘间距，保持辣椒苗充足的光照。

另外，有的种植者用普通的营养土代替基质，结果往往不能育出壮苗，这是由于营养土的养分含量、理化性质远远逊色于基质，而每个穴的容积又远远小于营养钵，营养空间小，不能满足幼苗正常的生长发育的需要。

无土育苗的辣椒苗龄不宜过大，适宜苗龄大小以苗盘内辣椒苗不发生明显拥挤为宜。定植时手指捏住幼苗基部，往上一提，幼苗从穴盘中提出，根系不受损失，定植后不用缓苗。

③ 育苗时容易出现的问题及解决办法

a. 不出苗。播种后经过一定时间（干籽冷床15天左右，温床8天左右）后仍不出苗。检查种子，种胚白色有生气的，可能是由于苗床条件不适造成不出苗，对温度低的要设法增加床温，对床土过干的要适当浇水，对床土过湿的要设法排水。若种子已死亡，应及时重播。

b. 出苗不齐。表现在出苗时间不一致和出苗疏密不一致。播种技术和苗床管理不好是造成出苗不整齐的重要原因。应选用发芽率高、发芽势强的种子播种，床土土面平整，播种均匀，播后用细孔壶浇水，已经出苗不一致时，对出苗早、苗较高的地方适当控水，晴天增加对出苗迟的地方的浇水次数。

c. 焦芽。萌芽阶段的种子易发生。若床温过高（35℃以上），尤其是床温高，床土又较干燥时，胚根和胚芽易烧坏，产生焦芽。应保持床土湿润，晴天中午前后床温过高，应立即在玻璃窗或拱棚上疏散地盖草帘遮阳降温。

d. 顶壳。秧苗带着种皮出土的现象，又称“带帽”现象。原因是床土湿度不够或盖籽土太薄。应浇足底水。出苗期间也要保持床土湿润。若遇阴雨，可在床面撒一薄层湿润细土。发育不充实或染病的种子也易造成顶壳，要选用健壮饱满种子。出现顶壳苗时可先喷水，待种壳吸湿后，用毛刷轻轻将帽壳扫掉。

e. 秧苗徒长。徒长苗的茎长、节稀、叶薄、色淡，组织柔嫩，须根少。原因是由于阳光不足，床温过高，密度过大，以及氮肥和水分过多。要改善苗床光照条件，增施磷钾肥，适度控制水分，加强通风。

育苗过程中，秧苗刚出土的一段时间容易徒长，易出现“软化苗”或“高脚苗”。防止方法是播种要稀、要匀；及时揭去土面覆盖物；基本出齐苗后降低苗床的温度和湿度；早间苗，稀留苗。

另一个容易徒长的时期是在定植之前。应昼夜揭去覆盖物，加强光照，降低床温，将苗钵排稀或切块囤苗，还可喷一次1：500倍高产宝。多喷几次1：1：200倍的波尔多液，有很好的防病、壮苗、防徒长效果。选用的抑制剂主要是多效唑，喷雾浓度50毫克/千克，或喷洒500毫克/千克的矮壮素，或者5毫克/千克的缩节胺，均能显著克服秧苗徒长和提高壮苗率。

f. 秧苗老化。当秧苗生长发育受到过分抑制时，常成为老化的僵苗。这种苗矮小、茎细、节密、叶小、根少。定植后也不容易发棵，常造成落花落果，产量低。造成秧苗老化的主要原因是床土过干和床温过低，或床土中养分贫乏。苗期水分管理中，怕秧苗徒长而过分控制水分，容易造成僵苗。用苗钵育苗的，因地下水被钵隔断，容易干，若浇水不及时，不足量，最容易造成僵苗。

在阴雨连绵、温度低、光照弱的条件下，辣椒苗可能出现生长停滞、顶芽萎缩、叶变小、色发黄的“缩脑”现象，这是秧苗老化的一种表现。除提高床温、加强照光外，可对秧苗喷施一次10～20毫克/千克的赤霉酸+0.3%的尿素，7～10天可开始见效，秧苗逐渐恢复正常生长。

另外，分苗成活后用0.5%尿素+0.5%红糖+0.5%磷酸二氢钾+0.1%杀菌剂混合液叶面喷洒。定植前用病毒灵、抗病威、植病灵等1000倍液，灌根带喷洒叶面，对预防病毒病有较好作用。

g. 药害。施药量过大、浓度过高或秧苗幼嫩所致。应科学合理用药，用药前苗床保持湿润。如已产生药害时，要及时喷清水或喷缓解药物，如因退菌灵导致的药害可喷0.2%硫酸锌溶液，辛硫磷药害可喷0.2%硼砂或硼酸溶液，多效唑药害可喷0.05%赤霉酸。

h. 发生冻害。当床温下降到超过秧苗能够忍耐的下限温度时，就会发生冻害。轻微的冻害在形态上没有特殊表现，受害重时苗的顶部嫩梢和嫩叶上，出现坏死的白斑或淡黄色褐色斑。严重时秧苗大部分叶片和茎呈水渍状，慢慢干枯而死。

育苗期间，突然来寒流，温度骤然降低很多，秧苗易受冻害。如果温度缓慢降低，则不易结冰受冻。如果温度虽然不太低，但低温持续时间很长，特别是低温与阴雨相伴随——这种情况叫“湿冷”，秧苗也很容易发生冻害。秧苗受冻害的轻重，还与低温过后气温回升的快慢有关。若气温缓慢回升，秧苗解冻也慢，易恢复生命活力。如果升温和解冻太快，秧苗的组织便易脱水干枯，造成死苗。

i. 防止冻害的方法有。利用人工控温育苗方法，如电热温床和工厂化育苗等，是彻底解决秧苗受冻问题的根本措施。避免秧苗徒长，低温寒流来临之前，尽量揭去覆盖物，让苗多照光和接受锻炼。在连续雨、雪、低温期间，也要尽可能揭掉草帘，每天至少有1～2小时让苗照到阳光。雨雪停后猛然转晴时，中午前后要在苗床上盖几块草帘，避免秧苗失水萎蔫。若床内湿度大，秧苗易受冻害。所以寒潮降临之前要控制苗床浇水。床内过湿的可撒一层干草灰。增施磷钾肥，苗期使用抗寒剂。秧苗喷施0.5%～1%的红糖或葡萄糖水，可增强抗寒力。3～4叶期喷施两次（间隔7天）0.5%的氯化钙，可使增强抗冷性。寒潮期间要严密覆盖苗床。进行短时间通风换气时，要防止冷风直接吹入床内伤苗。夜晚要加盖草帘。有的将稻草外层枯叶撒在床内秧苗上，寒潮过后再清除。苗床上盖的草帘应干燥。下雪天停雪后，及时将雪清除出育苗场地。

已冻害苗可喷施营养液，配方是：绿芬威2号30克，加白糖250克、赤霉酸1克、生根粉0.3克，兑水15升。

3. 适时定植

① 整土施肥　选择土层深厚肥沃、排灌方便、地势高燥、近2～3年没有种植过茄果类作物的地块，前茬收获后，及时清洁田园，清除前茬残枝落叶、地膜残片等。然后进行施肥，每亩施腐熟农家肥3000～4000千克、生物有机肥150千克、三元复合肥20～30千克，底肥充足时可以地面普施，肥料少时要开沟集中施用。然后用旋耕机反复旋耕，直至土壤打碎。再进行开沟整土做畦。开沟时沟距60厘米、沟宽40厘米、深30厘米。施后要把肥料与土充分混匀，耧平沟底，整成畦面宽0.75米、窄沟宽0.25米、宽沟宽0.4米、沟深0.25米的畦，整地后可在畦面喷施芽前除草剂，如96%精异丙甲草胺乳油60毫升，或48%仲丁灵乳油150毫升，兑水50升，喷施畦面后盖上微膜（根据需要可选用黑色地膜或透明地膜），扣上棚膜烤地。

② 适时定植　5～7天后，棚内最低气温稳定在5℃以上，10厘米地温稳定在12～15℃，并有7天左右的稳定时间即可定植。定植时间一般在2月中下旬到3月上旬，不应盲目提早，大棚内加盖地膜或小拱棚可适当提早。

选晴天上午到下午2时定植，株距25厘米，行距30厘米。边栽边用土封住栽口，可用20%恶霉·稻瘟灵（移栽灵）乳油2000倍液进行浇水定根，对发病地块，可结合浇定根水，将水内加入适量的多菌灵、甲基硫菌灵等杀菌剂，也可浇清水定根，但切勿用敌磺钠溶液浇水定根。定植后，及时关闭棚门保温。

4. 田间管理

① 温湿度管理　定植到缓苗的5～7天要闭棚闷棚，不要通风，尽量提高温度，闭棚时，要用大棚套小拱棚的方式双层覆盖保温，保持晴天白天28～30℃，最高可达35℃，尽量使地温达到和保持18～20℃。缓苗后降低温度。辣椒适宜生长温度以白天保持24～27℃，地温23℃为最佳，缓苗后通过放风调节温度，保持较低的空气湿度，当棚外夜间气温高于15℃时，大棚内小拱棚可撤去，外界气温高于24℃后才可适时撤除大棚膜。注意防止开花期温度过高易落果或徒长。

② 肥水管理　浇定根水后4～5天后浇一次缓苗水。此后连续中耕2次进行蹲苗，直到门椒膨大前一般不轻易浇肥水，以防引起植株徒长和落花落果。

门椒长到3厘米长时开始追肥浇水，每亩可追施10～15千克复合肥加尿素5千克，以后视苗情和挂果量，酌情追肥。

盛果期7～10天浇一次水，一次清水一次水冲肥。一般可根施0.5%～1%磷酸二氢钾1.5千克+硫酸锌0.5～1千克+硼砂0.5～1.0千克。盛果期还可进行叶面喷施磷酸二氢钾，配合使用光合促进剂、光呼吸抑制剂、芸薹素内酯等，每7～10天喷用一次，共喷5～6次。雨水多时，要注意清沟排渍，做到田干地爽，雨停沟干，棚内干旱灌水时，可行沟灌，灌半沟水，让其慢慢渗入土中，以土面仍为白色、土中已湿润为佳，切勿灌水过度。

③ 保花保果　定植后叶面喷用3000～4000倍的植物多效生长素或2000倍的天达2116等；开花期喷用4000～5000倍的矮壮素；开花前后喷用30～50毫克/千克增产灵或6000～8000倍的辣椒灵，共3次。也可使用如下保花保果剂。

用对氯苯氧乙酸喷花和幼果：用1%对氯苯氧乙酸水剂，兑水333～500倍，于盛花前期到幼果期，在上午10时前或下午4时后，用手持小喷雾器向花蕾、盛开的花朵和幼果上喷洒，也可蘸花或涂抹花梗，对氯苯氧乙酸的浓度在温度高时要多加水，温度低时少加水，当温度超过28℃时，加水量可为原液的667倍。与腐霉利、乙烯菌核利、异菌脲等农药，及磷酸二氢钾、尿素等混用，可同时起到预防灰霉病和补充营养的作用。使用时不要喷到生长点和嫩叶上，若发生药害，可喷20毫克/千克赤霉酸加1%的白糖解除。

2,4-滴蘸花或涂抹花梗：用20～30毫克/千克2,4-滴水溶液，于傍晚前用毛笔蘸药涂抹花梗或花朵。棚温高于15℃时，用低浓度，低于15℃时，用高浓度。药液要当天配当天用，使用时间最好在早晨和傍晚，可加入0.1%的50%乙烯菌核利可湿性粉剂，预防灰霉病。

④ 植株调整　门椒采收后，门椒以下的分枝长到4～6厘米时，将分枝全部抹去，植株调整时间不能过早。

5. 采收（彩图16）

最早可于4月上中旬采收，最好在晴天进行，以利伤口愈合，减少病害。前期采收及时，可避免坠秧。

二、 辣椒大棚秋延后栽培技术

1. 品种选择

选择果肉较厚，果型较大，单果重、商品性好、高抗病毒病，且前期耐高温、后期要耐低寒的早中熟品种，如洛椒4号、湘研13号等。

2. 培育壮苗

① 茬口安排　在长江中下游地区一般在7月中下旬播种。在覆盖顶膜并加盖遮阳网的大棚中育苗。后期低温，地膜加小拱棚加无纺布加大棚膜覆盖保温。

② 播种苗床准备　播种前20天，选用肥沃、富含有机质、未种过茄科蔬菜的沙壤土作苗床。苗床畦面连沟1～1.2米宽。每亩栽培田需种子80克左右，需播种床10平方米。苗床消毒一般采用60～80倍的甲醛溶液，每平方米1～2千克泼浇在床土上，用薄膜

覆盖一周左右再揭膜松土，隔几天等气味散净后可播种；也可每平方米用50%多菌灵可湿性粉剂或70%甲基硫菌灵可湿性粉剂8～10克，拌土1.5～2千克，拌匀堆闷24小时，取1/3作垫土，另外2/3作盖种土均匀盖在苗床上；或每平方米苗床用75%敌磺钠可溶性粉剂10克加200克细土，混匀撒于苗床。用4.5%高效氯氰菊酯乳油800倍液或85%敌敌畏乳油1000倍液结合浇水泼浇苗床，可杀灭蝼蛄、小地老虎等地下害虫。

③ 移苗床准备　每亩栽培田需40平方米移苗床。移苗前8～10天，每亩按3立方米的标准在移苗苗床旁准备前2年未种过茄果类的肥沃沙壤土作营养土，每立方米营养土加入腐熟猪粪100千克或腐熟菜饼5千克，并加入进口复合肥2千克、50%多菌灵可湿性粉剂200克拌匀堆好，用薄膜覆盖密闭消毒5～7天后，将1立方米营养土装入约1500个10厘米×10厘米规格的营养钵，摆于苗床待移栽。

也可用育苗基质在72孔穴盘中进行育苗，无须移苗床分苗，且每亩仅需种子25～30克（按千粒质量5克，每穴双株，需苗2000穴计）。

④ 播种方法　种子要采用30%硫菌灵悬浮剂500倍液，或10%磷酸三钠，或0.1%的高锰酸钾浸种消毒，捞出洗净后即可播种，不必催芽，播后覆土厚0.8～1厘米，然后直接在床土表面盖稻草或遮阳网保湿。播种后20天左右，幼苗2～3片真叶时，选晴天下午或阴天，对土栽苗进行假植或对穴盘苗进行分苗至营养钵中，每个营养钵1株，然后浇足水。

⑤ 苗期光照和温度管理　苗期要用遮阳网覆盖降温防雨，即在盖膜的大棚架上加盖遮阳网，也可在没有盖膜的大棚架上盖遮阳网，然后在棚内架小拱棚，雨天加盖塑料薄膜防雨。大棚上覆盖的遮阳网要求在幼苗4叶期前全天覆盖，4叶期后在晴天8：30～17：00覆盖，定植前5天揭网炼苗。播种后苗床温度控制在25～30℃，3～4天即可出苗，出苗后，保持气温白天20～23℃，夜间15～17℃。

⑥ 苗期肥水管理　夏季高温水分蒸发快，应及时浇水，一般播种后1～2天就要喷一次水，可用细孔喷壶多次快速喷清水湿润

苗床，喷水应在早晚进行。下雨前，要及时检查棚膜是否有破损，如有破损应及时修补，严防雨水进入苗床造成危害。视幼苗情况适当喷施 0.3%磷酸二氢钾，或 0.5%硫酸镁、0.01%～0.02%喷施宝等。

⑦ 苗期病虫害防治　从苗期开始就要注意防治蚜虫、茶黄螨、病毒病等。如发现病毒病应及时用 20%盐酸吗啉胍·铜可湿性粉剂 500 倍液喷雾防治，在移苗和定植前应喷 83 增抗剂 100 倍液预防病毒病。定植前 5～7 天，施一次送嫁肥，喷一次吡虫啉农药防蚜虫。

⑧ 适时化控　秋延辣椒育苗期间正是高温高湿阶段，幼苗随着叶片和根系增多易徒长，可用 1.25 克烯效唑加水 10 千克用小孔径喷雾器均匀地喷于叶面，也可用多效唑，但没有烯效唑安全，以后视苗情长势进行化控，4 叶期为化控最佳时期。

⑨ 壮苗标准　苗龄 25～30 天，叶龄 8～10 叶，苗高 16～18 厘米，茎粗 3 毫米以上，分一杈，现花蕾。

⑩ 定植前准备　定植前 5 天揭网炼苗，前 2 天 17：00 揭网，次日 8：00 前覆网，后 2 天揭网提前、覆网延迟，最后 1 天全日揭网。要重视送嫁肥施用，可用 0.2%尿素、0.2%磷酸二氢钾液叶面喷施。

3. 整土施肥

定植地块应选择地势高燥、排灌方便、土质肥沃、前 2 年未种过茄果类的壤土或沙壤土大棚，早耕、深翻。整平畦面，畦面宽 1.0 米，畦沟宽 0.4 米，边沟宽 0.6 米，深 0.15～0.2 米。每亩穴施或沟施腐熟有机肥 2000～2500 千克或饼肥 200～250 千克，复合肥 50 千克，钾肥 15 千克或草木灰 100 千克，硼肥 1.5 千克，硫酸锌 1 千克，50%多菌灵可湿性粉剂 1.5 千克。耧平畦面，及时覆盖地膜，打好定植孔，准备定植。在大棚上部盖好薄膜和遮阳网。有条件的在整好的畦中间铺设好滴灌带的支管。铺好滴灌管后再覆盖地膜（最好是黑色地膜），封严地膜待定植。

4. 适时定植

选择 8～10 片真叶，叶色浓绿、茎秆粗壮、无病虫危害的幼苗定植。一般在 8 月 15～25 日之间定植，以 8 月 20 日左右定植完较好，一般株行距为（40～45）厘米×（45～50）厘米，双株定植。辣椒苗要求分级，不可大小混栽，栽时苗钵与定植穴要充分吻合，以利根系生长。选阴天或晴天傍晚天气较凉时移栽，在膜上打孔定植，边移栽边浇定根水，尽快用干细土封严定植口，以防地膜内的热气对辣椒苗造成伤害。定植后 3 天内，应早晚各浇一次水，保持根际土壤湿润，降低过高的土温，促进根系生长发育。

5. 田间管理

① 及时盖揭棚膜　棚膜一般在辣椒移栽前就盖好，但 10 月上旬前棚四周的膜基本上敞开，辣椒开花期适温白天为 23～28℃，夜间 15～18℃，白天温度高于 30℃时，要用双层遮阳网和大棚外加盖草帘，结合灌水增湿保湿降温。

10 月上旬气温开始下降，应撤除遮阳网等覆盖物，到 10 月下旬，当白天棚内温度降到 25℃以下时，棚膜开始关闭。闭棚前防治一次疫病、棉铃虫和白粉虱，用 80％代森锰锌可湿性粉剂 800 倍液加 20％氯虫苯甲酰胺悬浮剂 10 毫升防治。要注意温度和湿度的变化，当棚温高于 25℃以上时，要揭膜通风。阴雨天棚内湿度大时，可在气温较高的中午通风 1～2 小时。

11 月中旬以后，气温急剧下降，夜间温度降到 5℃时，在大棚内及时搭好小拱棚，并覆盖薄膜保温。小拱棚的薄膜可以白天揭，夜晚盖。第一次寒流来临后，紧接着就会出现霜冻天气，因此，晚上可在小拱棚上盖一层草帘（或无纺布）并加盖薄膜，在薄膜上再覆盖草帘，这样既可以保温，又可防止小拱棚薄膜上的水珠滴到辣椒上产生冻害。为方便管理，最好在大棚内设二道幕（彩图 17）保温防寒，这样便于人工操作。采用这种保温措施，正常的年份辣椒可安全越冬。在管理上，每天要揭开草帘，尽量让植株多见光。一般上午 9 时后揭开小拱棚上的覆盖物，如晴天气温高，也可适当揭开大棚的薄膜通风 10～30 分钟，下午 4 时覆盖小拱棚。进入 12

月份以后，日照时间短，光照强度又弱，加上覆盖物又多，这种光照强度远远达不到辣椒的光饱和点，除了尽可能让植株多见光外，还要经常擦除膜上的水滴和灰尘，保持大棚薄膜的清洁透明，增加薄膜的透光率。这一阶段外界气温低，土壤和空气湿度不能过高，应尽可能少浇或不浇水，这样可有效防止病害和冻害的发生，减少植株的死亡和烂果。此时，植株生长缓慢，需肥少，可以停止追肥。

② 肥水管理　秋延后辣椒施肥以基肥为主，看苗追肥。切忌氮肥用量过多，造成枝叶繁茂大量落花，推迟结果。追肥以优质可溶性氮、磷、钾混配肥为好。定植后7～10天追施1～2次稀粪水或1%的复合肥，切忌过量施用氮肥。第一批果坐稳后，结合浇水，每亩追施尿素10千克、磷酸二铵8千克。定植后棚内土壤保持湿润，11月上旬应偏湿一些，浇水要适时适度，切忌在土壤较热时浇水和大水勤灌，每隔2～3天灌一次小水。结果盛期叶面喷施0.3%磷酸二氢钾1～2次。追肥灌水时，可结合中耕除草、整枝打杈。11月中旬以后，以保持土壤和空气湿度偏低为宜，不需或少浇水，停止追肥。寒冷天气大棚要短时间勤通风降湿。

③ 整枝疏叶　在植株坐果正常后，摘除门椒以下的所有腋芽，对生长势弱的植株，还应将已坐住的门椒甚至对椒摘除，以促进植株营养生长，确保每株多坐果以增加产量。辣椒的侧枝要及时抹除，10月下旬至11月上旬，当每株结果量达到12～15个果实时，应将植株上部顶心与空枝全部摘掉，以减少养分消耗，促进果实长大，摘顶心时果实上应留2片叶。在畦的四周拉绳，可避免辣椒倒伏到沟内。在条件不适宜的情况下，可用浓度为40～50毫克/千克的对氯苯氧乙酸溶液喷洒，防止落花落果。

三、早春大棚辣椒开始的几种茬口安排模式

1. 早春大棚辣椒—夏季西（甜）瓜—秋豌豆

早春大棚辣椒，10月中下旬至11月上旬播种，选择早熟、抗病品种，翌年2月中旬至3月上旬定植，行距33～40厘米，株距

26～30厘米，大棚套小棚双层覆盖栽培，7月上旬采收结束。夏季西（甜）瓜，选用耐热、中小型、皮薄、结瓜较集中的品种，在6月下旬营养钵异地育苗，待7月中旬辣椒收园后，及时定植西（甜）瓜，株距50～60厘米，8月下旬至9月上旬采收上市并及时收园；秋豌豆，选用早熟、矮生、直立型品种，在9月中旬进行整地直播，行距33厘米，株距10～13厘米，开沟穴播，每穴播2～3粒，或开沟条播，播深约5厘米，每亩播种12.5千克，10月下旬始收并一直采收至12月下旬。

2. 早春大棚辣椒—夏萝卜—红菜薹

早春大棚辣椒，选用湘早秀、红秀八号等品种，10月中下旬至11月上旬播种育苗，翌年2月上中旬定植，亩栽3500～4000株，4月下旬始收，6月下旬采收结束。夏萝卜，选用夏抗40、夏美浓等品牌，于7月上旬直播，9月上旬采收。红菜薹，选用湘红系列品种，另备苗床于8月中旬育苗，9月上中旬定植，11月上旬开始采收，第三年2月下旬采收完毕。

3. 早春大棚辣椒—夏豇豆—莴苣/青花菜

早春大棚辣椒，10月中下旬至11月上旬播种育苗，翌年2月中旬定植，4月下旬始收，6月下旬收完。夏豇豆，选用耐热品种，7月上旬直播，8月下旬至9月下旬采收。莴苣，选用超级雪里松、极品雪松等品种，9月上中旬播种育苗，10月上中旬定植，12月至翌年2月收获。青花菜，选用绿盛、优秀等品种，9月上中旬播种育苗，10月上中旬定植，亩栽2500～3000株，12月至第二年1月收获。

4. 早春大棚辣椒—春丝瓜—小香葱

早春大棚辣椒，选用湘研21号等品种，10月上中旬播种，翌年2月中下旬定植，4月下旬始收，6月罢园；春丝瓜，选用春润早佳等品种，2月中下旬另备苗床大棚营养钵育苗，3月中下旬套种于大棚两边，5月中旬上市，9月罢园；小香葱，母株繁殖一般在4月上中旬定植，大田分株栽培在8月中下旬至9月上旬移栽，

10月中下旬视行情可少量采收，元旦前后大量上市。

5. 早春大棚辣椒—夏丝瓜—秋延莴笋

早春大棚辣椒，选择耐寒性强、生长期短的品种，如湘研11号等，于10月中下旬播种，11月下旬幼苗2～3片真叶时分苗至营养钵内，2月中旬按大小行定植于大棚内，大行距60厘米，小行距40厘米，株距25厘米，每畦定植2行，每亩定植4500株，翌年5月下旬采收结束。夏丝瓜，选择耐热性强、抗病毒能力强、产量高、品质优的品种，如长沙肉丝瓜等，于3月中下旬用营养钵在大棚内育苗，5月上中旬，苗龄45天，约具5片真叶时，定植于辣椒畦两边，按60厘米的间距挖60厘米深的穴，每穴用1千克腐熟的饼肥拌土施入，将幼苗定植于穴内，株高40厘米以后，及时插架绑蔓上架，9月中旬采收结束。秋延莴笋，选择适应性强、耐寒、抗病、丰产品种，9月上中旬播种育苗，苗龄30～35天定植，进入11月上中旬，扣棚覆膜保温，至春节前采收结束。

6. 早春大棚辣椒—春苦瓜—秋花椰菜

早春大棚辣椒，选择耐弱光、低温、极早熟、前期产量高、抗病性强的品种，于9月下旬至10月上旬播种，11月上旬开始定植，株距43厘米，行距70厘米，翌年4月10日左右开始采收，6月上旬采收完。春苦瓜，选择耐热、喜湿、耐肥、抗病力强、早熟的蓝山大白苦瓜等品种，立春前后播种，3月上中旬在大棚辣椒的两边各栽一行，窝距40～50厘米，蔓长30厘米时引蔓上架，5月中旬开始采收，8月上中旬采收完。秋花椰菜，选用早熟、耐湿、抗病、高产、花型好的日本雪山等品种，7月中下旬采用遮阳网覆盖营养钵或穴盘播种育苗，8月中下旬定植，行距45厘米，株距45厘米，10月下旬至11月上旬采收完。

7. 早春大棚辣椒—快生菜—快生菜

早春大棚辣椒，11月中旬大棚电热穴盘育苗，翌年2月中旬双行定植，5月上旬上市，7月下旬罢园。快生菜，选用意大利生菜，种植两茬，头茬7月中旬客地育苗，大棚扣遮阳网栽培，8月上旬定植，9月中旬采收。第二茬9月下旬育苗，10月下旬定植，12月上旬采收。

8. 早春大棚辣椒—春甜瓜—秋莴苣

早春大棚辣椒，选用早熟、优质、抗病的品种，利用大棚套小棚温床育苗，10月上旬播种，3～4叶时用直径6～8厘米的营养钵移苗，大棚套小棚在2月下旬定植，按大田畦宽1.2米，行株60厘米，株距28厘米，定植于畦两侧，4～8月均可采收。春甜瓜，以黄金瓜为主，如武甜一号、丰甜一号、中甜一号等，1月播种育苗，大棚套小棚在3月上旬定植，间栽于辣椒行中央，株距为80厘米，每亩栽600株左右，5～6月采收。秋莴苣，选用耐高温不易抽薹的品种，可在8月中下旬播种育苗，低温催芽，播后用遮阳网遮阴，苗龄20～25天，9月上旬定植，行株30厘米，株距25厘米，10月中下旬开始采收。

9. 早春大棚辣椒—春苋菜—春苦瓜—秋莴苣

早春大棚辣椒，于10月中旬播种，2月中旬定植，4月中旬至7月下旬采收。春苋菜，2月中旬在定植辣椒时套种，4月中旬采收。春苦瓜，3月上旬育苗，4月中旬在棚架边栽苦瓜，地膜覆盖移栽，6月中旬至10月上旬采收。秋莴苣，7月下旬播种，8月下旬移栽于棚内，12月下旬采收。

四、大棚辣椒主要病虫害防治

辣椒的主要病害有猝倒病、立枯病、灰霉病、菌核病、疮痂病、疫病、炭疽病、白粉病、白绢病、病毒病、软腐病、枯萎病、根腐病、青枯病等，虫害主要有蚜虫、烟青虫、烟粉虱等。

1. 猝倒病（彩图18）

主要在苗期发生，防治方法一是搞好苗床消毒，选择地势较高、背风向阳、排水方便，无病原的地块建苗床。最好用无病新土或进行土壤消毒。苗床土最好提前到伏天配制，经长时间堆沤和烈日曝晒消毒。药剂消毒，可在播种前3周，每平方米用100

倍液的甲醛 2～4 千克浇在苗床上，用地膜覆盖一周，再揭膜透气 2 周后播种。也可用 72%霜脲·锰锌可湿性粉剂或 69%烯酰·锰锌可湿性粉剂 1～1.5 千克/亩拌细土 40～50 千克，2/3 药土均匀撒在苗床上，1/3 盖种。二是抓好种子处理，用 50%克菌丹可湿性粉剂或 40%福·拌（拌种双）可湿性粉剂，按种子重量的 0.3%～0.4%的药量拌种。三是加强管理，适当稀播，及时间苗。尽量少浇水，发现病苗及时拔除，如遇阴雨，床土过湿，可在苗床撒一薄层干细土或草木灰。加强苗床通风，晴好天中午前后揭去全部覆盖物。寒冷天做好防寒保温工作。四是采用药剂防治，出现少数病苗时，可选用 64%恶霜灵可湿性粉剂 600 倍液，或 75%百菌清可湿性粉剂 1000 倍液、68%精甲霜·锰锌水分散粒剂 600～800 倍液、3%恶霉·甲霜水剂 1000 倍液、15%恶霉灵水剂 700 倍液、72.2%霜霉威水剂 600 倍液、69%烯酰·锰锌可湿性粉剂 800 倍液、25%甲霜铜可湿性粉剂 1200 倍液、25%甲霜灵可湿性粉剂 800 倍液等喷雾防治，随后可均匀撒干细土降低湿度。苗床湿度大时，不宜再喷药水，而用甲基硫菌灵或甲霜灵等粉剂拌草木灰或干细土撒于苗床上。

2. 立枯病（彩图 19）

育苗时进行土壤消毒，每立方米苗床土可用 50%多菌灵可湿性粉剂 8 克，加营养土 10 千克拌匀成药土进行育苗，播前一次性浇透底水，等水渗下后，取 1/3 药土撒在畦面上，把催好芽的种子播上，再把余下的 2/3 药土覆盖在上面，即“下垫上覆”使种子夹在药土中间，生长期可同时喷洒 0.1%磷酸二氢钾溶液，以提高抗病力。发病初期，可选用 36%甲基硫菌灵悬浮剂 500 倍液，或 5%井冈霉素水剂 1500 倍液、20%甲基立枯磷乳油 1200 倍液、15%恶霉灵水剂 450 倍液、72%霜霉威水剂 400 倍液、25%甲霜铜可湿性粉剂 1200 倍液等。一般每 7 天喷一次，连喷 2～3 次。当苗床同时出现猝倒病和立枯病时，可喷 72.2%霜霉威水剂 800 倍液加 50%福美双可湿性粉剂 500 倍液的混合液，喷药时注意喷洒茎基部及其周围地面。还可用 95%恶霉灵原粉 4000 倍液浇灌。

3. 灰霉病（彩图 20）

棚室定植前每亩用 6.5%硫菌·霉威粉尘 1 千克喷粉，或 50%多·霉威可湿性粉剂 600 倍液、50%异菌·福粉剂 1000 倍液喷雾灭菌；发病初期，可选用 50%腐霉利可湿性粉剂 1500～2000 倍液，或 50%异菌脲可湿性粉剂 1000～1500 倍液、50%乙烯菌核利水分散粒剂 1000 倍液、40%菌核净可湿性粉剂 800 倍液、40%嘧霉胺悬浮剂 1200 倍液、40%嘧菌环胺（和瑞）水分散粒剂 1200 倍液、50%多霉清可湿性粉剂 800 倍液、50%多·福·疫（利霉康）可湿性粉剂 1000 倍液、25%嘧菌酯悬浮剂 1500 倍液等喷雾防治，7～10 天一次，共 2～3 次，大棚还可用 10%腐霉利烟熏剂，亩用药 250～300 克，或 5%百菌清烟熏剂，亩用 1 千克，或 20%噻菌灵烟熏剂，每亩 300～500 克。

4. 菌核病（彩图 21）

苗期和成株期均易发生。发现病株及时拔出销毁、深埋，并结合药剂防治，可选用 50%乙烯菌核利干悬浮剂 1000 倍液，或 40%菌核净可湿性粉剂 1000～1500 倍液、50%甲基硫菌灵可湿性粉剂 500 倍液、50%多菌灵可湿性粉剂 500 倍液、50%腐霉利可湿性粉剂 1500 倍液、25%嘧菌酯悬浮剂 1500 倍液、75%百菌清可湿性粉剂 600 倍液、40%嘧霉胺悬浮剂 1200 倍液、50%异菌脲可湿性粉剂 600 倍液、50%多霉清可湿性粉剂 800 倍液、66.8%丙森·缬霉威可湿性粉剂 600 倍液、50%多·福·疫可湿性粉剂 800 倍液、10%苯醚甲环唑水分散粒剂 800 倍液、45%噻菌灵悬浮剂 800 倍液、40%嘧菌环胺水分散粒剂 1200 倍液等喷雾防治。10 天 1 次，共 2～3次，注意药剂交替使用。保护地栽培，可使用 10%腐霉利烟剂或 45%百菌清烟剂熏治，每亩每次用药 250 克，7～10 天一次，连续 2～3 次。

5. 疫病（彩图 22）

苗期预防，可选用 50%甲霜灵可湿性粉剂 500～700 倍液，或 64%恶霜灵可湿性粉剂 500 倍液、58%甲霜·锰锌可湿性粉剂400～

600倍液等药液灌根。

移栽后药剂灌根，定植时或缓苗后，用72.2%霜霉威水剂或64%恶霜灵可湿性粉剂500倍液浇定植穴，每株浇250毫升。选用50%烯酰吗啉可湿性粉剂2000倍液或20%氟吗啉可湿性粉剂1000倍液，在发病初期喷淋植株茎基部和地表，能有效防止初侵染。辣椒生长中后期可采用药剂灌根进行防治，用50%烯酰吗啉可湿性粉剂1000倍液灌根，每株50毫升，每隔15～20天施药一次，连施2次，能有效防止再侵染。

喷雾防治，田间发现中心病株后，及时剪除病株、病枝，可选用50%甲霜铜可湿性粉剂500～600倍液，或60%琥·乙膦铝可湿性粉剂500倍液、77%氢氧化铜可湿性粉剂500倍液、75%百菌清可湿性粉剂800倍液、68%精甲霜·锰锌水分散粒剂500～600倍液、68.75%氟菌·霜霉威水剂800倍液、25%嘧菌酯悬浮剂1000～1500倍液、72%霜脲·锰锌可湿性粉剂800倍液、50%烯酰吗啉可湿性粉剂2500～3000倍液、25%双炔酰菌胺悬浮剂800倍液、72.2%霜霉威水剂800倍液等喷雾，7～10天一次，连续2～3次，严重时每隔5天一次，连续3～4次。

烟熏或喷粉防治，保护地栽培，除加强通风换气，还可用45%百菌清烟雾剂，每亩每次用250克，或用5%百菌清粉剂，每亩1千克，每7～10天一次，连续2～3次。

6. 炭疽病（彩图23）

田间发现病株后，可选用25%咪鲜胺乳油1500～2000倍液，或2%武夷菌素水剂200倍液、2%春雷霉素水剂600倍液、1∶1∶200波尔多液、80%炭疽福美可湿性粉剂800倍液、75%百菌清可湿性粉剂500～600倍液、70%代森锰锌可湿性粉剂400～500倍液、70%甲基硫菌灵可湿性粉剂600～800倍液、50%多·硫悬浮剂500倍液、50%多菌灵可湿性粉剂500倍液、25%嘧菌酯悬浮剂1500倍液、40%氟硅唑乳油5000～6000倍液、10%苯醚甲环唑水分散粒剂800～1000倍液、50%咪鲜胺锰盐可湿性粉剂1000～1500倍液、70%代森联干悬浮剂600倍液、25%吡唑醚菊酯乳油

1500倍液、32.5%苯甲·嘧菌酯悬浮剂1000倍液、20.67%恶酮·氟硅唑乳油1500倍液+75%百菌清可湿性粉剂600倍液的混合液等喷雾，7～10天1次，共3次。喷药时加入1∶800倍高产宝效果更佳。

7. 白粉病（彩图24）

在发病前期或初期，只有下部少数叶片形成褪绿的黄色斑点，此时病原菌菌丝还处于叶片组织内部的萌发阶段，及时喷洒2%宁南霉素水剂200倍液、2%春雷霉素水剂400倍液、2%武夷菌素水剂150倍液，或2%多抗霉素水剂200倍液。间隔8～10天防治一次，连续喷洒2～3次，将病害有效控制在发病初期。

发病初期或发病中期植株的中上部叶片、嫩叶甚至叶柄、茎和果实也形成白色病斑时，此时病原菌菌丝由叶片组织内部发展到外部，而且在适宜的环境下靠气流快速传播，可使用触杀型和内吸型的杀菌剂，如20%三唑酮乳油2000倍液，或2%嘧啶核苷类抗生素水剂200倍液、50%多·硫胶悬剂400倍液、10%苯醚甲环唑水分散粒剂2500～3000倍液、50%甲基硫菌灵可湿性粉剂500～1000倍液、43%戊唑醇悬浮剂3000倍液、70%代森联干悬浮剂600倍液、6%氯苯嘧啶醇可湿性粉剂1500倍液、25%嘧菌酯悬浮剂1500倍液、50%醚菌酯水分散粒剂2000～3000倍液、25%吡唑醚菌酯乳油2000～3000倍液、75%百菌清可湿性粉剂600倍液、62.25%腈菌·锰锌可湿性粉剂600倍液、40%氟硅唑乳油8000～10000倍液、25%腈菌唑乳油500～600倍液、30%氟菌唑可湿性粉剂1500～2000倍液、50%嗪胺灵乳油500～600倍液、25%丙环唑乳油3000倍液等喷雾防治，或直接喷撒颗粒细的硫黄粉（气温24℃以上）。严重时成株期用25%苯甲·丙环唑乳油3000倍液等喷雾防治。用药时，以上各类药剂可轮换使用，防止产生耐药性。7～10天喷一次，连续喷洒2～3次。喷雾叶要将药剂喷在叶的背面。在使用内吸剂的时候要注意病菌的耐药性。在甲基硫菌灵效果不好的地方，可换用氟硅唑，氟硅唑效果不好的地方，可用苯醚甲环唑和腈菌唑。邻近采收的地方可用武夷菌素。

8. 白绢病（彩图 25）

将带菌表层土翻入 15 厘米深以下，结合翻耕，每亩撒施石灰 100 千克，调节土壤酸度，可抑菌防病。及时拔除病株烧毁或深埋，病穴撒石灰消毒。用培养好的木霉菌在发病前拌土或制成菌土撒施均可，每亩用菌 1 千克，用菌量约占菌土的 0.3%～1.2%，防效可达 70%以上。发病初期用敌磺钠 300 倍液灌蔸，或用 25%三唑酮可湿性粉剂拌细土（1∶200）撒施于茎基部。植株蔸部撒石灰有一定防效。用 40%氟硅唑乳油 7500 倍液＋50%氯溴异氰脲酸可溶性粉剂 600 倍液喷雾。还可用 50%代森铵可湿性粉剂 800 倍液，或 25%三唑酮可湿性粉剂 2000 倍液、20%甲基立枯磷乳油 1000 倍液、70%代森锰锌可湿性粉剂 600 倍液等喷雾或灌根，灌根时，每穴用药液 250 毫升，10～15 天一次，连续防治 2～3 次。

9. 病毒病（彩图 26）

严防棚内白粉虱、蚜虫等刺吸式口器昆虫传播。对于常年病毒病高发区，可采用如下的保守防治方法，20%盐酸吗啉胍·铜或盐酸吗啉胍可湿性粉剂 400～500 倍液于发病初期使用，7 天一次，共 3 次；在 2～3 叶期，移栽前 7 天，缓苗后 7 天各用 10%混合脂肪酸水剂 100 倍液可增强免疫能力；定植后、初果期、盛果期早晚各用植物病毒钝化剂“912”每亩用 1 袋（75 克）药粉，加入少量温水调成糊状，用 1 千克 100℃开水浸泡 12 小时以上，充分搅拌，晾后兑水 15 千克；也可用 0.5%菇类蛋白多糖水剂 200～300 倍液，从苗期开始 7 天一次，共 4～5 次；或用 5%菌毒清水剂 200～300 倍液，发病初期 7 天一次，共 3 次。发病初期，可用 0.1%高锰酸钾或 20 毫克/千克萘乙酸或 1%过磷酸钙对花叶病毒有一定的防效。

10. 软腐病（彩图 27）

可在雨前雨后及时喷洒药剂，可选用 72%硫酸链霉素可溶性粉剂 4000 倍液，或新植霉素 4000 倍液、50%代森铵水剂 600～800 倍液、70%琥·乙膦铝可湿性粉剂 2500 倍液、50%敌磺钠原粉

500～1000倍液、50％琥胶肥酸铜可湿性粉剂500倍液、77％氢氧化铜可湿性粉剂500倍液、78％波·锰锌可湿性粉剂500倍液、50％氯溴异氰尿素可溶性粉剂1200倍液、14％络氨铜水剂300倍液等喷雾防治，6～7天一次，连喷3～4次，注意药剂交替使用。40万单位青霉素钾盐对水稀释成5000倍液也有效。最好喷用硫酸链霉素200毫克/千克＋37.5％氢氧化铜悬浮剂750倍液。严重时则喷用88％水合霉素可溶性粉剂1500倍液＋25％氯溴异氰脲酸600倍液。

11. 枯萎病（彩图28）

一是对大田进行土壤消毒，每平方米用甲醛30毫升配成100倍液喷洒在土壤中，扣膜7天，然后放风14天，深翻土壤，使土壤中气体充分散尽后育苗或定植；也可用50％多菌灵可湿性粉剂与98％棉隆微粒剂1∶1混合，每平方米用18～20克拌适量干细土配成药土后施入土中，覆盖薄膜密封20天以上，然后揭膜散气15天后播种；还可每亩均匀撒施腐熟粪肥2500千克、石灰氮25～50千克，翻耕后，保持土壤含水量在70％以上，然后用农膜密闭覆盖10～15天，覆盖时间越长效果越佳。揭膜后放风10天，待土壤晾干后方可使用。二是可使用生物防治，每亩用10亿个/克枯草芽孢杆菌可湿性粉剂200～300克灌根处理发病植株；或用哈茨木霉菌与米糠按1∶12.5混合后在苗期定植时蘸根，每亩用1千克，可有效防治辣椒枯萎病。混合使用荧光假单胞杆菌、解淀粉芽孢杆菌与脱乙酰壳多糖也能较好地防治辣椒枯萎病。三是采用化学防治，定植前用敌磺钠可湿性粉剂1000倍液进行土壤消毒。移栽时用敌磺钠可湿性粉剂800倍液或抗枯灵可湿性粉剂600倍液、97％恶霉灵原粉3000倍液浸根10～15分钟后移栽。发病初期，可选用50％多菌灵可湿性粉剂500倍液，或25％咪鲜胺乳油2000倍液、3.2％恶霉灵·甲霜灵水剂600倍液、12％松脂酸铜乳油500倍液、72％霜霉威水剂600倍液、50％抗枯灵可湿性粉剂1000倍液、40％多·硫悬浮剂600倍液、47％春雷·王铜可湿性粉剂600～800倍液、50％琥胶肥酸铜可湿性粉剂400倍液等喷雾，连续2～3次。

也可以用50%多菌灵可湿性粉剂500倍液，或14%络氨铜水剂300倍液、10%混合氨基酸铜水剂200倍液灌根，每株50～100毫升，连续灌3次。

12. 根腐病（彩图29）

定植时用95%恶霉灵可湿性粉剂300倍液，或25.9%锌·柠·络氨铜水剂500倍液浸根10～15分钟。定植后结合浇水每亩施入硫酸铜1.5～2千克，可减轻发病。定植缓苗后，开始浇灌第一次药（不管田中是否发病），每株250毫升，每天浇灌一次，连续浇灌3次。可选用50%多菌灵可湿性粉剂600倍液，或50%甲基硫菌灵可湿性粉剂500倍液、50%琥胶肥酸铜可湿性粉剂400倍液、47%春雷·王铜可湿性粉剂600～800倍液、95%恶霉灵可湿性粉剂3000倍液、20%二氯异氰尿酸悬浮剂300～400倍液等进行喷淋或灌根。由于是根腐病土传病害，一定要提前浇灌药液预防病害的发生。如发病后再施药，效果甚微。

13. 青枯病（彩图30）

实行轮作，酸性土壤每亩施100～150千克石灰或草木灰调节酸度；及时拔除病株，并向病穴及周围土壤里灌20%甲醛液，或灌20%石灰水消毒，同时停止灌水，多雨时或灌溉前撒消石灰也可。发病前，预防性喷淋50%琥胶肥酸铜可湿性粉剂500倍液，或14%络氨铜水剂300倍液、0.02%硫酸链霉素加0.3%高锰酸钾、5%井冈霉素水剂1000倍液、77%氢氧化铜可湿性粉剂500倍液、27.12%碱式硫酸铜悬浮剂800倍液、50%代森铵水剂1000倍液等，7～10天一次，连续3～4次。也可用50%敌枯双可湿性粉剂800倍液，或12%松脂酸铜乳油1000倍液灌根。每株300～500毫升，10天一次，共2～3次。

14. 疮痂病（彩图31）

发病初期，可选用77%氢氧化铜可湿性粉剂500倍液，或新植霉素4000～5000倍液、72%硫酸链霉素可溶性粉剂4000倍液、2%多抗霉素可湿性粉剂800倍液、78%波·锰锌可湿性粉剂500倍液、47%春雷·五铜可湿性粉剂800倍液、60%琥·乙膦铝可湿性粉剂500倍液、65%代森锌可湿性粉剂500倍液、27.12%碱式硫酸铜悬浮剂800倍液、14%络氨铜水剂300倍液、50%琥胶肥酸铜可湿性粉剂400～500倍液等喷雾防治，7～10天一次，共2～3次，注意药剂要轮换使用。每亩用硫酸铜3～4千克撒施浇水处理土壤可以预防疮痂病。用辣椒植宝素，每包粉剂兑水15千克喷雾，有防病增产效果。

用37.5%氢氧化铜（杜邦泉程）750倍液＋硫酸链霉素200毫克/千克，或20.67%恶酮·氟硅唑乳油1500倍液＋25%氯溴异氰脲酸600倍混合液喷雾，有很好的防治效果。还可用750倍的三氯异氰尿酸粉剂加磷酸二氢钾喷施叶片，有较好的防治效果。

15. 蚜虫（彩图32）

利用蚜虫对黄色有较强趋性的原理，在田间设置黄板，上涂机油或其他黏性剂诱杀蚜虫。还可利用蚜虫对银灰色有负趋性的原理，在田间悬挂或覆盖银灰膜，每亩用膜5千克。在大棚周围挂银灰色薄膜条（10～15厘米宽），每亩用膜1.5千克。可驱避蚜虫。也可用银灰色遮阳网、防虫网覆盖栽培。选择有触杀、内吸、熏蒸作用的药剂。在桃蚜发生期，可选用1.1%百部·楝·烟乳油1000倍液，或5%顺式氯氰菊酯乳油10000倍液、20%吡虫啉浓溶剂5000倍液、20%苦参碱可湿性粉剂2000倍液、20%氰戊菊酯乳油3000倍液、10%氯氰菊酯乳油2000倍液等喷雾防治。喷雾时，喷头应向上，重点喷施叶片反面。空气相对湿度低时，要加大喷液量。

16. 白粉虱（彩图33）

一是熏杀，扣棚后将棚的门、窗全部密闭，每亩用35%吡虫啉烟雾剂，或17%敌敌畏烟雾剂340～400克，或3%高效氯氰菊酯烟雾剂250～350克，或用20%异丙威烟雾剂200～300克，熏蒸大棚，消灭迁入温棚内越冬的成虫。

二是喷雾，当被害植物叶片背面平均有10头成虫时，进行喷雾防治。选用99%矿物油乳油200～300倍液，或0.3%印楝素乳油 1000 倍液、23%啶虫脒乳油 1500～2000 倍液、25%吡蚜酮悬浮剂 2500～4000 倍液、25%噻嗪酮可湿性粉剂 2500 倍液、10%吡虫啉可湿性粉剂 1000 倍液、48%毒死蜱乳油 3000 倍液、1.8%阿维菌素乳油 2000 倍液、1%甲维盐乳油 2000 倍液、5%噻虫嗪水分散粒剂 3000～4000 倍液、25%噻虫嗪水分散粒剂 3000 倍液＋2.5%高效氯氟氰菊酯水乳剂 1500 倍液混用。叶片正反两面均匀喷雾。由于白粉虱世代重叠，在同一时间同一作物上存在各虫态，而当前药剂没有对所有虫态皆有效的种类，所以采用药剂防治法，必须连续几次用药。白粉虱繁殖迅速易于传播，在一个地区范围内采取联防联治，以提高防治效果。

17. 烟青虫和棉铃虫（彩图 34、彩图 35）

二代棉铃虫卵高峰后 3～4 天及 6～8 天，连续两次喷洒细菌杀虫剂（BT 乳剂、HD-1 等苏云金芽孢杆菌制剂）或棉铃虫核型多角体病毒，可使幼虫大量染病死亡。当虫蛀果率达到 2%以上时，可选用 5%S-氰戊菊酯可湿性粉剂 3000 倍液，或 1.8%阿维菌素乳油 1000 倍液、2.5%氯氟氰菊酯乳油 2000～3000 倍液、5%氟啶脲或 5%氟虫脲乳油 1000 倍液、15%茚虫威悬浮剂 3500～4000 倍液、24%甲氧虫酰肼悬浮剂 2000 倍液、2.5%联苯菊酯乳油 3000 倍液、48%毒死蜱乳油 1500 倍液、50%辛硫磷乳油 1000 倍液等喷雾，每季菜各药剂最多只宜施用 2 次。最好交替使用生物农药和化学农药进行防治。注意农药使用安全间隔期。如果待 3 龄后幼虫已蛀入果内，施药效果则很差。

18. 甜菜夜蛾和斜纹夜蛾（彩图 36、彩图 37）

在成虫始盛期，在大田设置黑光灯、高压汞灯及频振式杀虫灯诱杀成虫，同时利用性诱剂诱杀成虫。用 5%氟啶脲乳油 1500～3000 倍液，或 1.8%阿维菌素乳油 2000～3000 倍液等生物农药对甜菜夜蛾具有理想的防治效果。幼虫孵化盛期，于上午 8 时前或下午 6 时后，或选用 5%增效氯氰菊酯乳油 1000～2000 倍液与菊酯伴侣 500 倍混合液，或 2.5%高效氟氯氰菊酯乳油 1000 倍液加氟虫脲乳油 500 倍混合液，或 5%高效氯氰菊酯乳油 1000 倍液加 5%

氟虫脲可分散液剂500倍混合液，或10%虫螨腈悬浮剂1000倍液、24%甲氧虫酰肼悬浮剂2000倍液、15%茚虫威悬浮剂3500～4000倍液等喷雾防治。施药时间应选择在清晨最佳。

19. 茶黄螨（彩图38）

在点、片发生期及时防治，可选用5%氟虫脲乳油1000～2000倍液，或15%哒螨灵乳油1500倍液、9.5%喹螨醚乳油2000～3000倍液、1%阿维菌素乳油800～1000倍液、73%炔螨特乳油1500倍液、5%噻螨酮乳油2000倍液等喷雾。重点喷植株上部嫩叶背面、嫩茎、花器、生长点及幼果等部位，尤其是顶端几片嫩叶的背面，一般隔10～14天喷一次，连喷3次，并注意交替用药。

第二节　番茄大棚栽培技术

一、番茄大棚早春栽培技术

番茄大棚早春栽培（彩图39），是利用11月播种育苗，翌年采用大棚套地膜的一种栽培方式，可达到提早播种、提早上市的目的，效益较好。

1. 品种选择

应选用耐低温、耐弱光，对高湿度适应性强，分枝性弱，抗病性强（对叶霉病、灰霉病及早疫病、晚疫病有较强抗性），早熟丰产，品质佳，符合市场需求的品种。

2. 播种育苗

可采用营养土或营养钵、泥炭营养块、穴盘等方法播种育苗。

（1）营养土育苗技术

①播期确定　番茄育苗天数不宜过长，南方60～80天可育成带大花蕾适于定植的秧苗。各地应从适宜定植期起，按育苗天数往前推算适宜的播种期。越冬冷床育苗一般在11月上中旬播种，如

采用电热育苗可在12月中、下旬播种，于2月中下旬定植大棚，元月上中旬可采用大棚温床育苗，秧苗供3月中下旬地膜或露地定植。

② 浸种催芽

a. 种子消毒：一般不用温汤浸种和热水烫种法，以药剂消毒为主。先用清水浸种3～4小时，漂出瘪种子，再进行消毒处理。药剂消毒可采取粉剂干拌法或药液浸泡消毒法。用甲醛100倍液浸20分钟后捞出，密闭2～3小时，用清水洗净，可预防早疫病。若用10%磷酸三钠和2%氢氧化钠水溶液浸种20分钟后取出，用清水洗净，可预防病毒病。

b. 浸种催芽：种子经药液浸种消毒后用20～30℃清水浸种5～6小时（粉剂干拌消毒后不能再浸种）。出水后晾干表面浮水，在25～28℃温度下催芽，隔4～5小时翻动一次，每天中午用温水淘洗一次，为增强抗寒性，可在极个别种子破嘴时即停止催芽，转入0℃左右低温下锻炼5～6小时，再逐渐升温至催芽的适宜温度，70%种子出芽可播。

③ 苗床播种

a. 床土消毒：营养土的配制，由腐熟堆肥7份与肥沃园土3份，经混合后过筛，每100千克营养土中加入硫酸铵0.1千克、过磷酸钙0.4千克、草木灰1.5千克，充分混匀。

b. 播种：将刚露白的种子拌细砂或细土，均匀撒播在床面上，播种后覆盖厚约1厘米细土，覆土后床面喷洒乐果、敌敌畏等杀虫农药，防治地下害虫。用营养钵育苗的，装入营养土的钵依次排紧放入床内，在播种的前一天将排好的营养钵的育苗畦浇透水，浇水量以漫过营养钵2～3厘米为宜。第二天趁湿播入发芽种子2～3粒，用消毒细土盖没，接着撒土填满钵间空隙，喷一层薄水。用药土播种的底水要大些。每平方米播种8～10克为宜，每亩大田用种量50克左右。播后盖地膜保温保湿，然后再在苗畦上插上弓子，盖上拱棚膜，晚上加盖草苫或保温被。

④ 苗期管理

a. 出苗前：播种后要盖严棚膜，不要通风，保持白天25～

26℃，夜间20℃左右。幼芽70%～80%拱土时撤掉塌地膜受光，拱土前一般不浇水，撤地膜后盖土易干燥，可少量喷水，把盖土湿透。

b. 出苗至破心期：经常擦拭透明覆盖物，尽量多见光，间拔过密苗，出现戴帽时可在傍晚盖棚前用喷雾器把种壳喷湿，可自动脱帽，或喷湿后人为帮助摘帽，不能干摘帽。若因覆土过薄出现顶壳，应立即再覆土一次。控制白天气温16～18℃，夜间10～15℃。地床播种，一般不浇水。育苗盘播种，床土易干燥，应当在子叶尖端稍上卷时喷透水。注意防止低温多湿，必要时应加温。

c. 破心至分苗期：改善苗床光照，提高床温，水分以半干半湿为宜，育苗盘播种浇水次数要多些。白天气温超过30℃时应在中午前后短期放风，降温排湿。如床土养分不够，可结合浇水喷施0.1%复合肥液。

d. 分苗：2～3片真叶前，选冷尾暖头晴天分苗，以容器分苗最好。密度10厘米×10厘米。深度以子叶露出土面为度。及时浇定根水。

e. 分苗床管理：分苗后3～5天要闷棚不通风促缓苗，晴天还应盖遮阳网，保持高温高湿促缓苗，白天地温20～22℃，夜间18～20℃，白天气温24～30℃，夜间16～20℃，遇寒潮侵袭时应加强保温和加温，可在大棚内套小拱棚，小拱上加盖草帘等防寒，可用地热线加温，注意不可用煤火或木炭加温。

缓苗后苗床气温、地温应比缓苗期降低3～4℃，但夜间气温不能低于10℃。4～5片真叶时易徒长，容器育苗时应及时拉开苗钵的距离进行排稀，使秧苗充分受光。对已发生徒长的幼苗可用50毫克/千克矮壮素喷洒。保持床土表干下湿。秧苗迅速生长期至秧苗锻炼前应注意追肥，可叶面喷施0.3%尿素+0.1%磷酸二氢钾混合液，隔7～10天喷一次，共2～3次，及时揭盖保温覆盖物，逐渐加大白天通风量，降温排湿，既使是阴天也要在中午透气1～2小时。

定植前5～7天炼苗，逐渐加大白天通风量，至昼夜通风，在不发生冻害的前提下，可以昼夜去掉覆盖物，控制浇水使床土露白。

（2）泥炭营养块育苗技术　泥炭营养块是由草炭、蛭石等基础原料添加缓释肥料、处理后的农业残渣和特定的辅助剂制成的育苗块，具有营养元素全面、无病菌虫卵、操作简便、节约用种、定植后缓苗快、成活率高等优点，是营养钵育苗的替代品。

① 育苗块选择　辣椒等茄果类蔬菜育苗适宜选择圆形小孔 40 克育苗块；瓜类育苗适宜选择圆形大孔 40 克育苗块；长苗龄蔬菜育苗可选择圆形单孔 50 克育苗块；嫁接苗可选择圆形双孔 60 克育苗块。

② 苗床准备　应选择地势平坦、通风向阳的设施作苗床。在育苗温室中做成 1～1.2 米宽、0.1 米深的苗床，将苗床底部整平、压实后备用。在苗床底部平铺一层塑料薄膜或防虫网，减少幼苗根系下扎及病虫害的蔓延。有条件的地方可在苗床上铺厚 1～2 厘米的消毒土，起到冬季减少浇水次数，提高苗床温度；夏季降低苗床温度，避免高温灼伤的缓冲作用。

③ 种子准备　播前将种子晾晒 2 天，按常规方法提前 1～2 天消毒、浸种、催芽，种子露白待播。

④ 摆块　在畦面的农膜上，按播种的数量整齐摆放育苗营养块，摆块时，块体间距根据育苗季节、作物种类、苗龄长短而定。摆块间距一般为 1～1.5 厘米较为适宜，低温季节育苗和一次性育成苗的，块体间距应稀些，膨胀后不少于 1 厘米为宜；高温季节育苗和苗龄短的，块体间距应密些，膨胀后不少于 0.5 厘米为宜。

⑤ 胀块检查　胀块是使用营养块最关键的操作规程，应掌握：一喷、二灌、三再喷的原则。一喷就是先对摆放好的营养块自上而下雾状喷水 1～2 次，使块体有一个全面湿润过程，以引发大量吸水。二灌就是用小水流从苗床边缘灌水到淹没块体，水吸干后再灌一次，直到营养块完全疏松膨胀（用细铁丝或牙签扎无硬芯）而苗床无积水。一般每 100 块吸水 7～7.5 千克。涨块过程中应小水慢灌，地膜上不要过多积水，如膜上还有多余积水，可在膜上打孔放掉，不要移动或按压营养块，以免散块。营养块涨好后苗床内应无积水，块体保持形状完整。三再喷就是灌水 12～24 小时后，播种

前再对胀好的营养块雾状喷水一次。

⑥ 播种覆土　冬春季节选择晴天上午进行播种，高温季节选择下午播种。播种时，先对灌水后隔夜的块体喷水一次，再将种子平放于种孔内。以无菌的沙壤土或蛭石覆盖，覆土厚度根据种子大小，约为1厘米。同时在苗床附近撒播一定量种子以备补苗，然后在营养块上面覆盖地膜保温保湿，并可扣小拱棚，促进种子萌发。

⑦ 秧苗管理　籽苗期管理，应注意60%～70%种子出土时要及时撤除营养块上面覆盖的地膜（或遮阳网）。播种至出齐苗，采用接近适宜温度上限和充足的水分管理，实现快出苗、出齐苗，缺水时采用小水流从苗床边缘缓慢灌水，使水分自下而上渗入块体，不要大水漫过块体。也可以用雾化好的喷头喷水，切忌用大孔喷壶喷水，防止冲散营养块。注意苗床不能有积水。由于营养块在制作时已经加入了有机无机肥料，可不必浇灌营养液。为了使秧苗生长一致，当瓜类蔬菜长到2片真叶、茄果类蔬菜长到3～4片真叶时进行倒苗，使秧苗生长一致。

成苗期管理，采取控温不控水的措施，保持营养块见干见湿，浇水方法与籽苗期相同。根据秧苗生长状况进行倒苗，适当加大苗间距离。出齐苗至茄果类蔬菜初生真叶显露、瓜类蔬菜子叶展平低于适温2～3℃，适当控水，以防徒长。此后至定植前7～10天适温管理，间干间湿，促进生长。

炼苗期管理，定植前1周进行炼苗，冬春季逐渐降低室内温度，停止浇水。

⑧ 适龄壮苗　根系布满营养块、白色根尖稍外露时要及时定植（彩图40），防止根系老化。

⑨ 带基定植　秧苗运输可选用塑料筐，将秧苗直立码放在塑料筐中，塑料筐高度应高于秧苗。码放秧苗时应轻拿轻放，避免散坨。冬春季节在晴天上午，带基移栽于定植沟内，块体不要露出地面，上面至少盖土1～2厘米。定植后一定要浇一次透水，利于根系下扎，正常管理无缓苗期。

（3） 穴盘育苗技术

种植大户或蔬菜合作社一般采用穴盘育苗。

① 基质准备　基质材料的配制比例为草炭∶蛭石＝2∶1。覆盖可用基质或蛭石。基肥施用量为：每立方米基质中加入15-15-15氮磷钾三元复合肥2.5千克，或每立方米基质中加入复合肥0.75千克和烘干鸡粪3千克（或者腐熟羊粪4千克）。基质与肥料要充分搅拌混合均匀后过筛装盘。穴盘通常选用72孔规格。

② 播种催芽　播前最好对种子进行发芽率检测。选择种子发芽率高于90%以上的籽粒饱满、发芽整齐一致的种子。采取机械化播种方法，需要选用丸粒化种子。人工播种则需要精细，做到每穴1粒。基质装盘后打孔，播种深度为1厘米左右，然后覆盖和浇水。此次浇水一定要浇透，要看到穴盘底部的穴孔中有水滴流出为止。将播种盘放入育苗温室中，为了保持湿度可以在穴盘表面覆盖地膜，但要在30%～40%的种子萌发出土时及时除去，以免灼伤幼苗。

③ 育苗管理　子叶展开至2叶1心期的水分管理：基质中有效水含量为持水量的65%～70%，3叶1心以后水分含量为60%～65%。番茄幼苗在水肥充足时生长很快，所以不必浇水太勤，但宜浇匀浇透（浇水不匀会使幼苗生长不齐），浇水后应加大通风。2叶1心前的温度管理以日温25℃、夜温16～18℃为宜。2叶1心后夜温可降至13℃左右，但不要低于10℃。白天酌情通风，降低空气相对湿度。苗子3叶1心后每7～10天进行2～3次营养液追肥。补苗要在1～2片真叶展开时抓紧补齐。病虫害防治主要是猝倒病、立枯病、早疫病、病毒病、蚜虫和白粉虱。

3. 整地施肥

整土前对棚架进行检查修整，扣好大棚膜，清理好棚周围的沟渠，确保排水畅通。于前作收获后及时清除前茬的残枝败叶和残留地膜，土壤翻耕前每亩撒施生石灰150～200千克，提高土壤pH，使青枯病失去繁殖的酸性环境。土壤翻耕后，每亩施入腐熟人畜粪3000千克（或农家肥4000～5000千克，或商品有机肥500～600千克）、腐熟饼肥100～200千克、三元复合肥30～50千克（或氮肥10～15千克、磷肥15～20千克、钾肥15～18千克），硫酸钾

1～2千克，硼酸或硼砂0.5千克，采用全耕作层施用的方法，即肥与畦土充分混合。土壤翻耕施肥后，立即整地做畦，畦宽1米，畦沟宽0.5米，畦高25～30厘米，畦面平整，略呈龟背形，在畦中间开一条宽15～20厘米、深10～15厘米的小沟，在小沟内铺设膜下喷灌带，然后用160～180厘米的黑色防草地膜把沟和畦一起盖严。整地施肥工作应于移栽前15天完成，有利于提高地温，利于定植后缓苗。

4. 及时定植

番茄大苗越冬后，根据天气情况，结合栽培设施确定，如果大棚内加盖小拱棚则1月底2月初定植，大棚内不加盖小拱棚，2月中下旬抢晴天定植，每畦栽两行，株行距25厘米×50厘米，每亩栽2000～2200株。定植时，去掉营养钵，栽植深度以苗子的土坨低于地表面1～2厘米为宜，不要栽得过深，每蔸撒入1：1500的五氯硝基苯药土50克，定植后浇75%百菌清可湿性粉剂600～800倍溶液作定根水，并用土杂肥封严定植孔。然后插弓子盖小拱棚。

5. 田间管理

① 温湿度调节　缓苗期，白天适宜温度最好达25～28℃，夜间15～17℃，地温18～20℃。定植后3～4天内一般不通风。为保持较高的夜温，遇寒冷天气，加盖草帘、塑膜等多层保温，有地热线的，可进行通电加温，维持土温15℃。

缓苗后，开始通风降温，随气温升高，加大通风量。白天控制在20～25℃，夜间13～15℃。开花结果初期，白天23～25℃，夜间15～17℃。空气相对湿度60%～65%，低温阴雨天气，可于上午通电加温2～3小时，维持地温8～10℃以上。

盛果期，加大通风量，保持白天25～26℃，夜间15～17℃，地温20℃左右，空气相对湿度45%～55%。4月气温上升，外界最低气温超过15℃，可把四周边膜或边窗全部掀开，阴天也要进行放风。到5月下旬至6月上旬后，随着外界气温升高，可把棚膜全部撤除。

② 肥水管理　通过灌水与控水维持土壤湿度，缓苗期65%～75%，营养生长到结果初期80%，盛果期可达90%。缓苗期一般不追肥，也可视生长情况轻施一次速效肥。

待第一批果的直径长到3厘米时结合浇水追施催果肥，每亩追施人粪尿500～1000千克，或者尿素7～9千克，硫酸钾5～6千克，或者硫酸钾型复合肥10～15千克，并注意经常增施二氧化碳气肥。

番茄进入盛果期后，第一穗果即将采收，第二、第三穗果很快膨大时，果实旺盛生长，植株需要的养分量迅速增加，应及时追肥。此时气温较高，以不施人粪尿为好。一般需追肥2～3次，每亩追施尿素7～9千克，硫酸钾6～8千克，或者硫酸钾型复合肥15～20千克。

番茄盛果期后期，根系的吸肥能力下降，此时可结合喷药进行叶面追肥，选择在晴天傍晚进行，用0.3%～0.5%尿素液、0.5%～1%磷酸二氢钾液，缺钙时混入0.3%～1%硝酸钙溶液，混合喷施2～3次，每次每亩喷施50～70千克。叶面追肥省工省力，效果明显，可以保持番茄植株健壮，延缓衰老，提高果实品质和产量。

定植时浇定根水，土温低不宜过量。缓苗后，视情况浇1～2次提苗水。始花到开始坐果，地不干不浇水。盛果期后再浇2～3次壮果水。灌水宜于上午进行，忌大水漫灌。灌水后应加强通风，后期高温，应保持土壤湿润。

③ 植株调整　缓苗后进入旺盛生长时要及时插架，方式选用单立架或篱笆架。3月中旬开始整枝，整枝宜采用单杆整枝法，只留主杆，所有侧枝全部摘除，每株留3～4穗果，也可每株除主干外，还保留第一花序下的第一侧枝，此侧枝仅留1穗果后即摘心。摘芽宜在侧芽长6～10厘米时选晴天中午进行。摘叶是摘去第一穗果以下的衰老病叶。早熟品种单杆整枝，留2～3穗果，晚熟品种留5穗果后摘心，注意果穗上方留2片叶。

④ 保花保果　开花结果期易落花落果。可使用调节剂如2,4-D、对氯苯氧乙酸等处理花朵提高番茄坐果率。2,4-D处理浓度10～20毫克/千克，前期温度低时可选用15～20毫克/千克，中后

期 10～15 毫克/千克，可采用喷雾法，用小喷雾器喷到花朵上，但要用遮盖物挡住植株，或者蘸点法，用毛笔或棉球蘸药液在每朵花的柱头和花柄上，或者浸花法，将药液放在容器中，把番茄花逐朵浸入药液，处理时机应在晴天上午选择即将开放或正在开放而尚未授粉的花朵处理。对氯苯氧乙酸处理浓度为 20～50 毫克/千克，气温低时适当偏高，反之偏低，当每一花序上有 3～4 朵花盛开时处理，每朵花处理一次即可，一般 4～5 天处理一次，气温较高一个花序喷一次，处理时要对准应该处理的花朵进行喷射。

⑤ 催熟　在番茄着色期（彩图 41）应用乙烯利促进果实成熟。可用浸果法，即在果肩开始转色时采收后，用 2000～3000 毫克/千克乙烯利进行浸果 1～2 分钟，浸后沥干，放入 20～25℃温度下，约经 5～7 天可转红。也可采用植株喷雾法，约在采收前半个月，第一、第二穗果进入转色期时，喷洒 500～1000 毫克/千克乙烯利一次，间隔 7 天后再喷一次，提早 6～8 天成熟。

6. 及时采收

采收前 7～10 天，在田间用 25%多菌灵可湿性粉剂 500 倍液加 40%乙膦铝可湿性粉剂 250 倍液（简称多•乙合剂）喷施一次防病。一般在晴天上午气温不太高时采收，雨后或果实表面水分未干时不要立即采收。用于贮藏或长距离运输的番茄应在绿熟期至微熟期采收，绿熟期果实已充分长大，内部果肉已变黄，外部果皮泛白，果实坚硬，微熟期果实表面开始转色，顶部微红，又称顶红果。

二、 番茄大棚秋延后栽培技术

大棚番茄秋延后栽培，生育前期高温多雨，病毒病等病害较重，生育后期温度逐渐下降，又需要防寒保温，防止冻害。由于秋延后大棚番茄品质好，上市期正处于茄果类蔬菜的淡季，市场销售前景好，经济效益高。

1. 品种选择

选择抗病毒能力强、耐高温、耐贮、抗寒的中、早熟品种。

2. 培育壮苗

一般采用营养土遮阴育苗。

① 种子处理　先用清水浸种 3～4 小时，漂出瘪种子，再用10%磷酸三钠或2%氢氧化钠水溶液浸种 20 分钟后取出，用清水洗净，浸种催芽 24 小时。

② 苗床准备　选择两年内没有种过茄果类蔬菜、地势高燥、排水良好的地块作苗床。畦宽 1.2 米，耙平整细，铺上已沤制好的营养土 5 厘米。播前 15 天用 100 倍甲醛液喷洒土壤，密闭 2～3 天后，待 5～7 天药气散尽后播种。播前浇足底水。

③ 适时播种　应根据当地早霜来临时间确定播期，不宜过早过迟，过早正值高温季节，易诱发病毒病，过迟则由于气温下降，果实不能正常成熟，一般在 7 月中旬播种为宜。每亩栽培田用种 40～50 克。

④ 苗床管理　播种后，在苗床上覆盖银灰色的遮阳网，出苗后每隔 7 天喷施 40%乐果乳油 800 倍药液防治蚜虫。1～2 片真叶时，趁阴天或傍晚，选择在覆盖银灰色遮阳网的大棚内排苗。最好排在营养钵中。排苗床要铺放消毒后的营养土，苗距 10 厘米×10 厘米。及时浇水。高温季节若幼苗徒长，可从幼苗 2 叶 1 心期开始到第一花序开花前喷 100～150 毫克/千克的矮壮素 2 次。

有条件的种植大户或蔬菜种植专业合作社，可采用泥炭营养块或穴盘育苗。

3. 定植

① 整地施肥　选择阳光充足、通风排水良好、两年内没种过茄果类蔬菜的大棚。定植地附近不要栽培秋黄瓜和秋菜豆，避免互相感染病毒。对连作地，清茬后应及时深耕晒土，在 6～7 月用水浸泡 7～10 天，水干后按每亩施 100～200 千克生石灰与土壤拌匀后做畦，并用地膜全部覆盖，高温消毒。每亩施腐熟有机肥4000～5000 千克，复合肥 30～50 千克或饼肥 200～300 千克，深施在定植行的土壤深处。高畦深沟，畦宽 1.1 米，棚外沟深 35 厘米以上。

② 及时定植　苗龄 25 天左右，3～4 片真叶时，选择阴天或傍

晚定植，南方一般在8月下旬至9月初，北方稍早。及时淋定根水，4～5天后浇缓苗水。

③ 定植密度　有限生长类型的早熟品种或单株仅留2层果穗的品种，每亩栽5000～5500株，单株留3层果穗的无限生长类型的中熟品种，每亩栽4500株。每畦种两行，株距15～25厘米。苗要栽深一些。

4. 田间管理

① 遮阴防雨　定植后，在大棚上盖上银灰色的遮阳网，早揭晚盖，盖了棚膜的应将大棚四周塑料薄膜全部掀开，棚内温度白天不高于30℃，夜间不高于20℃。有条件的最好畦面盖草降低地温。

② 肥水管理　在施足基肥的前提下，定植后至坐果前应控制浇水，土壤不过干不浇水，看苗追肥，除植株明显表现缺肥外，一般情况下只施一次清淡的粪水作“催苗肥”，严禁重施氮肥。果实长至直径3厘米大小时，若肥水不足，应重施一次30%的腐熟人粪水。采收后看苗及时追肥。追肥最好在晴天下午，可叶面喷施0.2%～0.5%的磷酸二氢钾+0.2%的尿素混合液。灌水时不要漫过畦面，最好不要大水漫灌，灌水宜在下午进行，若能采用滴灌和棚顶微喷则更好，秋涝时应及时排水。

③ 保花保果　开花坐果正值高温，易落花落果，可用10毫克/千克的2,4-D或20～25毫克/千克的对氯苯氧乙酸钠蘸花或喷花，每朵花蘸一次，每花序喷一次。坐果后，每穗果留3～4个果后其余疏去。

④ 植株调整　定植成活后，结合浇水用300毫克/千克矮壮素浇根2～3次防徒长，每次间隔15天左右。边生长边搭架，防倒伏。发现病株要及时拔除，发病处要用生石灰消毒。及时摘除植株下部的老叶、病叶。采用单干整枝，如密度不足5000株，可保留第一花序下的第一侧枝，坐住一穗果以后，在其果穗上留1～2叶摘除。侧芽3.3～6.7厘米长时及时抹除。主枝坐住2～3穗果后，在最上一穗果上留2～3叶后摘心。

⑤ 保温防冻　当外界气温下降到15℃以下时，夜间及时盖棚

保温，白天适当通风，11 月上中旬要套小棚，12 月以后遇寒潮还要加二道膜或草帘，保持棚内白天温度 20℃，夜间 10℃以上。棚内气温低于 5℃时，及时采收、贮藏。

三、 早春大棚番茄开始的几种茬口安排模式

1. 早春大棚番茄—套种豇豆—套种箭杆白—箭杆白

早春大棚番茄，11 月中下旬育苗，2 月上旬定植。豇豆 5 月中旬播种，套（直）播于番茄植株旁，7 月上旬开始采收，第一茬箭杆白 8 月上旬播种早熟品种，套（直）播于豇豆行间，9 月收获完毕，第二茬 9 月下旬播晚熟品种，11 月上旬开始采收。

2. 早春大棚番茄—草莓

早春大棚番茄，选用红富、斯诺克等品种，11 月下旬育苗，翌年 2 月下旬定植，4 月下旬开始采收，8 月上旬收完。草莓，选用红颜、法兰地等品种，8 月下旬定植，11 月中旬开始采收，第三年 2 月下旬采收完。

3. 早春大棚番茄—夏丝瓜/叶菜—秋莴笋

早春大棚番茄，12 月中下旬采用地热线播种育苗，翌年 2 月中下旬大棚套地膜覆盖栽培定植，行距 60 厘米，株距 50 厘米，5 月上旬上市，6 月中下旬采收结束。夏丝瓜，选用耐热、早熟、丰产品种，于 3 月中旬采用大棚加小棚双层覆盖方式，营养钵育苗，苗龄 30 天左右，4 月下旬套种于大棚东西两边，6 月中旬揭除大棚薄膜后，用塑料尼绳将瓜蔓逐步牵引到大棚支架上，6 月中旬开始采收，8 月下旬采收结束；夏小白菜，选择适应性强、耐热、优质、高产、抗病品种，于 6 月下旬番茄拉秧后，轮番套播（直播）于丝瓜棚下，可连续种植两茬，9 月上旬采收结束。秋莴笋，选用适应性强、耐热、抽薹晚的品种，于 8 月下旬播种，低温浸种催芽，小拱棚盖遮阳网育苗，9 月中旬定植，行距 40 厘米，株距 30 厘米，12 月采收结束。

4. 早春大棚番茄—甜瓜—紫菜薹

早春大棚番茄，选用抗病虫害、早熟、粉红大果型、耐寒品

种，12月中旬在育苗床地热线加温育苗，翌年1月下旬营养钵排苗假植，2月底至3月初定植，三层膜覆盖，双行种植，株距0.5米，行距0.35米，5月上旬收获，6月上旬收获结束。甜瓜，选用商品性佳、丰产性好、抗病虫害的品种，于7月初营养钵遮阳网覆盖育苗，8月初定植，株距48厘米，定植后覆盖遮阳网，5～7片叶时搭架吊蔓上架，10月上旬收获结束。紫菜薹，选用杂交型、侧薹抽生快、耐寒、高产、上市早、产量高的品种，如红杂60、红杂50，于10月初在育苗床育苗，11月上旬定植，翌年1月上市，3月初结束。

5. 早春大棚番茄—春丝瓜—夏大白菜—秋芹菜

早春大棚番茄，于11月下旬播种育苗，2月中旬移栽到大棚内，采用大小行种植，大行距60厘米，小行距40厘米，4月中旬开始采收，6月底采收结束。春丝瓜，于3月上旬大棚育苗，4月上旬移栽到已种番茄的大棚两头薄膜内侧，抽蔓初期用绳吊蔓，6月下旬揭膜后引蔓上架，8月底采收结束。夏大白菜，于6月中旬采用遮阳网育苗，7月上旬整地施肥后移栽，在番茄采收结束后于丝瓜长成的阴棚下种植夏大白菜，9月上旬收获。秋芹菜，于9月中旬播种，10月下旬定植，每15厘米×15厘米栽一丛，每丛3～4株，10月底盖膜保温，12月采收上市。

6. 早春大棚番茄—夏大白菜—秋延后辣椒

早春大棚番茄，选用早熟、丰产、抗病、耐低温弱光的粉果型品种，11月上中旬播种育苗，12月初营养钵排苗假植，1月中旬秧苗具5～7片真叶带小花蕾定植，5月上中旬开始上市，6月中下旬采收。夏大白菜，选用早熟、耐热、抗病性强、结球紧、品质优的品种，6月上旬利用遮阳网覆盖育苗，6月下旬至7月上旬秧苗具5～6片真叶时定植于大棚内，8月中旬采收结束，生产全过程采用遮阳网覆盖栽培。秋延后辣椒，选用抗病性强、结果集中、果实商品性好、前期耐高温、后期耐寒性强的中早熟品种，7月下旬利用遮阳网覆盖育苗，8月上中旬营养钵排苗假植，9月初秧苗具8～10片真叶刚现蕾时定植于棚架内，10月上中旬扣棚膜，12月份至翌年1月初上市。

7. 早春大棚番茄—夏大白菜—秋大蒜

早春大棚番茄，12月中旬大棚育苗，2月中旬定植，4月中旬始收，6月中旬罢园。夏大白菜，6月中旬条播，9月中旬罢园。秋大蒜，9月中旬条播，翌年1～2月采收青蒜苗。

8. 早春大棚番茄—秋辣椒—冬莴苣

早春大棚番茄，选用优质、丰产、抗性好、早熟的品种，11月上旬大棚内电热温床播种育苗，12月用营养钵或穴盘排苗假植，大棚内套小拱棚，加盖无纺布、厚膜等保温材料，定植前10～15天盖好薄膜，翌年2月上旬选晴好无风天气定植，每畦2行，株距25厘米，地膜覆盖，大棚加盖小拱棚，4月下旬开始上市，5月底至6月初罢园。秋辣椒，选择耐高温、优质、丰产、抗病、商品性好的品种，5月上旬育苗，6月上旬定植，每畦定植2行，株距25厘米左右，大棚盖膜防暴雨冲刷，7月中下旬开始上市，可一直采收到10月上旬。冬莴苣，选择耐寒、丰产、不易裂的品种，9月中旬育苗，播种后盖遮阳网保湿，苗龄25～30天，10月上旬定植，株行距均为30厘米，天膜加地膜覆盖，元月上中旬上市。

9. 早春大棚番茄/春扁豆—夏小白菜/芹菜—秋莴苣

早春大棚番茄，选用早熟、果型大、耐低温弱光、无限生长型品种，10月下旬采用冷床营养土育苗，2月上旬大棚内铺地膜定植，株距30厘米，行株50厘米，4月下旬开始采收，7月上旬采收结束。扁豆于1月中旬大棚内营养钵育苗，3月上中旬套种于大棚中间走道两侧的番茄行间，每亩套栽360穴，株行距均为100厘米，扁豆甩蔓后及时用绳或塑料绳吊蔓，5月上旬开始采收，7月下旬罢园。夏小白菜套芹菜，小白菜选用耐热品种如上海青等，芹菜选用玻璃脆等，7月下旬前茬番茄收获后整地，拌干细土撒播小白菜种子，盖种后，再播种芹菜种子，用耙子轻轻拉平盖种，注意小白菜与芹菜不要混播，否则芹菜种子入土深，难以出苗，覆盖遮阳网防雨降温，小白菜与芹菜共生期20～25天，小白菜收后，重点管理芹菜，于10月上旬采收完。秋莴苣，选用耐热、不易抽薹、优质高产品种，低温催芽，8月下旬撒播，播后浮面盖遮阳网，全苗后搭小拱棚覆盖遮阳网，10月上旬左右定植，株行距均为40厘米，元月采收。

10. 早春大棚樱桃番茄—秋瓠瓜—冬莴笋

早春大棚樱桃番茄，选择优质、抗病、高产、耐贮运、适合市场需求的品种，11月中旬播种育苗，2月下旬定植，行距75厘米，株距25厘米，苗高30厘米时及时搭架绑蔓，5月上旬始收，8月上旬罢园；秋瓠瓜，选择生长势强、抗逆性强、稳产高产品种，7月中旬播种育苗，8月上旬定植，大棚加地膜覆盖栽培，行株75厘米，株距30厘米，9月中旬始收，10月下旬罢园；冬莴笋，选择耐寒、优质、早熟、抗病、高产的品种，如挂丝红等，9月下旬育苗，11月上旬定植，大棚加地膜覆盖栽培，行距50厘米，株距50厘米，翌年1月上旬采收，2月下旬罢园。

11. 早春大棚樱桃番茄—小冬瓜—松花菜

早春大棚樱桃番茄，10月下旬至11月中旬播种，翌年1月下旬至2月定植，棚内畦宽连沟140～150厘米，定植前采用全地膜覆盖，膜下滴灌栽培，在畦中间铺1条软管滴灌带，再铺上地膜，畦面采用双行定植，株距35厘米，行距20厘米左右，每亩栽2300株，单秆整枝，4月中旬至6月底采收，采收结束后揭去大棚薄膜，立即进行清园，有条件的最好翻地后浸泡1天以后再施基肥做畦，准备下茬栽培。小冬瓜，选用极早熟、优质抗病的小型冬瓜品种，5月下旬至6月上中旬播种育苗，采用大营养钵护根育苗，苗龄一般35天左右，苗3～4片真叶、6月下旬至7月上旬樱桃番茄采收结束后定植，棚内按畦宽连沟140～150厘米作畦，定植前采用全地膜覆盖，膜下滴灌栽培，在畦面中间铺一条软管滴灌带，再铺上地膜。畦面单行定植，株距60厘米，每亩栽700株，可利用上茬番茄引蔓的绳4根成束引蔓，7月下旬至9月上中旬采收。松花菜，选用定植至采收不超过90天的品种，7月中下旬至8月上旬播种，采用72孔穴盘播种育苗，苗期40天左右，9月下旬至

10月初定植，畦宽1.0～1.2米，畦高20～25厘米，沟宽30厘米，每畦定植2行，株距40～50厘米，每亩栽1700～2200株，11月下旬至12月底采收。

12. 早春大棚番茄/丝瓜—夏青菜—秋芹

早春大棚番茄，11月上旬播种育苗，12月中旬营养钵排苗假植，翌年1月中旬定植，行距50厘米，株距25厘米，采用大棚＋小拱棚＋地膜＋草帘4层覆盖栽培，4月中旬始收，至6月下旬结束。丝瓜，2月上旬播种育苗，3月下旬套种在大棚内两侧，株距50厘米，5月下旬始收，至8月下旬结束。夏青菜，选用矮抗青等品种，7月上旬撒播于丝瓜棚下，8月上旬始收，至8月下旬结束。秋芹菜，7月上旬播种育苗，8月下旬定植，行株距8厘米见方，10月下旬始收，至12月下旬结束。

四、大棚番茄主要病虫害防治

番茄主要病害有灰霉病、早疫病、晚疫病、白粉病、病毒病、溃疡病、青枯病、枯萎病、细菌性髓部坏死病等，虫害有蚜虫、烟粉虱、烟青虫、棉铃虫等。

1. 灰霉病（彩图42）

加强通风换气，调节温、湿度，避免结露。晴天上午要晚放风，当棚温升至33℃，再开始放顶风，降至25℃时，中午继续放风，下午棚温保持在20～25℃；至20℃关闭通风口，夜间棚温保持15～17℃；阴天也要适当通风换气。浇水宜在上午进行，避免在阴天浇水，发病初期适当节制浇水施肥；浇水后注意放风，防止结露，有条件的可采用滴灌或膜下暗灌，避免棚室内高湿。发病后及时摘除病果、病叶和侧枝，集中烧毁或深埋，同时进行喷药保护。

① 烟熏　可选用10％腐霉利烟剂，或45％百菌清烟剂、3％噻菌灵烟剂等烟熏2～3小时，每亩每次用药250克。

② 喷粉　可选用5％百菌清粉尘剂，或6.5％硫菌·霉威粉尘剂、10％异菌·福粉尘剂等喷粉，每亩每次用药1千克，7～10天

一次，连喷 2～3 次。

③ 生物防治　每亩可选用木霉菌（活孢子 2 亿个/克）可湿性粉剂 250 克，或枯草芽孢杆菌（孢子 1000 亿个/克）可湿性粉剂 60 克、2%武夷菌素水剂 100 倍液，在发病初期均匀喷雾防治。

④ 化学防治　重点抓住移栽前、开花期和果实膨大期三个关键时期用药。移栽前，用 50%腐霉利可湿性粉剂 1500～2000 倍液，或 50%异菌脲可湿性粉剂 1500 倍液喷淋幼苗。开花期蘸花药，最好改蘸花为喷花。用对氯苯氧乙酸保果时，喷花药液里加入 0.2%～0.3%的 50%多·霉威可湿性粉剂，或 50%异菌·福可湿性粉剂，或 65%硫菌·霉威可湿性粉剂等。果实膨大期，重点喷花和果实，可选用 50%嘧霉胺可湿性粉剂 1100 倍液，或 50%腐霉利可湿性粉剂 1000 倍液、50%啶酰菌胺水分散粒剂 30～50 克/亩、50%咯菌腈可湿性粉剂 12 克/亩、40%百可得可湿性粉剂 1500 倍液、50%多·霉威可湿性粉剂 1000～1500 倍液、2%丙烷脒水剂 1000 倍液、50%烟酰胺水分散粒剂 1500～2500 倍液、25%啶菌恶唑乳油 2500 倍液、50%乙烯菌核利可湿性粉剂 1500 倍液、45%噻菌灵悬浮剂 3000～4000 倍液、50%异菌脲可湿性粉剂 1000 倍液、65%硫菌·霉威可湿性粉剂 1000～1500 倍液等喷雾，由于灰霉病菌易产生耐药性，应尽量减少用药量和施药次数，必须用药时，要注意轮换或交替及混合施用。

⑤ 配方药剂　40%福·福锌可湿性粉剂+40%菌核净可湿性粉剂 600 倍液；96%恶霉灵可湿性粉剂 300 倍液+35%米达乐可湿性粉剂 500 倍液+72%硫酸链霉素可溶性粉剂 3000 倍液；50%腐霉利可湿性粉剂 1000 倍液+72%霜脲·锰锌可湿性粉剂 500 倍液；40%菌核净可湿性粉剂 500 倍液+0.5%氨基寡糖素水剂 600 倍液。

2. 病毒病（彩图 43）

① 避蚜防蚜　可用银灰色薄膜代替地膜进行覆盖。也可在搭架后，在幼苗上方与菜畦平行拉两条 10 厘米宽的银灰色薄膜条。保护地可采用网纱覆盖封口减少室外蚜虫进入棚室。防蚜可选用 10%吡虫啉可湿性粉剂 1500 倍液，或 10%联苯菊酯乳油 3000～

4000倍液等喷雾。番茄和早熟玉米间作，番茄：玉米等于4：1。

② 防烟粉虱　防治番茄曲叶病毒病的关键是在番茄的前期预防烟粉虱的发生和危害。其中苗期和移栽后一个月左右是防治关键。育苗期间，要用40～60目的防虫网做成保护棚，严格预防烟粉虱的进入。并喷施内吸性长效杀虫剂25%噻虫嗪水分散粒剂2500倍液或吡虫啉。移栽前1～2天，再用25%噻虫嗪水分散粒剂2500倍液灌根，每株幼苗灌药液15毫升左右，有效期可达20～30天。移栽以后，大棚的通风口要用40目以上防虫网封闭，同时在棚内挂黄板，发现黄板上黏除的烟粉虱增多时，立即进行化学药剂防治。如在傍晚闭棚前，先用烟熏剂熏蒸一次，把棚内的大部分成虫杀死，第二天再用25%噻虫嗪水分散粒剂3500倍液喷雾。

③ 生物制剂防治　在番茄分苗、定植、绑蔓、打杈前，先喷1%肥皂水加0.2%～0.4%的磷酸二氢钾或1：(20～40）的豆浆或豆奶粉，预防接触传染。

用褐藻酸钠（海带胶）、高脂膜等喷布于植株上形成一层薄薄的保护膜，阻止和减轻病毒的入侵，一般使用200～500倍水稀释液喷施2～4次。

增抗类物质喷布于植株上能很快被吸入体内，激发植株体内活性，阻抗病毒在植株体内的运转和增殖，例如AV-2喷布于植株上，经吸收后植株体内光合产物的运转速度加快4倍以上，从而明显增加抗性，常用浓度500倍水稀释液，喷布3～5次。常用的还有混合脂肪酸水剂（83增抗剂）。

④ 化学防治　发病初期，可选用1.5%植病灵乳剂1000倍液，或5%菌毒清可湿性粉剂400倍液、20%盐酸吗啉胍·铜可湿性粉剂500倍液、8%宁南霉素水剂750倍液、0.15%天然芸薹素内酯7500～10000倍液、0.5%菇类蛋白多糖水剂200～300倍液（喷灌结合）、高锰酸钾1000倍液等喷雾，7～10天一次，连喷3～5次。配方药剂有：1.5%植病灵乳剂1000倍液+0.014%芸薹素内酯可溶性粉剂1500倍液；20%盐酸吗啉胍铜可湿性粉剂500倍液+0.014%芸薹素内酯可溶性粉剂1500倍液；0.5%几丁聚糖可溶性粉剂1000倍液+0.004%植物细胞分裂素可溶性粉剂600倍液

喷雾。

此外，喷施增产灵 50～100 毫克/升及 1%过磷酸钙、1%硝酸钾，或 50～100 毫克/千克增产灵作根外追肥，均可提高耐病性。

3. 白粉病（彩图 44）

① 生物防治　可选用 2%武夷菌素水剂 150 倍液，2%嘧啶核苷类抗菌素水剂 150 倍液等生物药剂喷雾防治。用 27%高脂膜乳剂 100 倍液于发病初期喷洒在叶片上，形成一层保护膜，不仅可防止白粉病菌侵入，还可造成缺氧使白粉菌死亡，一般每隔 5～6 天喷一次，连续喷 3～4 次。

② 化学药剂喷雾　发病前或发病初期喷药保护，可选用 62.25%腈菌·锰锌可湿性粉剂 500 倍液，或 25%丙环唑乳油 3000 倍液、40%氟硅唑乳油 8000～10000 倍液、30%多·唑酮可湿性粉剂 4000 倍液、80%代森锰锌可湿性粉剂 500 倍液、70%甲基硫菌灵可湿性粉剂 1000 倍液、10%苯醚甲环唑水分散粒剂 1000 倍液、30%氟菌唑可湿性粉剂 1500～2000 倍液、50%醚菌酯水分散粒剂 1500～3000 倍液、20%恶咪唑可湿性粉剂 2000～4000 倍液、30%苯甲·丙环唑乳油 4000 倍液、25%抑霉唑乳油 1000 倍液、12.5%烯唑醇粉剂 2000 倍液、5%亚胺唑可湿性粉剂 800 倍液、25%腈菌唑乳油 5000 倍液、25%吡唑醚菌酯乳油 2000～3000 倍液、15%三唑酮乳油 1000 倍液、50%硫黄悬浮剂 200～300 倍液等喷雾防治，隔 7～15 天喷一次，连续 2～3 次。

③ 也可选用下列配方药剂　12.5%烯唑醇粉剂 2000～3000 倍液+1.8%复硝酚钠水剂 5000～6000 倍液，或 12.5%烯唑醇粉剂 2000～3000 倍液+0.5%几丁聚糖 2000～3000 倍液喷雾防治。

④ 喷粉　棚室可选用粉尘剂或烟雾法，于傍晚喷撒 10%多·百粉尘剂，每亩每次 1 千克。

⑤ 熏烟　定植前几天将棚室密闭，每 100 立方米空间用硫黄粉 250 克，锯末 500 克，掺匀后分别装入小塑料袋，分放在棚室内，在晚上点燃熏一夜。发病初期于傍晚用 10%多菌灵百菌清烟剂熏蒸，每亩每次 1 千克，或施用 45%百菌清烟剂 250 克，用暗

火点燃熏一夜。

4. 枯萎病（彩图 45）

① 嫁接防病　嫁接砧木有托鲁巴姆、砧木一号、兴津 101、LS-89 等，其中砧木托鲁巴姆还有抗线虫侵染作用。

② 生物防治　木霉菌剂是一种很好的生物杀菌剂，移栽时每株施用木霉菌剂 2 克，表现为植株粗壮、叶片深绿、根系发达。田间发病个别或少量病株时，选用 2%灭瘟素乳油 500 倍液，或 10%多抗霉素可湿性粉剂 100 倍液穴灌植株，每株穴灌 500～1000 克，灌后 7 天内不浇水，以免降低药效和地温，不利于植株生长，同时为了防止叶片蒸腾造成的叶片失水过快，叶片喷洒防病和营养药剂。每亩用 1%申嗪霉素悬浮剂 3 千克兑水泼浇，进行土壤处理，定植后 20 天每亩用 1%申嗪霉素悬浮剂 1.5 千克灌根，每株灌药液 250 毫升。

③ 化学防治　苗期发现病株及时拔除，并用 10%双效灵水剂 200 倍液，或 12.5%增效多菌灵浓可溶剂 200 倍液、70%恶霉灵可湿性粉剂 2000 倍液，向茎基部喷淋或浇灌药液，以防病害蔓延。

发病初期用药液灌根，可选用 3%多抗霉素可湿性粉剂 600～900 倍液，或 85%三氯异氰尿酸可溶性粉剂 3000 倍液、30%壬菌铜微乳剂 500 倍液、50%多菌灵可湿性粉剂、36%甲基硫菌灵悬浮剂 500 倍液、75%百菌清可湿性粉剂 800 倍液、50%甲霜铜可湿性粉剂 600 倍液、72.2%霜霉威水剂 800 倍液、70%敌磺钠可溶性粉剂 500 倍液、50%立枯净可湿性粉剂 1000 倍液等交替灌根，每株灌配制好的药液 250～300 毫升，隔 7～10 天一次，连灌 3～4 次。灌药期间不浇水。

最好是定植淋定根水时就用上述药剂淋药液，每株 250～300 毫升，隔 5～7 天一次，连续 3 次，到开花期再加强 2 次。

5. 溃疡病（彩图 46）

① 生物防治　发病初期使用 3%中生菌素可湿性粉剂 600 倍液对植株整体喷雾，每隔 3 天喷施一次，连续 3～4 次可有效预防和控制番茄溃疡病的发生和发展。或用 2%春雷霉素水剂 500 倍液，

每隔 5～7 天喷洒一次，连续使用 3～4 次。

② 化学防治　苗床与整个生长期都应进行药剂保护，发病前，喷洒 1∶1∶200 波尔多液。定植时，用硫酸链霉素每支兑水 15 升浇灌幼苗。植株未发病时，可选用 72%硫酸链霉素可溶性粉剂 4000 倍液，或新植霉素 4000 倍液、77%氢氧化铜可湿性粉剂 500 倍液、14%络氨铜水剂 300 倍液、50%琥胶肥酸铜可湿性粉剂 500 倍液、60%琥·乙膦铝可湿性粉剂 500 倍液、47%春雷·王铜可湿性粉剂 800 倍液、12%松脂酸铜乳油 500 倍液等药剂交替喷雾预防，7～10 天 1 次，连施 3～4 次。中心发病区，可用上述药剂灌根。

③ 发病初期　可使用 2%中生菌素水剂 600 倍液 50 毫升＋有机硅（1 袋）兑水 15 千克，下午 14：00 以后用药，3 天用药一次，连用 2 次，即可控制病情。

6. 青枯病（彩图 47）

① 嫁接防病　在重病区，建议利用赤茄、野生番茄、砧木一号等作砧木，采用劈接或靠接的方法进行嫁接栽培，是目前生产中防治番茄青枯病的有效措施。

② 化学药剂防虫　由于该病常因地下害虫，如跳甲类昆虫的幼虫和一些线虫为害蔬菜根部，造成许多细小的伤口，使青枯细菌乘虚而入，从而诱发青枯病。故应同时用 50%辛硫磷乳油 500 倍液（或其他杀虫剂）灌根。每隔 5～7 天使用一次，连续使用 2～3 次。

a. 浸根：定植时，用青枯病拮抗菌 MA-7、NOE-104，进行大苗浸根。

b. 喷雾：发病前，可选用 25%琥胶肥酸铜可湿性粉剂 500～600 倍液，或 70%琥·乙膦铝可湿性粉剂 500～600 倍液、80%百菌清可湿性粉剂 600 倍液、77%氢氧化铜可湿性粉剂 800 倍液、72%硫酸链霉素可溶性粉剂 4000 倍液、47%春雷·王铜可湿性粉剂 1000 倍液等喷雾，每 7～10 天喷一次，连续喷 3～4 次。没有发病的番茄也用上述药剂进行保护性喷雾。

c. 灌根：发病初期，可选用 3%中生菌素可溶性粉剂 600～

800倍液喷雾，或72%硫酸链霉素可溶性粉剂或新植霉素4000倍液、50%敌枯双可湿性粉剂800～1000倍液、50%琥·乙膦铝可湿性粉剂400倍液、86.2%氧化亚铜可湿性粉剂1500倍液、10%苯醚甲环唑水分散粒剂2000倍液、25%青枯灵可湿性粉剂800倍液、20%噻菌铜悬浮剂600倍液、80%波·锰锌可湿性粉剂500～600倍液、12%松脂酸铜乳油500倍液、25%络氨铜水剂500倍液、77%氢氧化铜可湿性微粒剂400～500倍液、50%琥胶肥酸铜可湿性粉剂400倍液、88%水合霉素可溶性粉剂500倍液等灌根，每株灌配制好的药液300～500升。每隔10～15天一次，连灌2～3次，注意交替用药。在发病前或发病初期用药防治，重点对发病中心植株灌根，将病情封锁，防止蔓延。重病田视病情发展，必要时增加用药次数。

也可选用如下复混药剂灌根：88%水合霉素可溶性粉剂500倍液+20%噻菌铜悬浮液500倍液、2%春雷霉素水剂500倍液+80%代森锰锌可湿性粉剂600倍液、3%中生菌素可湿性粉剂1000倍液+20%甲基硫菌灵可湿性粉剂600倍液。

d. 注射：使用菌立停2000倍液+奇茵植物基因活化剂1500倍液，用医用一次性注射器把药液直接注射到病株中，重病株（全株叶片呈现萎垂状）每株注射5毫升，轻病株（部分枝条叶片萎垂）每株注射3毫升，从植株的中上部注入（植株中下部木质部很硬，注射困难），治愈率可达100%，效果显著。选用菌立停直接注射到植株主茎中，迅速杀死植株主茎维管束的细菌，恢复维管束的输导功能，使病株迅速恢复生长，加入奇茵植物基因活化剂，激活番茄植株的优良基因（生长、抗病、抗逆基因），使病株迅速恢复生长，提高抗病、抗逆能力，抵抗番茄青枯病细菌再次侵染危害。

7. 早疫病（彩图48）

① 烟熏　保护地发病，可选用45%百菌清烟剂，或10%腐霉利烟剂，每亩用250克，密闭熏2～3小时。

② 喷粉　发病初期，可喷撒5%百菌清粉尘剂，或5%春雷·

王铜粉尘剂，每亩每次1000克，隔9天一次，连续防治3～4次。

③ 涂茎　茎部发病，可用50%异菌脲可湿性粉剂180～200倍液，用毛笔涂抹病部，必要时还可配成油剂。

④ 喷雾　发病前先用1000倍的高锰酸钾喷施一遍。或每亩用25%嘧菌酯水悬浮剂24～32毫升，或10%苯醚甲环唑水分散粒剂50～70克，或68.75%恶唑菌铜·锰锌水分散粒剂75～95克，加水75千克，均匀喷雾，隔7～10天喷一次，连喷2～3次。

早疫病以防为主，田间初现病株立即喷药，可选用50%异菌脲可湿性粉剂1000～1500倍液，或75%百菌清可湿性粉剂600倍液、47%春雷·王铜可湿性粉剂800～1000倍液、80%代森锰锌可湿性粉剂600倍液、58%甲霜·锰锌可湿性粉剂500倍液、70%代森联干悬浮剂500～600倍液、64%恶霜灵可湿性粉剂1500倍液、50%多·霉威可湿性粉剂600～800倍液、77%氢氧化铜可湿性粉剂500～750倍液、30%醚菌酯悬浮剂40～60克/亩等药剂喷雾，每种药剂在番茄整个生育期限用1次，共喷药2～3次，注意药剂轮换使用。

8. 晚疫病（彩图49）

① 烟熏　保护地采用烟雾法，亩施用45%百菌清烟剂，每次200～250克，傍晚封闭棚室，将药分放于5～7个燃放点，点燃后烟熏过夜。棚内湿度较大时不要频繁喷洒液体农药，而要在第一次喷洒药液后间隔2～3天进行一次百菌清烟剂熏蒸，有条件的用烟雾机施药防治一次，再视病情进行喷雾防治。

② 喷粉　喷撒5%百菌清粉尘剂，或5%霜霉威粉尘剂，每亩每次1千克，隔9天一次。烟剂和粉尘，一般在傍晚使用效果好，避免在阳光条件下施药。

③ 化学防治　苗期可进行保护性喷药，定植前再喷一次，可用波尔多液1∶1∶(200～250)倍液（盛花期不能用波尔多液）。

定植后，强调在雨季来临之前5～7天施药一次，当田间出现中心病株后，立即拔除深埋或烧毁，并用硫酸铜液喷洒地面消毒，并立即全面喷药，反复3～4次喷药封锁。

药剂可选用69%烯酰·锰锌可湿性粉剂600～800倍液，或72.2%霜霉威水剂800倍液、40%甲霜铜可湿性粉剂700～800倍液、40%乙磷·锰锌可湿性粉剂300倍液、72%霜脲·锰锌可湿性粉剂600倍液、64%恶霜灵可湿性粉剂1000倍液、70%代森联干悬浮剂500～600倍液、68%精甲霜·锰锌水分散粒剂600～800倍液、50%氟吗·乙铝可湿性粉剂500～700倍液等喷雾防治。

番茄晚疫病发生重时，必须多用几种药才能治住，如68%精甲霜·锰锌水分散粒剂500倍液加25%吡唑醚菌酯乳油1500倍液，或52.5%恶唑菌酮·霜脲氰水分散粒剂1000倍液加50%烯酰吗啉可湿性粉剂800倍液等。

田间应用表明，用68.75%氟吡菌胺·霜霉威（银法利）悬浮剂600倍液或72.2%霜霉威水剂600倍液分别加70%丙森锌可湿性粉剂600倍液等轮换使用，防治番茄晚疫病效益尤佳。

晚疫病易产生抗药性，要注意交替轮换用药，5～6天喷一次，连续用药2～3次，收获前7天停止施药。

④ 灌根　可选用50%甲霜铜可湿性粉剂600倍液，60%琥·乙膦铝可湿性粉剂400倍液等灌根，每株灌药液300毫升左右即可。

9. 细菌性髓部坏死病（彩图50）

① 喷雾　田间出现发病中心株时，即应开始施药防治。可选用新植霉素200毫克/千克，或90%链·土可溶性粉剂3000倍液、2%中生菌素水剂1000～1500倍液、72%硫酸链霉素可溶性粉剂3000倍液、14%络氨铜水剂300倍液、50%琥胶肥酸铜可湿性粉剂500倍液、47%春雷·王铜可湿性粉剂800倍液、57.6%氢氧化铜水分散粒剂1000倍液、78%波·锰锌可湿性粉剂600倍液、25%叶枯唑可湿性粉剂500倍液＋72%硫酸链霉素3000倍液、20%噻菌铜悬浮剂800倍液、85%三氯异氰尿酸可溶性粉剂1500倍液等喷雾防治，隔7天喷一次，连续喷3～4次。

复配剂30%壬菌铜微乳剂500倍液＋0.3%四霉素水剂800倍液＋80%烯酰吗啉水分散粒剂800倍液＋75%百菌清可湿性粉剂500倍液进行叶面喷雾，可有效防治病原菌的二次侵染和进一步扩展。并且用0.0016%芸薹素800～1000倍液+氨基酸叶面肥500～800倍液+磷酸二氢钾500倍液+钙肥500倍液，用于增强植株的抗病性。两者轮换使用，10天喷一次，连喷2次。

② 注射　若发病较重，可采用注射法进行防治，用内吸性好的抗生素如四霉素600～800倍液、中生菌素混链霉素750倍液、氧氟沙星3000倍液，使用注射器将上述药剂从病部上方注射到植株体内进行治疗，3～5天一次，连用3～4次，但只适用于局部小范围病害发生的情况，在病害范围较大时可操作性较差。

③ 涂茎　也可用浓度大的药液与白面调和药糊涂抹在轻病株的病斑上，如选用85%三氯异氰尿酸可溶性粉剂500倍液，或新植霉素3000倍液、77%氢氧化铜可湿性粉剂300倍液、50%琥胶肥酸铜可湿性粉剂300倍液、14%络氨铜水剂200倍液等药剂，白面适量，能粘住即可。

10. 叶霉病（彩图51）

① 烟熏　发病初期，用45%百菌清烟剂，每亩每次250～300克，熏一夜，连续防治3～4次。

② 喷粉　于傍晚选用7%嘧霉胺·多抗霉素粉尘剂，或5%春雷·王铜粉尘剂、5%百菌清粉尘剂、10%敌托粉尘剂等喷撒，每亩每次1千克，隔8～10天一次，连续或交替轮换施用。

③ 生物防治　发病初期，可选用1∶1∶200波尔多液，或47%春雷·王铜可湿性粉剂500倍液、2%武夷菌素水剂100～150倍液、48%碱式硫酸铜悬浮剂800倍液、12.5%松脂酸铜乳油600倍液等喷雾防治。每亩用“5406”菌种粉2.5千克，与碾碎的饼肥10～15千克均匀混合施于定植沟内，或叶面用“5406”3号剂600倍液喷雾，可减轻发病。

④ 化学防治　发病初期，可选用60%咪鲜胺可湿性粉剂800倍液，或60%噻菌灵可湿性粉剂700～800倍液、50%异菌脲可湿性粉剂1000倍液、30%苯甲·丙环唑乳油3000倍液、10%苯醚甲环唑水分散颗粒剂1000倍液、70%丙森锌可湿性粉剂500～600倍液、25%嘧菌酯悬浮剂1000～2000倍液、75%百菌清可湿性粉剂

600～800 倍液、50%腐霉利可湿性粉剂 1000 倍液、50%醚菌酯干悬浮剂 3000 倍液、47.2%抑霉唑乳油 2500～3000 倍液、70%甲基硫菌灵可湿性粉剂 800～1000 倍液、65%乙霉威可湿性粉剂 600 倍液、65%硫菌•霉威可湿性粉剂 600 倍液、50%多•霉威可湿性粉剂 800 倍液、60%多菌灵盐酸盐超微粉 600 倍液、70%代森联干悬浮剂 500～600 倍液、40%氟硅唑乳油 10000 倍液等喷雾，防治时每亩用药液量 50～65 升，隔 7～10 天一次，连续防治 2～3 次。

喷洒药液要做到植株全面喷到药液，重点部位要喷透。要注意植株中下部的叶片，特别注意喷叶片背面。喷药时可以在药剂里加入少量洗衣粉，增加黏着力，喷药后要通风排湿。药剂要交替使用。

11. 菌核病（彩图 52）

① 苗床消毒　每平方米苗床用 50%多菌灵可湿性粉剂 10 克加干细土 10～15 千克拌匀后撒施。

② 化学防治　保护地栽培，在发病初期每亩用 10%腐霉利烟剂 250～300 克熏一夜，或喷撒 5%百菌清粉尘剂 1 千克，隔 7～9 天喷撒一次。

露地栽培，发病初期，可选用 50%乙烯菌核利干悬浮剂 1500～2000 倍液，或 50%醚菌酯干悬浮剂 2500～3000 倍液、43%戊唑醇悬浮剂 3000～3500 倍液、50%腐霉利可湿性粉剂 1000 倍液、40%菌核净可湿性粉剂 500 倍液、65%硫菌•霉威可湿性粉剂 500～800 倍液、80%多菌灵可湿性粉剂 600 倍液等喷雾防治，隔 7～10天喷一次，连续 3～4 次。

12. 白绢病（彩图 53）

在菌核形成前，及时拔除病株，病穴撒 50%代森铵水剂 400 倍液等杀菌剂，或石灰消毒。发病初期，可撒施或喷洒 50%腐霉利可湿性粉剂 1000 倍液，或 50%异菌脲可湿性粉剂 1000 倍液、80%多菌灵可湿性粉剂 600 倍液、50%混杀硫或 36%甲基硫菌灵悬浮剂 500 倍液、20%三唑酮乳油 2000 倍液等，每亩施药液 60～70升，隔 7～10 天一次，至控制病情止。

主要虫害有蚜虫、斜纹夜蛾、白粉虱、棉铃虫等，其防治方法参见辣椒主要病虫害防治。

第三节　茄子大棚栽培技术

一、茄子大棚春提早促成栽培技术

茄子大棚春提早促成栽培（彩图 54），是利用大棚内套小拱棚加地膜设施，达到提早定植、提早上市的目的，效益较好。

1. 品种选择

选择抗寒性强、耐弱光、株型矮、适宜密植的极早熟或早熟品种。

2. 培育壮苗

茄子育苗可采用营养土育苗、泥炭营养块育苗、穴盘育苗等多种方式。

（1）营养土育苗技术

① 苗床制作　培养土配方为：新鲜园土，腐熟猪粪渣，炭化谷壳各 1/3，拌和均匀。营养土消毒，用甲醛喷洒培养土，用塑料薄膜覆盖 5 天，然后敞开透气一个星期。

② 浸种催芽　用塑料大棚冷床育苗，播种期可提早到先年 10 月，也可采用酿热加温大苗越冬，播种前 7 天进行浸种催芽。浸种可采用温汤浸种或药剂浸种。温汤浸种，即选用 55℃温水浸种，并不断搅拌和保持水温 15 分钟，然后转入 30℃的水中继续浸泡 8～10 小时。药剂浸种，如防止茄子褐纹病，可将种子先用 20～30℃温水浸 7～8 小时，再浸入甲醛的 100 倍溶液中，20 分钟后取出，密闭 2～3 小时后用清水洗干净。或在温水中浸 5～6 小时后，选用 1%高锰酸钾液浸 30 分钟或 10%抗菌剂“401” 1000 倍液浸种 30 分钟，然后用清水充分漂洗干净。若是针对茄子黄萎病和枯萎病，可先将种子用常温水预浸 1 小时，再用 50%多菌灵可湿性

粉剂 500 倍液浸种 6 小时，最后用清水冲洗干净。

催芽可在催芽箱中进行。采用变温处理，即每天在 25～30℃ 条件下催芽 16 小时，再在 20℃条件下催芽 8 小时，4～5 天即可出芽，一般每隔 8～12 小时翻动一次，清水洗净，控干再催，80%左右种子露白即播。

③ 播种　播种时要先打透底水，再薄盖一层消毒过筛营养土，然后播种，每平方米苗床可播种 20～25 克。播后再盖 1～1.5 厘米厚过筛消毒营养土，然后塌地盖上地膜，封大棚门。从播种到子叶微展的出苗期，需 4～5 天，盖上地膜不要通风，床温控制在 24～26℃。70%出土时地膜起拱。

④ 苗床管理要点　从子叶微展到第一片真叶破心，约需 7 天，应降温控湿。白天气温不宜超过 25℃，地温白天 18～20℃，夜间 14～16℃。适当通风降湿，控制浇水，使床土露白。注意猝倒病的防治，发现猝倒，应立即连土拔除，并喷 25%多菌灵可湿性粉剂或 75%百菌清可湿性粉剂 600 倍液，控制病害蔓延。

从破心期到第 4 片真叶期，床温应控制在 16～23℃之间，遇晴天应尽可能多通风见光，加强光照。床土尚未露白时及时浇水，保持床土半干半湿。若床土养分不够，可结合喷水追 0.1%的复合肥营养液 1～2 次。分苗前应注意对秧苗进行适当锻炼。

a. 分苗：播种后 30～40 天，当幼苗有 3～4 片真叶时，选晴天用 10 厘米×10 厘米的营养钵分苗。栽植不宜过深，以平根茎为度。分苗后速浇定根水。

b. 分苗床管理：在缓苗期的 4～6 天，加强覆盖，一般不通风，保持白天气温 30℃、夜间 20℃，地温 18～20℃；进入旺盛生长期，应控温，白天气温 25℃，夜间 15～16℃，白天地温 16～17℃，夜间不低于 13℃，晴天尽可能多通风见光，如遇连续阴雨天可采取人工补光，一般视天气情况每隔 2～3 天喷水一次，不使床土“露白”，每次浇水不宜过多，发现秧苗有缺肥症状，可结合浇水喷 0.2%的复合肥营养液 2～3 次。为防止床土板结，要适时松土。定植前一个星期，应对秧苗进行锻炼，白天降至 20℃，夜间 13～15℃，控制浇水和加大通风量。

（2）茄子穴盘育苗技术

① 基质准备　茄子幼苗比较耐肥，喜肥沃疏松、透气性好、pH 值 6.2～6.8 的弱酸性基质。基质材料的配制比例为草炭∶蛭石＝2∶1 或 3∶1。配制基质的每立方米加入 15-15-15 氮磷钾三元复合肥 3.2～3.5 千克，或每立方米基质加入烘干鸡粪 3 千克。基质与肥料混合搅拌均匀后过筛装盘。育苗穴盘通常选用 50 孔或 72 孔规格，以 50 孔穴盘育苗较为适宜，可以有效避免一些常见病害的发生，有利于培育壮苗。

② 播种催芽　茄子的穴盘育苗通常是采取干籽直播。播种方式有机播和人工播种两种方式。播种前要检测种子的发芽率，选择发芽率大于 90%以上的优良种子。为了提高种子的萌发速度，可对种子进行活化处理。即将种子浸泡在 500 毫克/千克赤霉酸溶液中 24 小时，风干后播种。播种深度为 1 厘米左右，播种后覆盖蛭石或基质，浇透水并看到水滴从穴盘底孔流出即可。然后将播种穴盘移入催芽室或育苗温室。催芽的环境条件为白天温度在 25～30℃之间，夜间温度在 20～25℃之间，环境湿度要大于 90%。在育苗温室中催芽，要注意保持室内湿度，经常观察，及时补充基质水分。可以在穴盘表面覆盖地膜，保持水分，提高温度，但要注意种子萌发显露的时候及时揭去地膜。催芽开始 4～5 天后当 60%左右种子萌发出土时，迅速将催芽穴盘从催芽室移到育苗温室开始进行幼苗培育。

③ 育苗管理　幼苗培育的温度管理基本上是白天温度 20～26℃，夜间温度 15～18℃。在幼苗出现 2～3 片真叶以前如果温室内夜间温度偏低，低于 15℃时可以采取加温或临时加温措施，以免幼苗的生长发育受到影响，减少猝倒病和根腐病的发生。当幼苗出现 2 叶 1 心以后夜间温度降至 15℃左右，但不要低于 12℃。在 3 叶 1 心至成苗期间，白天温度控制在 20～26℃，夜间温度控制在 12～15℃。如果夜间温度低于 10℃，则幼苗的生长发育会受到阻碍，尤其是根际温度低于 15～18℃，则幼苗根系会发育不良。

水分管理是在催芽穴盘进入温室至 2 片真叶出现以前，适当控制水分，根据出苗情况基质中有效水分含量在 60%～70%之间进行调节。在幼苗的子叶展开至2叶1心期间，基质中有效水分含量为最大持水量的70%～75%。在苗期3叶1心以后有效水分含量为65%～70%。白天酌情通风，降低空气湿度使之保持在70%～80%。结合浇水进行1～2次营养液施肥，可用2000倍氮磷钾三元复合肥溶液追施。补苗要在1叶1心时抓紧完成。

（3） 茄子育苗苗期易出现的问题

① 土面板结　由于土质不好，或浇水方法不当，土质黏重，腐殖质含量少导致板结，可在配制床土时用含腐殖质多的堆肥、厩肥搭配到土中去，种子上覆盖也要用这种培养土，并可加入草木灰或腐熟的牛粪，打足底水，播种后至出苗前不浇水。若床土太干不应大水漫灌，可用细孔喷壶洒水，一次浇足，对已形成的板结，要用细铁丝或竹签耙松土面。

② 不出苗　主要是因为种子质量低劣，或苗床环境条件不良。因床温过低，床土过干或过湿导致的不出苗，如及时改善环境条件，仍可出苗。

③ 出苗不整齐　由于种子成熟度不一致，或播种技术和苗床管理不善，苗床内环境条件不一致，或播种技术不过关，播种不均匀等导致出苗时间不一致。应采用发芽率高、发芽势强的种子，床土整平，浇好底水，播种均匀，覆土一致，注意防治病虫害，加强苗床管理。

④ 顶壳　由于出土过程中表土过干，使种皮干燥发硬，播种时覆土太薄，种皮易变干，或种子质量不好，成熟度不足，种子生活力弱等，导致茄子幼苗出土后，种皮不脱落，夹住子叶。要在播种前打足底水，覆土的厚薄要适当，太薄的可加盖一层过筛细土，已顶壳的幼苗，可在早期少量洒水，于苗床内湿度较高、种皮较软时人工辅助脱壳。

⑤ 僵化　床土长期过干和床温过低，易导致秧苗的生长发育受到过分抑制，成为僵苗，茎细、叶小、根少，不易发生新根，易落花落果，产量低。防止措施：一要给秧苗以适宜的温度和水分条件，促使秧苗正常生长；二是利用冷床育苗时，要尽量提高苗床的气温和地温，适当浇水和炼苗。对已有僵苗，除采取提高床温、适

当浇水外，还可喷 10～30 毫克/千克的赤霉酸，每平方米用稀释液 100 克左右。

⑥ 徒长　由于光照不足和温度过高，使苗茎纤细，节间长，叶薄色淡，组织柔嫩，根系少。防治措施：增强光照和降低温度，发现徒长苗，应适当控制浇水，降低温度，喷施磷钾叶面肥。苗期可喷浓度为 20～50 毫克/千克的矮壮素水剂，每平方米用药水 1 千克左右。

⑦ 沤根、寒根及烧根

a. 秧苗沤根：由于苗床土壤水分经常处于饱和状态，湿度太大，缺少空气，根系易沤烂，地上部停止发育，叶灰绿色，逐渐变黄。一旦发生沤根，应及时通风排湿，可撒干土吸湿，或松土增加土壤蒸发量。

b. 寒根：是由于苗床地温太低所引起的。防治措施：控制苗床浇水量，在必须浇水时，应分片按需水量浇洒。

c. 秧苗烧根：是由于苗床肥料过多，土壤溶液浓度过大所致，烧根后根系很弱，变成黄色，地上部叶片小，叶面发皱，植株矮小。防治措施：施肥量要适当，施用腐熟有机肥，追肥时控制浓度。已发生烧根现象的可适当多浇水，以降低土壤溶液浓度并提高床温。

⑧ 病害　主要是猝倒病（彩图 55）和立枯病。幼苗感染猝倒病后，下胚轴出现水浸状病斑，扩大到基部一周后，幼苗基部缢缩，导致倒伏，连续阴天后突然转晴，幼苗生长弱，易出现成片倒伏，且在病苗及其附近床面上常出现白色棉絮状菌丝，高湿是其发病主因。

幼苗感染立枯病，多在育苗中期，茎基部产生椭圆形暗褐色病斑凹陷，白天萎蔫，夜间恢复，当暗褐色病斑绕茎基一周时，小苗枯死，但不倒伏，高湿也是发病主因。

防治方法：一是加强苗期管理，严格控制土壤湿度，在连续阴天转晴时，不能让强烈阳光直接照射幼苗，在中午前后要放草苫遮阴，2～3 天后才能进行正常管理。床土过湿，可撒一薄层干细土或干草木灰，撒后，要拂去叶上的土灰。发现病苗及时连土拔除。

二是发病时用50%多菌灵可湿性粉剂600倍液加64%恶霜灵可湿性粉剂500倍液，或75%百菌清可湿性粉剂600倍液喷施，7～10天一次，共2～3次。

3. 及时定植

① 整土施肥　大棚应在冬季来临前及时整修，并在定植前一个月左右抢晴天扣棚膜，以提高棚温。在前作收获后及时清除残枝败叶和残留地膜，深翻30厘米左右。定植前10天左右做畦，宜做高畦，畦面要呈龟背形，基肥结合整地施入。一般每亩施腐熟堆肥5000千克、复合肥80千克、优质饼肥60千克，2/3翻土时铺施，1/3在做畦后施入定植沟中。有条件的可在定植沟底纵向铺设功率为800瓦的电加温线，每行定植沟中铺设一根线。覆盖地膜前一定要将畦面整平。

② 定植（彩图56）　定植期可在2月中下旬，应选择"冷尾暖头"的晴天进行定植。采取宽行密植栽培，即在宽1.5米包沟的畦上栽两行，株行距（30～33）厘米×70厘米，每亩定植3000株左右。定植前一天要对苗床浇一次水，定植深度应与秧苗的子叶下平齐为宜，若在地膜上面定植，破孔应尽可能小，定苗后要将孔封严，浇适量定根水，定根水中可掺少量稀薄粪水。

4. 田间管理

① 温湿度管理　秧苗定植后有5～7天的缓苗期，基本上不要通风，控制棚内气温在24～25℃，地温20℃左右，如遇阴雨天气，应连续进行根际土壤加温。缓苗后，棚温超过25℃时应及时通风，使棚内最高气温不要超过28～30℃，地温以15～20℃为宜。生长前期，当遇低温寒潮天气时，可适当间隔地进行根际土壤加温，或采取覆盖草帘等多层覆盖措施保温。进入采收期后，气温逐渐升高，要加大通风量和加强光照。当夜间最低气温高于15℃时，应采取夜间大通风。进入6月份，为避免35℃以上高气温危害，可撤除棚膜转入露地栽培。

② 水肥管理　定植缓苗后，应结合浇水施一次稀薄的粪肥或复合肥，进入结果期后，在门茄开始膨大时可追施较浓的粪肥或复

合肥；结果盛期，应每隔 10 天左右追肥一次，每亩每次施用复合肥 10～15 千克或稀薄粪肥 1500～2000 千克，追肥应在前批果已经采收，下批果正在迅速膨大时进行。大棚栽培还可用 0.2%磷酸二氢钾和 0.1%尿素的混合液进行叶面追肥。

在水分管理上，要保持 80%的土壤相对湿度，尤其在结果盛期，在每层果实发育的始期、盛长期以及采收前几天，都要及时浇水，每一层果实发育的前、中、后期，应掌握“少、多、少”的浇水原则。每层果的第一次浇水最好与追肥结合进行。每次的浇水量要根据当时的植株长势及天气状况灵活掌握，浇水量随着植株的生长发育进程逐渐增加。

③ 整枝摘叶　采取“自然开心整枝法”，即每层分枝保留对杈的斜向生长或水平生长的两个对称枝条，对其余枝条尤其是垂直向上的枝条一律抹除。摘枝时期是在“门茄”坐稳后将以下所发生的腋芽全部摘除，在“对茄”和“四母茄”开花后又分别将其下部的腋芽摘除，“四母茄”以上除了及时摘除腋芽，还要及时打顶摘心，保证每个单株收获 5～7 个果实。

整枝时，可摘除一部分下部叶片，适度摘叶可减少落花，减少果实腐烂，促进果实着色。为改善通风透光条件，可摘除一部分衰老的枯黄叶或光合作用很弱的叶片。摘叶的方法是：当“对茄”直径长到 3～4 厘米时，摘除“门茄”下部的老叶，当“四母茄”直径长到 3～4 厘米时，又摘除“对茄”下部的老叶，以后一般不再摘叶。

④ 中耕培土　采用地膜覆盖的，到了 5 月下旬～6 月上旬，应揭除地膜进行一次中耕培土，中耕时，为不损坏电加温线，株间只能轻轻松动土表面，行间的中耕则要掌握前期深、中后期浅的原则，前期可深中耕达 7 厘米，中后期宜浅中耕 3 厘米左右，中后期的中耕要与培土结合进行。

⑤ 防止落花落果　当气温在 15℃以下，光照弱、土壤干燥、营养不良及花器构造有缺陷时，就会引起落花落果，生长早期的落花，可以用 2,4-D 和对氯苯氧乙酸钠等生长激素来防止。如处理花器，处理适宜时期是在花蕾肥大、下垂、花瓣尖刚显示紫色到开花

的第二天之间。对花器处理可分别采用喷雾器逐朵喷雾、药液蘸花和用毛笔涂抹果梗三种方法。花器处理的浓度：2,4-D 20～30 毫克/千克；对氯苯氧乙酸钠 25～40 毫克/千克，温度高时浓度低，温度低时浓度高。处理时，应严格掌握浓度和喷雾量，避开高温时喷药，喷药时不要喷向树冠上部，第二次应在第一次喷药后 3～4 天进行，以后的间隔时间以 7～10 天为标准，注意不要重复喷药。

5. 及时采收

商品茄子以采收嫩果（彩图 57）上市，果实一般在开花后 15～20 天即可采收。鉴别茄子果实是否达到商品采收标准，可以通过观察果实萼片下面锯齿形浅色条带的宽窄来识别。条带宽，说明果实正在旺盛生长，条带由宽变窄，是采收的最佳时期，这时的果实产量最高，品质最好。采收过早，果实未充分发育，产量低；采收过晚，种皮坚硬，果皮老化，影响销售，降低食用价值。门茄原则上应尽量提早采收，以减少与茎叶生长的营养竞争。果实的采收适期，还应根据植株长势而定，长势旺盛，适当早收；长势较差，适当迟收。

采收时间应选择在早晨为佳，果实新鲜柔嫩，特别是长途运输，要注意这点。采收果实时，不要碰坏枝条和叶片，果实采收要用剪刀，不能强拉硬拽。

二、茄子大棚秋延后栽培技术

茄子大棚秋延后栽培（彩图 58），在 9 月份以后上市的茄子效益非常可观，但技术难度很大，主要是前期高温季节病虫害危害重，难以培育壮苗。应在整个栽培过程中，加强病虫害的预防，做好各项栽培管理，方能取得理想的效果。

1. 播种育苗

① 品种　选择生育期长、生长势强健、耐热、后期耐寒、抗性强、品质好、耐贮运的中晚熟品种。

② 播期　一般 6 月 10～15 日播种，过早播种，开花盛期正值高温季节，将影响茄子产量；过迟播种，后期遇到寒潮，茄子

减产。

③ 育苗　可露地播种育苗，最好在大棚内进行。选地势较高、排水良好的地块作苗床，要筑成深沟高畦。种子要经磷酸三钠处理后进行变温处理，催芽播种。撒播种子时要稀一些。播种时浇足底水，覆土后盖上一层湿稻草，搭建小拱棚，小拱棚上覆盖旧的薄膜和遮阳网，四周通风，在秧苗顶土时及时去掉稻草，当秧苗2～3片真叶时，一次性假植进钵，营养土中一定要拌药土，假植后要盖好遮阳网。也可直接播种于营养钵内进行育苗，但气温高时要注意经常浇水，做到晴天早晚各一次，浇水时可补施薄肥，如尿素、稀淡人粪尿等。

定期用50%多菌灵可湿性粉剂800倍液喷雾或浇根，也可用10%混合氨基酸铜络合物水剂300倍液喷雾或浇根，发现蚜虫及时消灭，在2～3片真叶期，为抑制秧苗徒长可喷雾3000毫克/千克的矮壮素溶液。此外，还要注意防治红蜘蛛、茶黄螨、蓟马等虫害。

2. 整地施肥

前茬作物采收后清除残枝杂草，每亩用50%多菌灵可湿性粉剂2千克进行土壤消毒。每亩施腐熟厩肥6000～7000千克或复合肥50千克（穴施）、磷肥50千克，于定植前10天左右施入。每个标准大棚（指宽6米，长30米的大棚）做成四畦，整地后用氟乐灵、丁草胺等除草剂喷洒，每亩用药0.1千克，兑水60千克。

3. 及时定植

定植前一天晚上进行棚内消毒，按每立方米空间用硫黄5克，加80%敌敌畏乳油0.1克和锯末20克混合后暗火点燃，密闭熏烟一夜。定植宜选在阴天或晴天傍晚进行。一般苗龄40天，有5～6片真叶时及时定植，每畦种两行，株距40厘米，定植后施点根肥。覆盖遮阳网，成活后揭去遮阳网，在畦面上覆盖稻草以降温保湿。

4. 田间管理

① 肥水管理　定植后浇足定植水，缓苗后浇一次水，并每

亩追施腐熟沤制的饼肥 100 千克。多次中耕培土，蹲苗。早秋高温干旱时，要及时浇水，并结合浇水经常施薄肥，保持土壤湿润，每次浇水后，应在半干半湿时进行中耕，门茄坐住后结束蹲苗。

进入 9 月中旬后，植株开花结果旺盛，要及时补充肥料，一般在坐果后，开始 2～3 次以复合肥为主，每亩每次施 15～20 千克。后 2～3 次以饼肥为主，每亩每次用 10～15 千克。以后以追施腐熟粪肥为主，约 10～12 天一次。每次浇水施肥后都要放风排湿。进入 11 月中旬后，如果植株生长比较旺盛，可不再施肥。

② 植株调整　进入 9 月中旬，植株封行后，适当整枝修叶，低温时期适当加强修叶，一般将“门茄”以下的侧枝全部摘除，将“门茄”下面的侧枝摘除后一般不整枝。

③ 吊蔓整枝　门茄采收后，转入盛果期，此时植株生长旺盛，结果数增加，要及时吊蔓（插竿），防止植株倒伏。采用吊架引蔓整枝。吊蔓所用绳索应为拉伸强度高、耐老化的布绳或专用塑料吊绳，而不用普通的塑料捆扎绳。将绳的一端系到茄子栽培行上方的 8 号铁丝上，下端用宽松活口系到侧枝的基部，每条侧枝一根绳，用绳将侧枝轻轻缠绕住，让侧枝按要求的方向生长。绑蔓时动作要轻，吊绳的长短要适宜，以枝干能够轻轻摇摆为宜。

④ 温度管理　前期气温高、多雷阵雨、时常干旱，可在大棚上盖银灰色遮阳网（一般可在缓苗后揭除）。9 月下旬以后温度逐渐下降，如雨水多可用薄膜覆盖大棚顶部，10 月中旬以后，当温度降到 15℃以下时，应围上大棚围裙，并保持白天温度在 25℃左右，晚上 15℃左右，11 月中旬后，如果夜间最低温度在 10℃以下时应在大棚内搭建中棚或二道幕，覆盖保温。大棚密封覆盖后，当白天中午的温度在 30℃以上时，应通风。

⑤ 保花保果　开花初期及后期，由于温度较高或过低，应及时用 30～40 毫克/千克的对氯苯氧乙酸钠或 20～30 毫克/千克的 2,4-D 等点花。

⑥ 病虫害防治　加强白粉病、褐纹病、菌核病、蚜虫、红蜘蛛、茶黄螨等病虫害的防治。

5. 适时采收

一般从 9 月下旬前后开始及时采收，以免影响上层果实的生长发育。当棚内最低温度 10℃以下时，茄子果实生长缓慢，老熟慢，应尽量延后采收。可一直采收到 11 月，甚至元月。

三、 早春大棚茄子开始的几种茬口安排模式

1. 早春大棚茄子—丝瓜—芹菜—莴苣

早春大棚茄子，于 10 月上旬播种，11 月分苗假植，翌年 2 月中旬定植，4 月 20 号左右开始上市，6 月中旬清茬；丝瓜 1 月中旬另备苗床播种，2 月中旬定植，4 月底开始上市，一直到 9 月清茬；芹菜可利用丝瓜遮阴，于 5 月下旬播种，6 月中旬定植，8 月中旬上市；9 月中旬莴苣育苗，10 月中下旬定植，春节前后上市。

2. 早春大棚茄子—春丝瓜—秋延后西芹

早春大棚茄子，选用耐低温、寡照的品种，9 月下旬播种，营养钵育苗，大棚内套小棚、小棚上加盖草帘的覆盖方式，遇突发性寒流可用电热线等设施加热，翌年 2 月上旬定植，株距 35～40 厘米，行株 90 厘米，每亩栽 2000～2200 株，5 月下旬罢园；春丝瓜，选用早熟、丰产、抗病性强的品种，1 月下旬采用电热线育苗，苗龄 45 天，3～4 片真叶，3 月上旬在茄子小行间按 50 厘米间距套种 1 行丝瓜，每亩栽 2200 株，9 月上旬罢园；秋延后西芹，6 月中旬播种，种子需低温处理，播后盖土，覆土后盖上草帘、稻草或遮阳网等，9 月中下旬定植，株距 30 厘米，行距 30～35 厘米，每亩栽 6000 株左右 12 月～春节前采收结束。

3. 早春大棚茄子—秋莴苣—小白菜

早春大棚茄子，11 月中旬大棚电热穴盘育苗，翌年 2 月中旬定植，双行，亩栽 2200 株，5 月上旬上市，7 月下旬罢园。秋莴苣，7 月中旬客地育苗，大棚扣遮阳网栽培，8 月上旬定植，亩栽 7000 株，9 月中旬采收。小白菜 10 月上旬直播，11 月中下旬采收。

4. 早春大棚茄子—夏豇豆—秋黄瓜—冬莴苣

早春大棚茄子，9月下旬播种，营养钵育苗，1月初采用四膜（地膜＋小拱棚膜＋二道膜＋大棚膜）定植，3月下旬开始陆续采收，5月中旬采收完；夏豇豆5月中旬直播，7月开始采收，8月上旬罢园；秋黄瓜7月下旬另备苗床播种育苗，8月上旬定植大棚，9月下旬采收完；冬莴苣9月中旬另备苗床育苗，10月上旬定植，11月中旬扣棚防冻，元旦前后上市。

5. 早春大棚茄子—休耕降盐—秋延黄瓜

早春大棚茄子，10月上旬播种，11月下旬假植于营养钵，翌年2月上中旬移栽定植，株距30厘米，行距45厘米，采用“三棚四膜”方式，即：全地膜覆盖（配套软管滴灌设施），每畦一个用竹片制成的小拱棚，低温期在大棚与小拱棚之间配套一个南竹片制成的中棚，其中苗田在12月中下旬搭建，移栽田栽即搭建好，第一批茄子上市前（约3月中旬）撤掉，6月根据市场价格决定清园时间。茄子清园后及时耕整休田，同时通过暴雨淋溶降低盐渍化，利用废旧棚膜在高温高湿情况下覆盖畦面处理一周可以杀灭部分病原微生物及害虫。秋延后黄瓜，选用抗病、高产、优质品种，8月20～25日催芽直播，每穴播2～3粒种子，一叶一心期用10毫克/千克乙烯利溶液处理，9月中旬上架，9月下旬大棚覆膜，12月初清园。

6. 早春大棚茄子—春苋菜—夏丝瓜—秋萝卜

早春大棚茄子，10月中旬育苗，2月中旬定植，4月中旬至6月下旬采收。春苋菜，2月中旬在定植茄子时条播苋菜，小棚覆盖，保温促长，4月下旬采收。夏丝瓜，3月上旬育苗，4月下旬定植，在大棚外栽丝瓜，地膜覆盖移栽，6月中旬至10月上旬采收。秋萝卜，9月上旬，在大棚内套种萝卜，12月中旬罢园。

四、 大棚茄子主要病虫害防治

1. 灰霉病（彩图59）

开花时结合蘸花在2,4-D或对氯苯氧乙酸中加入0.1%的65%

硫菌•霉威可湿性粉剂或50%腐霉利可湿性粉剂、50%异菌脲可湿性粉剂、50%多菌灵可湿性粉剂等。

保护地在傍晚可喷5%百菌清粉尘、6.5%乙霉威粉尘、5%氟吗啉粉尘等，亩用量1千克，隔9天左右再喷一次。

也可用10%腐霉利烟剂，或45%百菌清烟剂，每亩用250克熏一夜。

发病初期，可选用40%木霉素可湿性粉剂600倍液，或2%武夷菌素水剂150倍液、50%腐霉利可湿性粉剂1500倍液、50%异菌脲可湿性粉剂1500倍液、70%甲基硫菌灵可湿性粉剂800倍液、50%多菌灵可湿性粉剂500倍液、40%嘧霉胺悬浮剂1000～1200倍液、50%异菌脲悬浮剂1000倍液、25%咪鲜胺悬浮剂1200倍液、20%恶咪唑可湿性粉剂2000倍液、2%丙烷脒水剂1000倍液、50%烟酰胺水分散粒剂1500倍液、25%啶菌恶唑乳油2500倍液、50%异菌•福可湿性粉剂800倍液、50%乙烯菌核利可湿性粉剂1500倍液、25%嘧菌酯悬浮剂1500倍液、50%嘧菌环胺水分散粒剂1200倍液、50%多•福疫可湿性粉剂1000倍液等喷雾防治。在病菌对腐霉利、多菌灵、异菌脲有耐药性的地区，可使用65%硫菌•霉威或50%多•霉威可湿性粉剂1000倍液喷雾。每隔7～10天喷一次，连喷2～3次。

2. 菌核病（彩图60）

① 苗期喷药　苗期发病初期，适时喷施50%多菌灵可湿性粉剂500～800倍液，或50%咯菌腈乳油4000～8000倍液，每5～7天喷一次，连用2～3次。

② 定植后喷药　发现中心病株时，立即选用50%腐霉利可湿性粉剂1000倍液，或50%异菌脲可湿性粉剂1500倍液、50%乙烯菌核利可湿性粉剂1000倍液、40%菌核净可湿性粉剂600倍液、25%多菌灵可湿性超微粉剂250倍液、65%硫菌•霉威可湿性粉剂600倍液、50%异菌•福可湿性粉剂600～800倍液、50%混杀硫悬浮剂500倍液、36%甲基硫菌灵悬浮剂500倍液、50%咯菌腈乳油1000～2000倍液、25%嘧菌酯悬浮剂1500倍液、10%苯醚甲环唑

水分散粒剂800倍液、56%嘧菌·百菌清悬浮剂1000倍液、32.5%苯甲·嘧菌酯悬浮剂1200倍液、66.8%丙森·缬霉威可湿性粉剂600倍液、50%多·福·疫可湿性粉剂800倍液等药剂喷雾，10天一次，共喷2～3次，注意药剂交替使用。

③ 药液蘸花　在配制防落素或2,4-D蘸花液中加入1000倍的腐霉利或异菌脲，防病保果，待茄子瞪眼后，轻轻摘除果面枯花瓣，以防病菌寄生。

④ 涂茎　初花期至成株期，发现初始病斑时，不宜以常规方法喷药，可用50%多菌灵可湿性粉剂100～200倍液，或50%咯菌腈乳油1000～2000倍液，加适量无菌干细土配成药糊，涂抹病株或全田植株茎基部，防控效果可达65%～80%。

⑤ 喷粉　保护地可使用粉尘法防治，每亩每次喷撒5%百菌清粉尘1千克。连续喷3～4次。

⑥ 烟熏　在连续阴雨天发病时，可选用10%或15%腐霉利烟剂，或45%百菌清烟剂防治，每次每亩250～300克，于傍晚均匀布点，闭棚烟熏一夜，5～7天一次，连防2～3次。

3. 病毒病（彩图61）

早期防治蚜虫和红蜘蛛，可在温室、大棚内悬挂银灰色膜条，或垄面铺盖灰色尼龙纱、夏季盖银灰色遮阳网避蚜。

发病初期，叶面喷红糖或豆汁、牛奶等，可缓减发病，与药一起使用，能增强药剂的防治效果。苗期分苗前后和定植前后用混合脂肪酸100倍液喷洒，可增强植株的抗病毒能力，减少发病。还可喷施病毒钝化剂盐酸吗啉胍或20%盐酸吗啉胍·铜可湿性粉剂400～500倍液、0.5%菇类蛋白多糖水剂300倍液、高锰酸钾1000倍液、2%宁南霉素水剂200倍液等，隔7～10天喷一次，连喷2～3次，对控制病毒的增殖有较好效果。

4. 褐纹病（彩图62）

① 苗床消毒　用无病新土作苗床。播种时，每平方米用50%多菌灵可湿性粉剂10克，或50%福美双可湿性粉剂8～10克拌细土2千克制成药土，1/3撒畦面垫底后播种，其余盖种。

② 喷雾　加强预防，苗期或定植前，选用25%嘧菌酯悬浮剂1500倍液，或30%醚菌酯悬浮剂1000倍液、70%丙森锌可湿性粉剂600倍液、77%氢氧化铜可湿性粉剂600倍液、86.2%氧化亚铜可湿性粉剂2000倍液、68.75%恶唑菌酮·锰锌水分散粒剂1000倍液喷雾，视病情间隔7～10天一次，交替喷施。

定植时，用甲霜灵、霜脲·锰锌、恶霜灵等药剂浇灌，或配成药土撒入定植穴内。

发病初期，可选用75%百菌清可湿性粉剂600倍液，或40%多·硫悬浮剂500倍液、70%乙膦·锰锌可湿性粉剂500倍液、40%氟硅唑乳油5000～6000倍液、58%甲霜·锰锌可湿性粉剂500倍液、47%春雷·王铜可湿性粉剂600倍液、64%恶霜灵可湿性粉剂500倍液、25%丙环唑乳油6000倍液、5%亚胺唑可湿性粉剂800倍液、10%多抗霉素可湿性粉剂1000倍液、2.5%咯菌腈悬浮剂1500倍液、25%咪鲜胺乳油3000倍液、10%苯醚甲环唑水分散粒剂1500倍液、56%嘧菌·百菌清悬浮剂800倍液、32.5%苯甲·嘧菌酯悬浮剂1000倍液、20%苯醚·咪鲜胺微乳剂2500倍液、20%硅唑·咪鲜胺水乳剂2000倍液、64%氢铜·福美锌可湿性粉剂1000倍液、70%代森联干悬浮剂600倍液、25%吡唑醚菌酯乳油1500倍液、6%氯苯嘧啶醇可湿性粉剂1500倍液等喷雾防治，还可使用0.1%高锰酸钾+0.2%磷酸二氢钾+0.3%细胞分裂素+0.3%琥胶肥酸铜杀菌剂混合溶液喷雾，重点喷洒植株下部，7～10天一次，连喷2～3次，注意药剂交替使用。

也可选用以下配方药剂：50%甲硫·硫黄悬浮剂800倍液+70%代森锰锌可湿性粉剂700倍液，或50%腐霉利可湿性粉剂1000倍液+36%三氯异氰尿酸可湿性粉剂800倍液等喷雾。

③ 烟熏　保护地可选用10%百菌清烟剂或20%腐霉利烟剂，每亩用药300～400克，视病情隔5～7天一次。

④ 涂茎　茎秆发病严重时，可用波尔多液（1∶1∶200）涂抹病部。

5. 绵疫病（彩图63）

育苗前苗床用25%甲霜灵可湿性粉剂消毒，茄苗移栽前，大棚畦面用25%甲霜灵可湿性粉剂800倍液喷施或用75%百菌清可湿性粉剂600倍液消毒，均可达到一定的灭菌效果。

定植前，先将茄苗均匀喷1∶1∶200的波尔多液或50%多菌灵可湿性粉剂500倍液带药定植。

定植时，用70%甲基硫菌灵可湿性粉剂，或75%敌磺钠可湿性粉剂1∶100配成药土，每亩穴施或沟施药土45～100千克。

地面喷药，可向地面喷施100倍液的硫酸铜溶液，以喷湿地面为准。喷此类药时不要喷到植株上，以免产生药害。

发病前，用25%甲霜灵可湿性粉剂500倍液，或80%三乙膦酸铝600倍液灌根，每株150毫升，视天气每10天灌一次。

发病初期，可选用70%乙膦铝·锰锌可湿性粉剂500倍液，或58%甲霜·锰锌可湿性粉剂600倍液、68%精甲霜·锰锌水分散粒剂600倍液、40%乙膦铝可湿性粉剂300倍液、56%氧化亚铜可湿性粉剂500倍液、77%氢氧化铜可湿性微粒粉剂500倍液、64%恶霜灵可湿性粉剂800倍液、25%甲霜灵可湿性粉剂800倍液+50%福美双可湿性粉剂800倍液、72%霜脲·锰锌可湿性粉剂500倍液、66.8%丙森·异丙菌胺可湿性粉剂600～800倍液、70%丙森锌可湿性粉剂600倍液、72.2%霜霉威水剂600倍液、69%烯酰·锰锌可湿性粉剂800倍液、52.5%恶唑菌酮·霜脲水分散粒剂2500倍液、6.25%恶唑菌酮可湿性粉剂1000倍液、25%双炔酰菌胺悬浮剂1000倍液、62.5%氟菌·霜霉威悬浮剂800倍液、10%氰霜唑悬乳剂1500倍液、55%福·烯酰可湿性粉剂700倍液、50%嘧菌酯水分散粒剂2000倍液等喷雾防治，重点喷果实。7～10天一次，连喷3～4次，注意药剂应交替使用。

保护地可喷施5%百菌清粉尘，每亩每次1千克。

6. 黄萎病（彩图64）

定植时用生物农药处理，即撒药土，用10亿活孢子/克枯草芽孢杆菌按1∶50的药土比混合，每穴撒50克，可以有较好的防病效果。

整地时土壤消毒，每亩用50%多菌灵可湿性粉剂4千克加细土100千克拌匀撒施。

苗期或定植前，可选用50%多菌灵可湿性粉剂500倍液，或70%甲基硫菌灵可湿性粉剂600～700倍液喷雾防治。也可在苗期用30%甲霜·恶霉灵可湿性粉剂800倍液+96%硫酸铜1000倍液灌根后带药移栽。

定植时带药浇穴，用10%混合氨基酸铜水剂250～300倍液或黄腐酸铜500倍液浇于定植穴，每株施药为200～300毫升。

缓苗后灌根，缓苗后再用50%多菌灵可湿性粉剂500倍液灌根，每株灌200～300毫升。

发病初期，可选用12.5%增效多菌灵可湿性粉剂200倍液，或10%混合氨基酸铜水剂200～300倍液或黄腐酸铜500倍液灌根，每株灌200～300毫升药液，7天灌一次，连灌2～3次。

发病中期，可选用70%甲基硫菌灵可湿性粉剂400倍液，或50%多菌灵可湿性粉剂500倍液、10%双效灵2号水剂200倍液、70%敌磺钠可湿性粉剂500倍液、50%琥胶肥酸铜可湿性粉剂400倍液、20%噻菌铜悬浮剂600倍液、38%恶霜·菌酯水剂600～800倍液等灌根，每株灌药液250～300毫升，5天灌一次，连灌2～3次。采收前20天停止用药。叶面结合喷施0.3%尿素+0.3%磷酸二氢钾溶液。

7. 青枯病（彩图65）

定植时，用青枯病拮抗菌MA-7、NOE-104浸根。发病初期，可选用77%氢氧化铜可湿性微粒粉剂500倍液，或72%硫酸链霉素可溶性粉剂4000溶液、14%络氨铜水剂300倍液、50%琥胶肥酸铜可湿性粉剂500倍液、20%噻菌铜悬浮剂600倍液、25%噻枯唑可湿性粉剂500倍液、20%二氯异氰尿酸钠可溶性粉剂300倍液、42%三氯异氰尿酸可溶性粉剂3000倍液、50%氯溴异氰尿酸可溶性粉剂1500倍液、3%金核霉素水剂300倍液、20%噻森铜悬浮剂300倍液、20%噻唑锌悬浮剂400倍液、20%噻菌茂可湿性粉剂600倍液等喷淋或灌根，每株灌药液250～500毫升，隔7天灌一次，连灌3～4次，注意药剂要交替使用。

发现较晚时，应及时拔除病株，防止病害蔓延，在病穴撒少许石灰防止病菌扩散。

8. 枯萎病（彩图 66）

苗床用 50%多菌灵可湿性粉剂 10 克/立方米，加土 4～5 千克拌匀，先将 1/3 的药土撒在床面上，然后播种，再将其余的药土撒在种子上。每亩用 50%多菌灵可湿性粉剂 4 千克，混入细干土，拌匀后施于定植穴内。发病初期，可选用 50%多菌灵可湿性粉剂 500 倍液，或 36%甲基硫菌灵悬浮剂 500 倍液、30%琥胶肥酸铜可湿性粉剂 600 倍液、75%敌磺钠可湿性粉剂 800 倍液 50%苯菌灵可湿性粉剂 1000 倍液、20%甲基立枯磷乳油 1000 倍液、5%菌毒清水剂 400 倍液、15%恶霉灵水剂 1000 倍液、38%恶霜·菌酯水剂 800 倍液、30%甲霜·恶霉灵水剂 600 倍液等灌根，每穴药液量为 250 毫升，每隔 7～10 天灌一次，连续灌 3～4 次。

9. 茄二十八星瓢虫（彩图 67）

在幼虫分散前及时用药防治，药剂喷在叶背面，对成虫要在清晨露水未干时防治。可选用 70%吡虫啉水分散粒剂 20000 倍液，或 2.5%氟氯氰菊酯乳油 4000 倍液、20%氯氰菊酯乳油 6000 倍液、21%增效氰·马乳油 5000 倍液、25%噻虫嗪水分散粒剂 4000 倍液、25%毒死蜱乳油 1000～1500 倍液、50%辛硫磷乳油 1000 倍液、90%晶体敌百虫 1000 倍液等喷雾。重点喷施叶片背面，注意药剂要轮换使用。

10. 茄黄斑螟（彩图 68）

幼虫孵化始盛期防治，可用生物制剂苏芸金杆菌乳剂 250～300 倍液，化学防治可选用 70%吡虫啉水分散粉剂 20000 倍液，或 48%毒死蜱乳油 1000 倍液、1%甲氨基阿维菌素苯甲酸盐乳油 2000～4000 倍液、5%氯虫苯甲酰胺悬浮剂 2000～3000 倍液、15%茚虫威悬浮剂 3000～4000 倍液、21%增效氰·马乳油 1500～3000 倍液、10%联苯菊酯乳油 2000～3000 倍液、0.36%苦参碱水剂 1000～2000 倍液、20%氰戊菊酯乳油 2000 倍液、50%辛硫磷乳油 1000 倍液、

80%敌敌畏乳油1000倍液、5%氟啶脲乳油30～50毫升/亩、5%氟虫脲乳油50～75毫升/亩等喷雾防治，注意药剂交替轮换使用，严格掌握农药安全间隔期。喷药时一定要均匀喷到植株的花蕾、子房、叶背、叶面和茎秆上。喷药液量以湿润有滴液为度。

11. 红蜘蛛（彩图69）

在点片发生阶段及时进行防治，可选用15%哒螨灵乳油3000倍液，或5%唑螨酯悬浮剂3000倍液、1.8%阿维菌素乳油5000倍液、20%甲氰菊酯乳油1500倍液、73%炔螨特乳油1000～1500倍液、5%氟虫脲乳油1000～1200倍液、2.5%联苯菊酯乳油1500倍液等喷雾防治。注意药剂要轮换使用，使用复配增效药剂或一些新型的特效药剂可增加防治效果。

在发生初期即大部分卵孵化前喷施，可选用20%四螨嗪悬浮剂3000倍液，5%噻螨酮乳油1500倍液等喷雾，杀卵效果好，持续时间长，但不杀成螨。

此外，还有茶黄螨、温室白粉虱、斜纹夜蛾、甜菜夜蛾等虫害，可参考辣椒病虫害防治。

第四节　黄瓜大棚栽培技术

一、黄瓜大棚早春栽培技术

黄瓜大棚早春栽培（彩图70），产量高，上市早，经济效益特别明显，采用电热加温线育苗，大棚栽培，最佳播种期为1月上中旬，2月中旬移栽大棚，若采用“大棚＋小棚＋地膜”三层覆盖栽培，播种期提前到12月下旬至翌年1月上旬，可提早到3月中下旬上市。具有临时加温条件的，播种期还可适当提前。

1. 品种选择

选择早熟性强，雌花节位低，适宜密植，抗寒性较强，耐弱光和高湿，较抗霜霉病、白粉病、枯萎病等病害的品种，如津优1

号、津优 30 号、蔬研 3 号等。

2. 培育壮苗

可采用营养土育苗、营养钵育苗和穴盘育苗等方式。

① 苗床制作　培养土配方为：3 年未种过黄瓜的肥沃园土或大田土 5 份，充分腐熟的猪粪渣 3 份，炭化谷壳 2 份，每平方米再加入 50%硫菌灵可湿性粉剂或 50%多菌灵可湿性粉剂 80～100 克，25%敌百虫可湿性粉剂 60 克，掺和后过筛备用。

采取电热加温育苗，电热加温功率选取 60～80 瓦/米^2，其中播种床 80 瓦/米^2，分苗床 60 瓦/米^2，每亩需种量 250～350 克，每平方米苗床播种 50～70 克。

② 催芽播种　浸种可用热水烫种法或药剂消毒浸种法。将消毒后的种子放入 25℃的环境中，经 8～12 小时，当种子刚刚露出胚根后，再用湿毛巾包裹，放在 4℃冰箱里，进行低温锻炼 1～3 天，再进行催芽。催芽时先放在 20℃处理 2～3 小时，增温到 25～28℃，胚根长为种子长的一半或等长左右即可播种。经锻炼的种子，芽子粗壮，幼苗抗寒能力增强，并有早熟增产效果。

播种时，应选温度较高的中午，先把苗床浇透底水，待水渗下后，再把刚催好芽的种子均匀横播在床面上，覆盖 1～1.5 厘米厚营养土，薄浇面水，并盖好塑料地膜，封闭大棚。

由于黄瓜根系再生能力弱，有条件的最好采用穴盘育苗，根据黄瓜幼苗的大小，宜选用 50 孔穴盘，采用草炭∶蛭石为 3∶1 的复合基质较为适宜，每盘基质中可加入尿素 3 克、磷酸二氢钾 4 克。播种前一定要将基质浇透水。整个苗期不能缺水，但水分不能过多，否则，地温低、湿度高容易引起沤根。

播种后密闭大棚 5 天左右，出苗后及时揭去地膜，适当通风，降低温湿度，一般白天 20～25℃，夜间 10～15℃，第一片真叶展开后，采用大温差育苗，白天 25～30℃，前半夜 15～18℃，后半夜 10～15℃，定植前 1 周炼苗，白天 20～25℃，夜间 10～15℃，定植前 1 天喷洒多菌灵，黄瓜苗 3～4 片真叶时定植。采用营养土育苗的，在幼苗破心后及时分苗。

在苗龄1叶1心和2叶1心时，各喷一次200～300毫克/千克的乙烯利，可促进雌花增多，节间变短，坐瓜率高。若使用了乙烯利处理，田间应加强肥水管理，当气温达15℃以上时要勤浇水施肥，不蹲苗，一促到底，施肥量增加30%～40%，中后期用0.3%磷酸二氢钾进行3～5次叶面喷施。

3. 及时定植

① 定植前的准备　黄瓜栽培应选择地势较高，向阳，富含有机质的肥沃土壤，并在定植前20天，选择晴天扣棚以提高棚内温度；不宜与瓜类作物连作，最好是冬闲大田，前作收获后早翻土烤晒或冻垡。定植前10天左右整土做畦，将土壤深翻20厘米以上，结合整地一般每亩施生石灰100千克，优质腐熟堆肥4000～5000千克，饼肥60千克或过磷酸钙50～60千克，复合肥50千克，饼肥在整地时铺施，复合肥与腐熟堆肥混合后施入定植沟；畦面喷95%恶霉灵可溶性粉剂（绿亨一号）消毒，有条件的可选用功率为1000瓦的电加温线纵向铺设在定植沟底，若没有，则要在做畦后覆盖地膜以保温。6米宽大棚做4畦，双行种植，畦宽为1.6米包沟，单行种植，畦宽1.0米，做成龟背形高畦，畦高30厘米。

② 定植　当棚内10厘米深地温达到12℃，每天高于15℃的温度达到6小时以上时即可定植。选晴天的上午进行定植。若是双行单株种植，株距22厘米，亩栽3300～3400株；双株定植，穴距34厘米，亩栽4900～5000株。若为窄畦单行单株种植，株距18厘米，亩栽3600～3800株；双株定植，穴距28厘米，亩栽4700～4900株。在每畦2行黄瓜正中平铺一条直径5厘米左右的滴灌带，畦面覆盖黑色地膜。黄瓜根系较浅，定植时不可将苗栽得太深，以幼苗根颈部和畦面相平为准，定植时幼苗要尽量多带营养土，地膜上定植，破孔尽可能小，定苗后及时封口，浇定根水，盖好小拱棚和大棚膜。

4. 田间管理

① 温湿度调节　定植后须立即闷棚，5～7天一般不通风，在

此期间要三膜覆盖，关好棚门进行闷棚，棚内不超过35℃不放风，以适当提高棚内温度，促进发根。可用电加温线进行根际昼夜连续或间隔加温促缓苗。当黄瓜心叶长出后，缓苗期结束，进入初花期，应适当降低温度，白天棚内气温保持在25～30℃之间8小时以上，夜间温度保持在10～15℃。此期当棚内温度超过30℃时要及时放风，温度低于20℃时停止放风。

中后期要注意高温危害。一是利用灌水增加棚内湿度，二是在大棚两侧掀膜放底风，并结合折转天膜换气通风。通风一般是由小到大，由顶到边，晴天早通风，阴天晚通风，南风天气大通风，北风天气小通风或不通风，晴天当棚温升至20℃时开始通风，下午棚温降到30℃左右停止通风，夜间棚温稳定通过14℃时，可不关天膜进行夜间通风，但不能将大棚膜全部揭掉，否则容易发生霜霉病、疫病等病害。

② 水肥管理　黄瓜好肥水，在施足基肥的基础上，结合灌水选用腐熟人粪尿和复合肥进行追肥。追肥应掌握勤施、薄施、少食多餐的原则，晴天施肥多、浓，雨天施肥少、稀。

一般在定植缓苗后，视苗情施一次提苗肥，每亩施复合肥或尿素5千克，根瓜长15厘米左右时结合浇水追施一次催瓜肥，每亩可施复合肥或尿素10～15千克，以后每7～10天追一次肥，进入结瓜期盛期，每5～7天追一次肥，结合灌水在两行之间再追2～3次人粪尿，每次每亩约1500千克，或每次每亩用复合肥或尿素10～15千克，并用0.3%～0.5%尿素或磷酸二氢钾液进行叶面喷施，结瓜后期停止追肥。注意地湿时不可施用人粪尿。

黄瓜定植时轻浇一次压根水，定植后缓苗期一般不浇水，缓苗后要及时浇一次缓苗水，当根瓜长到15厘米左右时再浇一次催瓜水，根瓜采收后，天气不冷不热，一般每周浇一次水，保持土壤湿润。采收中期外界温度逐渐升高，应勤浇多浇，保持土壤高度湿润，但要使表土湿不见水，干不裂缝，不渍水，每隔3天左右浇一次壮瓜水。采收后期植株趋于衰老，要减少浇水量，早期气温低时上午浇，后期气温高时早上或傍晚浇，阴雨天最好不浇。降雨后及时排水防渍。

③ 激素应用与二氧化碳施肥　坐瓜期使用对氯苯氧乙酸（番茄灵），主要作用在于防止或减少落花与化瓜，提高坐瓜率，增加早期产量，使用浓度为100～200毫克/千克，使用方法是在每一雌花开花后1～2天，用毛笔将稀释液点到当天开放的新鲜雌花的子房或花蕊上。也可进行人工授粉，于上午8～10时雄花开放，去掉花瓣，用花粉涂抹在雌花柱头上，促进坐瓜。

二氧化碳施肥：使用时间在日出后1小时开始，到日出后2小时左右棚内气温达28℃时即停止，停施2小时后开始通风，下午和阴雨天不施。施用浓度为1000～1500毫克/千克。二氧化碳的来源，可采用烧焦炭的二氧化碳发生器，使用二氧化碳气体钢瓶或应用二氧化碳干冰，也可采用化学发生剂或增施大量含碳量高的有机肥料，每100平方米大棚内用540克碳酸氢铵与330克硫酸反应生成，设5～7个发生点，用塑料盆悬挂与生长点平行，从缓苗起开始施用，每天一次，到结瓜盛期末结束。

④ 整枝绑蔓　黄瓜于幼苗4～5片叶开始吐须抽蔓时设立支架，可设人字架，大棚栽培也可在正对黄瓜行向的棚架上绑上竹竿纵梁，再将事先剪断好的纤维带按黄瓜栽种的株距均匀悬挂在上端竹竿上，纤维带的下端可直接拴在植株基部处。当蔓长15～20厘米时引蔓上架，并用湿稻草或尼龙绳绑蔓，以后每隔2～3节绑蔓一次，绑成“8”字形或“S”形。一般要连续绑蔓4～5次，绑蔓时要摘除卷须，绑蔓宜于下午进行。为提高生产效率采用绑头器绑头，工效可提高3～4倍。

黄瓜多以主蔓结瓜，植株调整应在及时绑蔓的基础上，采取“双株高矮整枝法”。即每穴种双株，其中一株长到12～13节时及时摘心，另一株长到20～25节摘心。如果是采取高密度单株定植，则穴距缩小，高矮株摘心应相隔进行，黄瓜生长后期，要打掉老叶、黄叶和病叶等，利于通风。

5. 适时采收（彩图71）

定植后1个月左右开始采收，最早上市为3月中下旬，及时采收或打掉根瓜，以清晨采摘为宜。

二、 黄瓜大棚秋延后栽培技术

秋延迟大棚黄瓜栽培（彩图72），是指利用大棚设施，于7月中旬至8月上旬播种，8月上旬至8月下旬定植，9月中旬至11月下旬供应市场的栽培方式，一般价格较高，经济效益好。因为后期气温低，大棚提温保温能力有限，所以要注意播种期不要太迟，否则达不到理想产量。

1. 品种选择

选择前期耐高温、后期耐低温、雌花分化能力强、长势好、抗病力强、产量高、瓜条顺直、商品性好的品种。如津绿11号等。

2. 培育壮苗

① 搭建遮阳棚　秋延迟黄瓜育苗，应在大棚、中棚或小拱棚内进行，四周卷起通风。在大棚内育苗，揭开前底脚，后部外通风口，形成凉棚。

② 育苗移植　选择土壤疏松、团粒结构好、富含有机质和必需的营养元素且未种过茄果瓜类的菜园土或水稻土3份、腐熟粪肥5份、草木灰2份，再按照1立方米土施用油枯粉6千克、过磷酸钙0.5千克的比例混匀，泼施清淡粪水覆盖发酵1～2天后，边搅拌边喷雾灭菌杀虫，混匀半天后即可装入事先备好的营养钵，可将营养钵置于搭好的大棚内，按畦整齐排列，便于操作。

秋延迟黄瓜可以直播，但最好采用育苗移植的形式育苗，一般不采用嫁接苗。黄瓜种子用55℃的温水浸泡15～20分钟，不断搅拌至30℃，然后在冷水中浸泡3～4小时，洗净黏液，晾干明水，与湿润沙子混合并用麻布口袋覆盖，保持湿度60%，3～5天即可露白待播。

将发芽的种子点播到营养钵中，再盖上2厘米厚的细沙或营养土，浇足水，用薄膜覆盖保湿，始终保持细沙和营养土湿润，待子叶冒出土面之后，及时揭开薄膜，若遇到强日照温度高时，要用遮阳网以小拱棚的形式进行覆盖降温，避免形成高脚苗。

也可直接在地面做成宽1.0～1.2米、长6米左右的育苗畦。

按每畦撒施过筛的优质有机肥50千克作育苗基肥，翻10厘米深，粪土掺匀，耙平畦面即可移苗或直播，畦上搭起0.8～1.0米高的拱架，覆上旧膜，起遮雨和夜间防露水作用。

有条件的可采用穴盘基质育苗。

③ 苗期管理　育苗期间，因高温、昼夜温差小，不利于雌花分化和发育，为促进雌花形成和防止苗期徒长，必须用乙烯利处理，即在幼苗1.5～2片真叶展开时，喷100毫克/千克乙烯利，7天后再喷一次。喷施宜在午后3～4时进行，喷后及时浇水。幼苗期高温多湿，易发生霜霉病和疫病，应在黄瓜出苗后每10天灌一次甲霜灵可湿性粉剂600～800倍液。苗期气温高，蒸发量大，要保持畦面见干见湿，浇水在早晨、傍晚进行，每次浇水以刚流满畦面为止。

3. 整地施肥

在黄瓜幼苗移栽两周之前，首先将前茬作物的秸秆完全清理出待栽田块，尤其前茬是茄果类蔬菜的田块更应引起重视，将病苗、死苗及枯枝落叶彻底清理出去，尽量减少病源。同时应扣棚升温，利用太阳光或通过施用高效低毒低残留广谱性杀菌剂（如喷洒1.5千克50%多菌灵可湿性粉剂或50%甲基硫菌灵可湿性粉剂进行土壤消毒）进行土壤杀菌。然后依走势和田间畦沟设计，应当在田块四周和畦间挖好边沟和畦沟，畦也不能太长，确保能排能灌以调整土壤湿度。

及时整地施肥，一般每亩施用优质腐熟圈肥4000～5000千克、高浓度硫酸钾型复合肥100千克作为基肥，配合整地撒施拌匀。然后灌水，待土壤干湿适宜时翻地，整平后起垄，整成畦面宽1.2米（包沟）的大畦，并覆盖地膜，覆盖要仔细严实。

4. 定植或直播

幼苗在营养钵里生长10天左右即长出2片真叶，此时就可移栽大棚。定植前，在育苗畦灌大水，选择生长健壮、大小一致的秧苗，按株距25～30厘米，行距100厘米，每畦2行，每亩栽植3500株左右。定植深度以苗坨面与垄面相平为宜，不宜过深。移栽完后要仔细检查地膜覆盖是否完整，及时用细土盖严栽植穴。

若是采用直播的方法，在扣棚前直播，能节省育苗移栽用工，也不会移栽伤根，而且苗壮。按大行距 70 厘米，小行距 50 厘米，高畦或起垄栽培，播种前 2～3 天浇透水，开沟 3 厘米深，将催好芽的种子按 25～30 厘米株距点播，每穴播种 2～3 粒，播后覆土 1.5 厘米。如果墒情不足，出苗前要灌水催苗。若遇雨天，应盖草防止土壤板结，一般播后 3 天可出苗，2 片真叶后定苗。发现缺苗、病苗、畸形苗及弱苗时，应挖密处的健苗补栽。

5. 田间管理

① 温湿度调节　结瓜前期气温高，应将棚四周的薄膜卷起只留棚体顶部薄膜，进行大通风。及时中耕划锄，降低土壤湿度。

结瓜盛期，到 10 月中旬时，外界气温下降较快，当月平均气温下降到 20℃，夜间最低温度低于 15℃时要及时扣棚，根据气温变化合理通风，调节棚内温度，白天棚内温度宜保持在 25～30℃，夜间 13～15℃。当最低温度低于 13℃时，夜间要关闭通风口。

结瓜后期，外界气温急剧下降，要加强保温管理。盖严棚膜，当夜间最低温度低于 12℃时要按时盖草苫；白天推迟放风时间，提高温度；积极采取保温措施，使夜间保持较高温度，尽量延长黄瓜生育时间。当棚内最低温度降至 10℃时，可采取落架管理，即去掉支架，将茎蔓落下来，并在棚内加盖小拱棚，夜间再加盖草苫保温，可延长采收期。

② 肥水管理　插架前可进行一次追肥，每亩施腐熟人粪尿 500 千克或腐熟粪干 300 千克或尿素 5 千克。施追肥后灌水插架或吊蔓。开花结果初期追一次肥，每亩用高浓度硫酸钾型复合肥 15 千克兑猪粪尿 3000 千克穴施。盛瓜期一般追一次肥，每亩用尿素 5 千克、复合肥 10 千克溶化在 4000 千克猪粪尿中穴施或随水冲施。还可结合防病喷药，喷施 0.2％尿素和 0.2％磷酸二氢钾溶液 2～3 次。11 月份如遇连阴天、光照弱时，可用 0.1％硼酸溶液叶面喷洒，有防止化瓜的作用。

定植后因高温多雨，应防止秧苗徒长，控制浇水，少灌水或灌小水。温度高时浇水可隔 4 天浇一次，后期温度低时可隔 5～6 天浇一次，10 月下旬后隔 7～8 天浇一次。

③ 中耕与植株调整　从定植到坐瓜，一般中耕松土 3 次（地膜覆盖的不用中耕松土），使土壤疏松通气，减少灌水次数，控制植株徒长，根瓜坐住后不用再中耕。

盛瓜期及后期应适当培土。秋延迟栽培黄瓜易徒长，坐瓜节位高，应及时上架和绑蔓，可采用塑料绳吊蔓法吊蔓，当植株高度接近棚顶时打顶摘心，促进侧枝萌发。一般在侧蔓上留 2 片叶 1 条瓜摘心，可利用侧蔓增加后期产量。

④ 病虫害防治　秋延后黄瓜病害主要有霜霉病、枯萎病、白粉病、细菌性角斑病等，虫害主要有蚜虫、美洲斑潜蝇、瓜绢螟等，应及时防治。

三、 早春大棚黄瓜开始的几种茬口安排模式

1. 大棚早春瓜类蔬菜—小白菜—秋延后茄果类蔬菜

早春大棚瓜类蔬菜，元月下旬用电热温床育苗，或 2 月中下旬冷床播种育苗，2～3 月定植，6 月底至 7 月初采收结束，然后清园，接茬种植小白菜或苋菜，随时播种，生育期约 30 天，然后再种植秋延后蔬菜，茄果类蔬菜于 7 月上中旬播种育苗，8 月中旬前后定植，并延后采收供应到 12 月至翌年 1 月结束。

2. 大棚早春瓜类蔬菜—莴苣—茄果类蔬菜

瓜类蔬菜，12 月中旬播种育苗，翌年 1 月下旬至 2 月中下旬定植，6 月上旬采收结束。莴苣在 5 月中下旬播种育苗，6 月上旬定植，8 月下旬采收结束。茄果类蔬菜 8 月上旬另备苗床播种育苗，9 月上旬定植，延后栽培可采收到 12 月至翌年 1 月。

3. 早春大棚黄瓜—小白菜—茼蒿

早春大棚黄瓜，选用耐低温品种，1 月下旬采用穴盘育苗，在幼苗 3～4 片真叶、2 月中下旬定植，每亩定植 4000 株左右，4 月中下旬开始收获，6 月中旬收获结束。小白菜，选用抗热 605、上海青等品种，于 6 月底开始播种，撒播，播后盖遮阳网保湿遮阳，

同时棚顶上覆膜加盖遮阳网，开裙边膜，每隔20～30天上市一次，9月中下旬结束。高秆大叶茼蒿于10月上旬开始播种，撒播，每隔45～70天上市一次，翌年2月上旬结束。

4. 早春大棚黄瓜—小白菜—秋莴笋—冬莴笋

早春大棚黄瓜，选用津优35号，于1月下旬至2月上旬采用营养钵播种育苗，3月上中旬定植，畦面宽120厘米，畦沟宽30厘米，双行定植，行距50厘米，株距40厘米，每亩栽2000株，4月上中旬开始采收，6月下旬采收结束。小白菜，选用早熟5号品种，于7月上中旬直播，撒播，每亩用种量500～750克，播种后覆盖细土，及时间苗至株距8厘米，行距8厘米，播种后28～35天采收，7月下旬采收结束。秋莴笋，选用耐高温的早熟品种，于7月中下旬播种育苗，种子需低温处理，播后畦面覆遮阳网保湿降温，并搭阴棚遮光降温、避暴雨，8月中下旬定植，畦宽连沟1.5米，畦面种植3行，株距30厘米，10月中旬采收。冬莴笋，选用耐低温的中晚熟品种，于9月下旬播种育苗，播后覆细土0.5厘米厚，畦面覆遮阳网保湿，10月下旬至11月上旬定植，畦宽连沟1.5米，畦面种植3行，株距30厘米，12月下旬至翌年1月下旬采收。

5. 早春大棚黄瓜—迟豇豆—秋胡萝卜

早春大棚黄瓜，选用津春4号等品种，12月至翌年1月播种育苗，2月上中旬定植，亩栽4000～4500株，5月中旬采收完。迟豇豆，选用加工7号等耐热品种，5月下旬直播，9月上旬采收完。秋胡萝卜，选用新黑田五寸参等品种，9月下旬至10月上旬播种，第三年1月采收。

6. 早春大棚黄瓜—夏豇豆—秋延番茄

大棚早春黄瓜，12月至翌年1月上旬大棚内营养钵育苗，2月上中旬采用大小行定植，大行距70厘米，小行距50厘米，株距25厘米，5月中旬采收完。夏豇豆，在早春黄瓜罢园前7天的5月上旬大田直播，行距同黄瓜，株距30厘米，每穴播3粒，播后浇水覆土，每亩用种量3千克，8月上旬采收完。秋延番茄，7月中旬营养钵播种育苗，播后加盖遮阴物，出苗后揭去覆盖物，8月中旬定植，株距30厘米，行距40～60厘米，大棚顶采用遮阳网覆盖，定植后覆顶膜，9月下旬，根据天气变化适时覆裙膜，翌年1月底采收完。

7. 早春大棚黄瓜—夏豇豆—花椰菜

早春大棚黄瓜，在2月上旬抢晴天播种育苗，用穴盘育苗，3月上旬于大棚内套小拱棚栽培，4月下旬开始上市，6月中旬罢园；夏豇豆，于在5月底至6月上旬开浅穴点播于春黄瓜架下，7月中旬上市，8月中旬采收结束；花椰菜选择耐寒性强的晚熟性品种，如花菜120天，在8月中旬采用穴盘播种育苗，幼苗5～6片真叶时定植，苗龄25天，12月下旬开始收获，翌年1月采收结束。

8. 早春大棚黄瓜—夏豇豆—秋辣椒

早春大棚黄瓜，于2月上旬采用50孔穴盘播种育苗，选用抗病优质早中熟品种，如津春5号、津优13号等，3月上中旬定植大棚，株距33厘米，行距60厘米，于地膜上打孔移栽，大、小棚双层薄膜覆盖，4月下旬上市，6月中旬采收结束。夏豇豆于6月上旬直播于黄瓜架下，行距60厘米，株距33厘米，每穴3～4粒，8月上旬采收结束。秋辣椒于7月中旬播种，选择耐热、抗病毒病的优质品种，覆盖遮阳网育苗，出苗后12天左右，当有2～3片真叶时，一次性假植进穴盘，或直接用穴盘育苗，苗龄30天左右，8月中旬定植，10月下旬后，应对大棚进行覆盖保温，12月中旬采收结束。

9. 早春大棚黄瓜—苦瓜（套苋菜）—莴笋

早春大棚黄瓜，选用抗寒、抗病能力强的早熟品种，1月中旬大棚内营养钵温床育苗，2月下旬至3月上旬定植，4月中旬至6月上旬收获；苋菜2月下旬播种（直播）在大棚两边，4月上旬开始收获；苦瓜，选用抗病、耐高温、产量高的品种，3月中旬大棚内另备苗床营养钵育苗，4月中旬三叶一心时定植在大棚两边与苋菜套作，每 2 根骨架间栽 1 株苗，两头各栽 2 株苗，6 月上旬收获；莴笋，选用耐寒、丰产、不易裂茎品种，9 月中旬育苗，10 月中旬定植，翌年 1 月下旬至 2 月下旬收获。

10. 早春大棚黄瓜—苦瓜—花椰菜—菠菜

早春大棚黄瓜，于 2 月上旬播种，3 月上旬定植，大棚内覆地膜，套小棚栽培，4 月中旬至 6 月上旬上市。苦瓜，3 月中旬播种，4 月下旬沿棚架栽苦瓜，6 月上旬至 10 月中旬采收。花椰菜，6 月中旬播种育苗，7 月下旬定植于苦瓜棚架下，9 月下旬至 10 月中旬采收。菠菜，10 月下旬撒播，12 月中旬～翌年 1 月上旬采收。

11. 早春大棚黄瓜—秋黄瓜—菠菜

早春大棚黄瓜，选用早熟，单性结实能力强，抗霜霉病、白粉病能力强，把短、肉厚、商品性好，适宜大棚栽培的品种，于翌年 2 月初采用营养钵或育苗盘育苗，3 月中下旬定植，大行距 95～100 厘米、小行距 45～50 厘米，株距 22～25 厘米，每亩栽 4000 株，4 月中旬采摘上市，6 月底采收结束；秋黄瓜，选择抗病能力强、植株生长势强、适宜露地栽培的黄瓜品种，于 6 月底直播，利用旧架直接点播秋黄瓜，大行距 95～100 厘米，小行距 45～50 厘米，株距 18～20 厘米，每亩种 4500～5000 株，9 月下旬采收结束。菠菜，选择优质高产的尖叶型品种，于 9 月下播秋黄瓜拉秧后播种，采用直播，且以撒播为主，随着气温降低搭好棚架，扣好棚膜，元旦前后收获。

四、 大棚黄瓜主要病虫害防治

主要病害是猝倒病、立枯病、霜霉病、疫病、枯萎病、细菌性角斑病和白粉病等，防治措施应将选用抗病品种、调节环境条件和药剂防治三者结合起来。主要虫害是黄守瓜、瓜蚜和瓜绢螟等。

1. 猝倒病（彩图 73）

① 种子处理　种子用 55℃温水浸泡 15 分钟后催芽播种。也可采用种子包衣处理，即选 2.5%咯菌腈悬浮剂 10 毫升＋35%金普

隆拌种剂 2 毫升，或 6.25%精甲·咯菌腈悬浮种衣剂 10 毫升对水 150～200 毫升包衣 3 千克种子，可有效地预防苗期猝倒病和立枯病、炭疽病等苗期病害。

② 床土消毒　床土选用无病新土，最好进行苗床土壤消毒。

方法一，每平方米苗床用 50%拌种双可湿性粉剂 7 克，或 25%甲霜灵可湿性粉剂 9 克+70%代森锰锌可湿性粉剂 1 克对细土 4～5 千克拌匀。1/3 药土垫籽，2/3 药土盖籽，盖籽土应有 1～2 厘米厚。

方法二，用甲醛消毒床土，即每平方米床土用甲醛 30～50 毫升，稀释 60～100 倍，用塑料膜盖严床土，闷 4～5 天，耙松放气 2 周后播种。

方法三，取大田土与腐熟的有机肥按 6∶4 混匀，并按每立方米苗床土加入 100 克 68%精甲霜·锰锌水分散粒剂和 2.5%咯菌腈悬浮剂 100 毫升拌土一起过筛混匀。用这样的土装入营养钵或做苗床土表土铺在育苗畦上，并用 600 倍的 68%精甲霜·锰锌水分散粒剂药液封闭覆盖播种后的土壤表面。

③ 草木灰降湿防治　遇到苗床土壤湿度过大时，最简易的方法，可以施少量的草木灰（没有草木灰，只好用干细土），既可降低土壤湿度，又可当作肥料之用。

④ 生物防治　苗床整地时，每平方米苗床施入 250 克“5406”菌，可抑制猝倒病的发生；或 250～300 克种子用增产菌 5 克拌种后再播。个别发生或刚发生时，可喷 5%井冈霉素水剂 800～1000 倍液，结合放风降湿。

⑤ 药剂防治　发病初期，可选用 5%井冈霉素水剂 1500 倍液，或 72.2%霜霉威水剂 600 倍液、15%恶霉灵水剂 450 倍液、25%甲霜铜可湿性粉剂 1000～1500 倍液、75%百菌清可湿性粉剂 600 倍液、64%恶霜灵可湿性粉剂 500 倍液、70%敌磺钠可湿性粉剂 800 倍液、58%甲霜·锰锌可湿性粉剂 600 倍液、68%精甲霜·锰锌水分散粒剂 600～800 倍液、70%代森锰锌可湿性粉剂 500 倍液、69%烯酰·锰锌可湿性粉剂 600 倍液等喷洒防治，苗床湿度大时，可用上述药剂对水 50～60 倍，拌适量细土或细沙在苗床内均匀撒

施。7～10 天防治一次，连防 2～3 次。

2. 灰霉病（彩图 74）

高畦覆盖地膜。及时摘除病花、病瓜、病叶和病茎。选晴天早上浇水，阴天、雨天不能浇水，不大水漫灌，最好用滴灌，浇完水后密闭棚室，温度提到 38～40℃，闷 1～2 小时后放风排湿。

① 生物防治　发病前或刚发病时，选用 2.5％日光霉素可湿性粉剂 100 倍液，或 1％武夷菌素水剂 150 倍液、2 亿活孢子/克木霉菌可湿性粉剂 300～600 倍液、30 亿个/克甲基营养型芽孢杆菌可湿性粉剂 500 倍液等喷雾，5～6 天 1 次，连喷 3～4 次。

② 烟熏　保护地，发病前或发病初期，用 3.3％噻菌灵烟剂，或 10％腐霉利烟剂、15％多·霉威烟剂、40％百菌清烟剂等密闭烟熏，每亩用药 250～350 克，分放 5～6 处，傍晚暗火点燃，闭棚过夜，次日早晨通风，隔 6～7 天一次，连熏 4～5 次。

③ 喷粉　保护地，发病前或发病初期，喷 5％百菌清粉尘剂，或 6.5％硫菌·霉威粉尘剂，或 5％灭霉灵粉尘剂，或 5％福·异菌粉尘剂，每亩每次喷 1000 克，7 天一次，连喷 4～5 次。

④ 化学防治　因黄瓜灰霉病是侵染老化的花器，预防用药一定要在黄瓜开花时开始喷药，首先用 2.5％咯菌腈悬浮剂 600 倍液或 50％多·福·疫可湿性粉剂 500 倍液，对黄瓜雌花进行蘸花或喷花。

黄瓜整个生长期最好提前进行预防，可选用 50％腐霉利可湿性粉剂 800 倍液，或 70％甲基硫菌灵可湿性粉剂 800 倍液、50％福·异菌可湿性粉剂 800 倍液、25％嘧菌酯悬浮剂 1500 倍液、75％百菌清可湿性粉剂 600 倍液、50％乙烯菌核利干悬浮剂 1000 倍液、50％多·霉威可湿性粉剂 800 倍液、50％多·福·疫可湿性粉剂 1000 倍液、65％硫菌·霉威可湿性粉剂 600～800 倍液、50％异菌脲可湿性粉剂 800～1000 倍液、40％嘧霉胺悬浮剂 600～800 倍液、25％咪鲜胺乳油 2000 倍液、30％百·霉威可湿性粉剂 500 倍液、20％恶咪唑可湿性粉剂 2000 倍液、2％丙烷脒水剂 1000 倍液、50％烟酰胺水分散粒剂 1500 倍液等交替喷雾，7 天喷一次，连喷 2～3 次。

要注意喷施嘧霉胺类杀菌剂，易使黄瓜叶片产生褪绿性黄化药害。

病害较重时，可选用烟熏剂烟熏后，隔3～5天再喷25%啶菌恶唑乳油1000倍液，或60%唑醚·代森联水分散粒剂1500倍液+50%烟酰胺水分散粒剂1200倍液，或50%咪鲜胺可湿性粉剂1500倍液+3%中生菌素可湿性粉剂600倍液。药剂应现混现用，同时注意农药交替使用。

3. 菌核病（彩图75）

① 生态防治　棚室栽培时，上午以闭棚升温为主，温度不超过30℃不要放风，温度较高还有利于提高黄瓜产量，下午及时放风排湿，相对湿度要低于65%，发病后可适当提高夜温以减少结露，可减轻病情。防止浇水过量，土壤湿度大时适当延长浇水间隔期。

② 烟熏或喷粉　棚室或露地出现子囊盘时，每亩每次用10%腐霉利烟剂或45%百菌清烟剂250克，熏1夜，每隔8～10天一次。每亩喷撒5%百菌清粉尘剂1千克。或在黄瓜盛花期和满架期用6.5%万霉灵粉尘剂各施一次药，共施2次，每次用量1千克。

③ 药剂喷淋　在定植前用50%腐霉利可湿性粉剂1000倍液喷淋黄瓜植株，杜绝带菌苗定植。

④ 伤口处理　每次进行完整枝摘叶后，都要对植株伤口进行及时的药剂处理。可选用50%蔓枯灵乳油500倍液，或38%恶霉灵可湿性粉剂1000倍液加72%硫酸链霉素可湿性粉剂1500倍液。

⑤ 药剂涂抹　先用刀片将病茎处长白毛的腐烂处刮除，再用50%腐霉利或异菌脲药剂，用水稀释20～30倍液如浓奶浆状（也可用少量食用淀粉糊与药粉以2∶1比例加水混匀）涂抹患处，一般涂药一次后，病患处植株会慢慢自行愈合，植株叶片不再萎蔫，能正常继续开花结果，如果病患处腐烂比较严重，3～5天后看情况可再涂一次药。通常病茎腐烂程度不到其直径的一半的植株，都可以救活。此法比喷雾效果好。

⑥ 药剂喷雾　田间发现病株，应及时清除中心病株，并进行药剂喷雾防治，可选用50%腐霉利可湿性粉剂1500倍液，或50%

乙烯菌核利可湿性粉剂1000倍液、2%宁南霉素水剂250倍液、50%异菌脲可湿性粉剂800～1000倍液、65%硫菌·霉威可湿性粉剂600～800倍液、50%咪鲜胺可湿性粉剂1500倍液、36%多·咪鲜乳油1500倍液、50%福·异菌可湿性粉剂500～1000倍液、50%多·腐可湿性粉剂1000倍液、50%百·菌核可湿性粉剂750倍液、50%多·霉威可湿性粉剂600～800倍液、40%菌核净可湿性粉剂800～1000倍液、50%灭霉灵可湿性粉剂加70%敌磺钠可湿性粉剂（1∶1）600倍液等喷雾防治，每隔8～9天防治一次，连续防治3～4次。药剂喷施部位主要是瓜条顶部残花以及茎部、叶片和叶柄。

4. 霜霉病（彩图76）

① 生物杀菌　用尖椒、生姜或紫皮大蒜各250倍液混合喷洒，3天喷一次，连喷2次。或在发生前，用2%嘧啶核苷类抗生素水剂200倍液，5～6天一次，连喷2～3次。

② 烟雾熏蒸　发病前用45%百菌清烟剂，或刚发病时用25%百菌清烟剂，每亩200～250克，于发病前傍晚将温室密闭，把烟熏剂均匀分成5～6处，用暗火点燃，烟熏一夜，每7天左右烟熏一次，连熏5～6次。

③ 喷粉　大棚内可用10%敌菌灵粉尘剂，或5%百菌清粉尘剂，每亩喷粉500克，喷后闭棚1小时后才可放风，7～10天一次，共喷5～6次。

④ 高温闷棚　发病严重时，选择晴天中午密闭棚室，使瓜秧上部温度达42～45℃，维持2小时后放风降温。隔7～10天处理一次，连续处理2～3次。闷棚前若土壤干燥应浇水一次，增加湿度以防高温伤害，温度不宜超过47℃或低于42℃，否则易受害或效果不明显。注意闷棚前不宜施用杀菌剂，以免出现药害。

⑤ 药剂防治　发现中心病株或病区后，应及时摘掉病叶，迅速在其周围进行化学保护。一般每4～7天喷药一次，喷药间隔时间应按当时结露情况而定。露重时，间隔期要短。用药量随生育期

不同而有所不同，前期用量少，后期用量大。同时，注意杀菌机理不同的药剂交替轮换使用，以延缓病菌耐药性的产生。

喷雾药剂可选用50%烯酰吗啉可湿性粉剂500倍液，或80%恶霉灵可湿性粉剂400倍液、75%百菌清可湿性粉剂600倍液、70%乙磷·锰锌可湿性粉剂500倍液、58%甲霜·锰锌可湿性粉剂600倍液、72.2%霜霉威水剂800倍液、20%二氯异氰尿酸钠可溶性粉剂300～400倍液、10%氰霜唑悬浮剂1500倍液、6.25%恶唑菌酮可湿性粉剂1000倍液、52.5%恶唑菌酮·霜脲水分散粒剂2500倍液、69%烯酰·锰锌可湿性粉剂600～800液、50%敌菌灵可湿性粉剂500倍液、72%霜脲·锰锌可湿性粉剂800倍液、50%氟吗·锰锌可湿性粉剂4～5克/亩、25%嘧菌酯水分散粒剂1500倍液、25%双炔酰菌胺（瑞凡）悬浮剂1000倍液、56%嘧菌酯·百菌清（阿米多彩）悬浮剂800倍液、68%精甲霜·锰锌水分散粒剂100～120克/亩、70%代森联干悬浮剂100～120克/亩、18%百菌清·霜脲氰悬浮剂150～155毫升/亩等交替使用，7～10天一次，连喷3～6次。

可选用的用药配方：12.5%烯唑醇粉剂2000倍液+50%烯酰·锰锌可湿性粉剂800倍液+2%春雷霉素水剂500倍液喷雾；12.5%烯唑醇粉剂2000倍液+53%精甲霜·锰锌可湿性粉剂600倍液+3%中生菌素可溶性粉剂1000倍液喷雾；70%甲基硫菌灵可湿性粉剂+50%烯酰吗啉可湿性粉剂3000倍液+88%水合霉素可溶性粉剂500倍液喷雾。

据有关报道，用68.75%氟菌·霜霉威（银法利）悬浮剂600倍液或72.2%霜霉威水剂600倍液分别加70%丙森锌可湿性粉剂600倍液轮换使用，或66.8%丙森·缬霉威（霉多克）可湿性粉剂500倍液喷雾防治。防治黄瓜霜霉病效果不错、见效快，持效时间长达20天以上，既具有保护作用又具有治疗作用，同时可兼治混合发生的黄瓜炭疽病，建议一试。

5. 细菌性角斑病（彩图77）

①生态防治　通过控制白天和晚上棚内的温差来控制病害的

发生，上午闭棚，温度提升到28～34℃，但不超过35℃；中午开始放风，温度降低到20～25℃，湿度降低到60%～70%，叶片上没有水滴；晚上闭棚，温度降低到11～12℃，若夜间温度达13℃以上，即可整晚放风。浇水需在晴天早上进行，浇后立即闭棚，使棚温提高到35～40℃，维持1～2小时，然后放风降湿直到夜间。在大棚休闲期晾棚2～6周，使土壤干透并持续20天，可以有效降低病原菌的数量。

② 生物防治　发病前期或初期，可选用72%硫酸链霉素可溶性粉剂或用新植霉素4000倍液，或90%链·土可溶性粉剂4000倍液、3%中生菌素可湿性粉剂800～1000倍液、2%宁南霉素水剂260倍液、2%春雷霉素水剂500倍液、0.5%氨基寡糖素水剂600倍液等喷雾防治，6～7天一次，连喷3～4次。

病害发生初期也可喷施41%乙蒜素乳油，每亩有效剂量为28.7～32.7克，每隔7～10天喷药一次，共施3次。乙蒜素对植物生长具有刺激作用，喷施后作物生长健壮，为防止病菌对乙蒜素产生耐药性，建议与保护性杀菌剂或作用机制不同的杀菌剂交替使用。

③ 喷药防治　浇水后发病严重，因此，每次浇水前后都应喷药预防。发病初期，可选用77%氢氧化铜可湿性粉剂400倍液，或14%络氨铜水剂300倍液、27.12%碱式硫酸铜悬浮剂800倍液、20%松脂酸铜乳油1000倍液、58%氧化亚铜分散粒剂600～800倍液、30%氧氯化铜悬浮剂600倍液、30%硝基腐殖酸铜可湿性粉剂600倍液、30%琥胶肥酸铜可湿性粉剂500倍液、20%噻森铜悬浮剂300倍液、20%噻唑锌悬浮剂400倍液、20%噻菌茂可湿性粉剂600倍液等喷雾防治，每5～7天一次，连喷2～3次。频繁使用铜制剂很容易造成植株耐药性的产生，因此在田间施药时铜制剂最好与其他药剂轮换使用，既提高药剂使用效果，又可降低耐药性风险。

与霜霉病同时发生的，可选用58%甲霜灵可湿性粉剂，或50%甲霜铜可湿性粉剂、47%春雷·王铜可湿性粉剂、60%琥·乙膦铝可湿性粉剂等500倍液喷雾防治，6～7天一次，连喷3～4次。

用硫酸铜每亩3～4千克撒施浇水处理土壤可以预防细菌性病害。

④ 喷粉防治　保护地发病初期，可选用5%春雷·王铜粉尘剂，或5%防细菌粉尘剂喷雾。与霜霉病同时发生时，可喷12%乙滴粉尘剂，或用7%敌菌灵粉尘剂+5%防细菌粉尘剂，每亩每次喷1千克，7天一次，连喷3～4次。

6. 靶斑病（彩图78）

① 撒施药土　可选用50%多菌灵或70%甲基硫菌灵或50%腐霉利或50%异菌脲可湿性粉剂1份+适量杀虫剂+50份干细土（苗床床底撒施薄薄一层药土，播种后用药土做种子的覆盖土）。

② 烟熏或喷粉　保护地栽培，可在定植前10天，用硫黄粉2.3克/立方米，加锯末混合后分放数处，点燃后密闭棚室熏一夜。或用45%百菌清烟剂200克/亩，6.5%硫菌·霉威粉尘剂、5%百菌清粉尘剂1千克/亩喷粉。隔7～9天一次，连续2～3次。

③ 化学防治　在进行农业防治的同时应结合化学药剂防治，值得注意的是，该病菌侵染成功率非常高，若在超过3%的植株叶片感染发病后施药，则无法取得满意效果，所以做好早期防护措施、及时施药是关键。

发病初期，可选用41%乙蒜素乳油2000倍液，或0.5%氨基寡糖素水剂400～600倍液、53.8%氢氧化铜干悬浮剂600倍液、47%春雷·王铜可湿性粉剂800倍液、80%福美双水分散粒剂1200倍液、40%嘧霉胺悬浮剂500倍液、25%咪鲜胺乳油1500倍液、40%氟硅唑乳油8000倍液、50%异菌脲可湿性粉剂1000～1500倍液、50%乙烯菌核利可湿性粉剂1000倍液、40%腈菌唑乳油3000倍液、25%嘧菌酯悬浮剂1500倍液、85%三氯异氰脲酸可溶性粉剂1500倍液、25%吡唑·嘧菌酯可湿性粉剂3000倍液、43%戊唑醇悬浮剂3000倍液、6%氯苯嘧啶醇可湿性粉剂1500倍液、60%吡唑醚菌酯·代森联水分散粒剂1500倍液等药剂喷雾防治。隔7～10天喷一次药，连续药3～4次，药剂要轮换使用。在喷药液中加入600倍的核苷酸等叶面肥效果更好。喷药重点喷洒中、下部叶片。

复配剂可选用60%吡醚·代森联水分散粒剂1200倍液+72%硫酸链霉素可溶性粉剂2000倍液，或43%戊唑醇悬浮剂3000倍液+33.5%喹啉铜悬浮剂1500倍液等喷雾防治，或60%唑醚·代森联水分散粒剂1000～1500倍液+33.5%喹啉酮悬浮剂1500倍液+有机硅3000倍液。每5～7天喷一次。

喷施80%福美双水分散粒剂800倍液+25%丙环唑乳油5000倍液，可同时防治蔓枯病、白粉病；喷施45%百菌清可湿性粉剂600倍液+25%金力士乳油5000倍液，可同时防治蔓枯病、白粉病、黑星病。

如果误诊，喷施了防治霜霉病的烯酰吗啉、霜脲氰，防治细菌性角斑病的硫酸链霉素，防治炭疽病的咪鲜胺等药剂，对防治靶斑病几乎不起作用。此外，在靶斑病的防治过程中一定要减少杀菌剂的使用频率和剂量，并且注意不同作用机制的杀菌剂轮换使用，这样才可能达到抑制抗药菌株出现的目的。

7. 黑星病（彩图79）

与非瓜类轮作3年，施足腐熟有机肥，不偏施氮肥，增施磷、钾肥，及时打掉老叶、病叶，合理密植，及时清除病瓜、病株。因黑星病为低温高湿病害，保护地栽培可采用生态防治，采用开棚放风排湿和控制浇水量和次数的方法，降低相对湿度，控制棚内温度在30～35℃，使温、湿度达到有利于作物生长，而不利于病菌生长的环境条件。采取地膜覆盖、滴灌技术，可减少水分蒸发，有效降低棚室湿度，控制发病程度。

① 喷粉　发病前或发病初期，用10%多·百粉尘剂，或6.5%硫菌·霉威粉尘剂，或5%灭霉灵粉尘剂，或5%福·异菌粉尘剂等，每亩用药1千克，7天一次，连喷4～5次。

② 烟熏　发病前，每亩用45%百菌清烟剂300～350克，7天一次，连熏4～5次。也可用硫黄熏蒸，每100立方米空间用硫黄250克、锯末500克混合后分几堆点燃熏蒸1夜。

③ 化学防治　黑星病的防治重点是及时，一旦发现中心病株要及时拔除，及时喷药防治，如错过防治适期，病害得到进一步蔓

延，防治困难。

发病初期，可选用1%武夷菌素水剂100倍液，或40%氟硅唑乳油8000～10000倍液、50%多菌灵可湿性粉剂500倍液、50%苯菌灵可湿性粉剂1000～1200倍液、75%百菌清可湿性粉剂500～600倍液、50%异菌脲可湿性粉剂、43%戊唑醇水剂3000倍液、65%硫菌·霉威可湿性粉剂、50%灭霉灵可湿性粉剂800～1000倍液、40%氟硅唑乳油8000～10000倍液、80%敌菌丹可湿性粉剂500倍液、50%胂·锌·福美双可湿性粉剂500～1000倍液、80%代森锰锌可湿性粉剂500～600倍液、60%唑醚·代森联可分散粒剂1500倍液、20%腈菌唑·福美双可湿性粉剂100～130克/亩、12.5%腈菌唑乳油24毫升/亩等喷雾防治，7天一次，连喷3～4次。晴天上午进行，喷后加强放风、重点喷幼嫩部分。

发病中后期，可选用40%腈菌唑可湿性粉剂8000倍液，或10%苯醚甲环唑可分散粒剂6000倍液喷雾防治，隔5～7天施一次，视病情连续喷施2～3次，可轮换用药，同时严格控制施药浓度，防止产生药害。

8. 白粉病（彩图80）

①生物防治　发病初期，用1%武夷菌素水剂100～150倍液，或2%嘧啶核苷类抗菌素水剂200倍液喷雾防治，10天1次，连喷3～4次。

②小苏打防治　刚发病时，可用小苏打500倍液溶液，隔3天喷一次，连喷5～6次。

③烟熏　保护地黄瓜，消毒苗房，可每100立方米用硫黄粉150克，锯末500克，于傍晚烟熏消毒。定植大田后，将要发病时，用30%或45%百菌清烟剂，前者每亩300克，后者250克，密闭棚室熏一夜，7天一次，连熏4～5次。

④喷粉　保护地黄瓜，发病初期，可喷雾5%百菌清粉尘剂，或5%春雷·王铜粉尘剂，或10%多·百粉尘剂，每亩每次1千克，7天喷一次，连喷3～4次。

⑤化学防治　采用25%嘧菌酯悬浮剂1500倍液预防较好。发

病初期，可选用15%三唑酮可湿性粉剂800～1000倍液，或50%甲基硫菌灵可湿性粉剂1000倍液、10%苯醚甲环唑水分散粒剂2500～3000倍液、32.5%苯甲·嘧菌酯（阿米妙收）悬浮剂1500倍液、43%戊唑醇悬浮剂3000倍液、2%春雷霉素水剂400倍液、40%克百菌悬浮剂500～600倍液、45%硫黄胶悬剂300～400倍液、40%多·硫悬浮剂300倍液、30%氟菌唑可湿性粉剂3500～5000倍液等喷雾防治。发生较重时，可交替喷雾47%春雷·王铜可湿性粉剂500～600倍液，或40%氟硅唑乳油4000倍液、50%醚菌酯干悬浮剂3000倍液、25%乙嘧酚悬浮剂1000倍液、25%苯甲·丙环唑乳油4000倍液等喷雾防治，7～10天一次，连喷2～3次。喷27%高脂膜乳剂80～100倍液，不仅可防止病菌侵入，还可造成缺氧条件使白粉菌死亡，每隔5～6天喷一次，连续喷3～4次。

9. 病毒病（彩图81）

① 防蚜　可喷雾10%吡虫啉可湿性粉剂2000倍液，或20%甲氰菊酯乳油2000倍液，或2.5%高效氯氟氰菊酯乳油3000倍液等。保护地还可用20%灭蚜烟剂，每亩每次250克，或30%敌敌畏烟剂，每亩每次200克烟熏。

② 喷药　发病前，从育苗期开始，喷0.5%菇类蛋白多糖水剂300倍液，或高锰酸钾1000倍液，7～10天一次，连喷2～3次，或用细胞分裂素100倍液浸种，当黄瓜2叶1心时喷600倍液，10天喷一次，连喷3～4次，或喷混合脂肪酸100倍液，在定植前后各喷一次。

发病前，或刚发生时，可选用20%盐酸吗啉胍·铜可湿性粉剂500倍液，或1.5%植病灵乳油600～800倍液、5%菌毒清水剂300倍液、4%宁南霉素水剂500倍液、10%混合脂肪酸水乳剂100倍液等喷雾防治，7天喷一次，连喷3～4次。

10. 枯萎病（彩图82）

① 土壤消毒　田间土壤可采用高温消毒。也可用药剂消毒，如用50%多菌灵可湿性粉剂每亩2.0千克，或70%敌磺钠可湿性粉剂1.5千克，加细土50～100千克，均匀消毒病田土壤，或施在播种沟

内或定植沟内，过后播种或栽苗。生长期间如发现病株，应及时连根带土拔除，并带出田外深埋，同时在病穴及四周灌注 20%石灰乳或 40%代森铵水剂 400 倍液，进行土壤消毒，以减少菌源。

② 药剂灌根　每亩用 50%多菌灵可湿性粉剂 4 千克，混入细干土，拌匀后施于定植穴内。用 30%恶霉灵水剂 600～800 倍液，在播种时喷淋 1 次，播种后 10～15 天再喷淋 1 次，本田灌根 2 次。

发病初或发病前，选用 10 亿芽孢/克枯草芽孢杆菌可湿性粉剂 1000 倍液，或 2%嘧啶核苷类抗菌素水剂 200 倍液、60%多菌灵盐酸盐可湿性粉剂 600 倍液、70%敌磺钠可湿性粉剂 600～800 倍液、2.5%咯菌腈悬浮剂 1500 倍液、50%甲基硫菌灵可湿性粉剂 500 倍液、30%恶霉灵水剂 600～800 倍液、50%胂•锌•福美双 600 倍液、50%多菌灵可湿性粉剂 500 倍液、60%琥•乙膦铝可湿性粉剂 350 倍液、50%苯菌灵可湿性粉剂 1000～1500 倍液、30%甲霜•恶霉灵可湿性粉剂 600～800 倍液、38%恶霜•嘧铜菌酯水剂 600～800 倍液等灌根，每株灌 200～250 毫升，7～10 天灌 1 次，连灌 2～3 次，还可用治枯灵可湿性粉剂喷灌结合，一定要早防早治。

③ 药剂涂茎　在黄瓜开花时起始，选用 70%敌磺钠粉剂 200 倍液，或 50%多菌灵可湿性粉剂 200 倍液、50%甲基硫菌灵可湿性粉剂 300 倍液，用刷子或毛笔均匀涂抹于植株的茎基部（从子叶处开始慢慢往下涂抹），7～10 天一次，连涂 2～3 次，防治枯萎病的效果远优于灌根防治法，且用药成本较低。

11. 蔓枯病（彩图 83）

① 烟熏或喷粉　保护地栽培，在发病前，可选用 45%百菌清烟剂，每亩每次 250 克，傍晚进行，密闭烟熏一个晚上，但不能直接放在黄瓜植株下面，7 天一次，连熏 4～5 次。或喷 6.5%硫菌•霉威粉尘剂或 0.5%灭霉灵粉尘剂，每亩每次喷 1 千克，早、晚进行，关闭棚室。7 天一次，连喷 3～4 次。

② 化学防治　及时发现病害初发症状，可在发病初期，采用喷药或涂茎的办法，有一定的治疗作用。可选用 70%甲基硫菌灵可湿性粉剂 600～800 倍液，或 1∶0.7∶200 波尔多液、50%灭霉

灵可湿性粉剂600～800倍液、75%百菌清可湿性粉剂500～600倍液、40%氟硅唑乳油8000～10000倍液、50%混杀硫悬浮剂500～600倍液、20.6%恶唑菌酮·氟硅唑乳油1500倍液、25%嘧菌酯悬浮剂1500倍液、10%苯醚甲环唑可分散粒剂1500倍液等喷雾防治，5～6天一次，连喷3～4次。也可用50%或70%甲基硫菌灵可湿性粉剂50倍液，或40%氟硅唑乳油500倍液，蘸药涂抹茎上病斑，然后全田喷药液防治。

12. 黄守瓜（彩图84）

在植株周围撒草木灰：在揭去纱网、引蔓上架的同时，先拔去瓜苗附近的部分早春蔬菜，然后在其周围的土面上撒一层约1厘米厚的草木灰或稻谷壳，或锯木屑，还可采用地膜覆盖栽培，防止成虫产卵和幼虫危害瓜苗植株根部。

① 生态防治　可将茶籽饼捣碎，用开水浸泡调成糊状，再掺入粪水中浇在瓜苗根部附近，每亩用茶籽饼20～25千克。也可用烟草水30倍浸出液灌根，杀死土中的幼虫。

② 化学防治　移栽前后至5片真叶前，消灭成虫和灌根杀灭幼虫是保苗的关键。可选用40%氰戊菊酯乳油8000倍液，或0.5%楝素乳油600～800倍液等防治成虫。或选用90%敌百虫晶体1500～2000倍液、50%辛硫磷乳油1000～1500倍液、50%敌敌畏乳油1000倍液等灌根防治幼虫。注意药剂要轮换使用。

13. 蓟马（彩图85）

注意在蕾期和初花期，当每株虫口达3～5头时及时用药。可选用50%辛硫磷乳油，20%复方浏阳霉素1000倍液等喷雾防治。4～6天一次，连防2～3次。喷药的重点是植株的上部，尤其是嫩叶背面和嫩茎。

上述杀虫剂防效不高时，还可选用10%吡虫啉可湿性粉剂2000倍液，或10%虫螨腈乳油2000倍液、1.8%阿维菌素乳油4000～5000倍液、10%噻虫嗪水分散粒剂5000～6000倍液、0.36%苦参碱水剂400倍液等喷雾。5～7天一次，共喷2～3次，注意药剂要轮换使用。此外，选用40%鱼藤精800倍液，或烟草石灰水液（1∶0.5∶50）喷雾，也有良好效果。在棚室中可用22％敌敌畏塑料块缓释剂，每立方米用药7～10克熏蒸。

14. 瓜绢螟（彩图86）

在幼虫发生期间，可人工摘除卷叶或幼虫群集取食（叶的一部分只有网状上表皮、透明）的叶片，置于特别保护器中，可使害虫无法逃走，集中消灭。

药剂防治应掌握1～3龄幼虫期进行，可选用0.5％阿维菌素乳油2000倍液，或50％辛硫磷乳油2000倍液、20％氰戊菊酯乳油4000～5000倍液、2％阿维·苏可湿性粉剂1500倍液、48％毒死蜱乳油1000倍液等喷雾防治。注意在安全间隔期前喷雾，交替用药，防止害虫产生耐药性。印楝素对瓜绢螟具有多种生物活性，主要表现为幼虫的拒食、成虫产卵的忌避、生长发育的抑制和一定的毒杀活性。

15. 白粉虱

① 培育“无虫苗”　种苗、残茬带虫是该虫传播的重要途径，育苗前将育苗棚室内外的残株杂草清除干净，定植前温室要熏杀残虫，对种苗也要熏杀或喷药防治。温室每亩用80％敌敌畏400～600克（与适量锯木屑混匀）熏杀；或选用40％乐果乳油1000倍液，2.5％溴氰菊酯乳油3000倍液等喷雾防治。

也可采用穴灌施药（灌窝、灌根），用强内吸杀虫剂25％噻虫嗪水分散粒剂，在移栽前2～3天，以1500～2500倍的浓度喷淋幼苗，使药液除叶片以外还要渗透到土壤中。平均每平方米苗床用药2克左右（即2克药对1桶水喷淋100株幼苗）。农民自己的育苗秧畦可用喷雾器直接淋灌，持续有效期可达20～30天，有很好的防治粉虱类和蚜虫类害虫的效果。还可有效预防粉虱和蚜虫传播病毒病。

② 黄板诱杀　在温室内设置黄板，每亩放34块0.17米×1米的纤维板或胶合板等，涂成橙黄色，再涂上一层粘剂，可使用10号机油加少量黄油调匀，7～10天涂一次。黄板可悬挂在行间与植株相平或略高处。除自制外，也可从市场直接购买。常年悬挂在设施中，可以大大降低虫口密度，再辅助以药剂防治，基本可以消灭白粉虱。

③ 覆盖防虫网　每年 5～10 月，在温室、大棚的通风口覆盖防虫网，阻拦外界白粉虱进入温室，并用药剂杀灭温室内的白粉虱。纱网密度以 50 目为好。

④ 频振式杀虫灯诱杀　这种装置以电或太阳能为能源，利用害虫较强的趋光、趋波等特性，将光的波长、波段、频率设定在特定范围内，利用光、波，以及性信息素引诱成虫扑灯，灯外配以频振式高压电网触杀，使害虫落入灯下的接虫袋内，达到杀虫目的。

⑤ 烟熏　当棚室内白粉虱发生较重时，可用 22%敌敌畏烟剂，每亩用药 300～400 克，于傍晚收工前将保护地密闭熏烟，可杀成虫。也可在锯末上洒 80%敌敌畏乳油，每亩用药 300～400 克，然后用旧报纸包成小包，放在密闭的棚室点燃，吹灭明火熏烟。

⑥ 化学防治　田间零星点状发生时，应立即喷药防治，可选用 25%噻嗪酮可湿性粉剂 1500 倍液，或 25%噻嗪酮可湿性粉剂 1000 倍液和少量拟除虫菊酯类杀虫剂（如联苯菊酯、高效氯氟氰菊酯、氰戊菊酯、溴氰菊酯等）混用，早期喷药 1～2 次。高峰期，可选用 1.8%阿维菌素乳油 2000 倍液，或 25%噻虫嗪水分散粒剂 2000～5000 倍液、25%噻虫嗪水分散粒剂 3000 倍液＋2.5%高效氯氟氰菊酯乳油 1500 倍液、2.5%高效氯氟氰菊酯乳油 2000 倍液、20%氰戊菊酯乳油 2000 倍液、10%吡虫啉可湿性粉剂 4000 倍液、5%高效氯氰菊酯乳油 1500 倍液、80%敌敌畏乳油 800 倍液、40%乐果乳油 1000 倍液、0.3%印楝素乳油 1000 倍液等喷雾防治。由于在成虫和若虫体上都有一层蜡粉，因此在以上药剂中应混加 2000 倍的害立平增加粘着性。注意药剂应轮换使用。

第五节　豇豆大棚栽培技术

一、豇豆大棚早春栽培技术

1. 品种选择

豇豆大棚早春栽培（彩图 87），宜选用早熟，丰产，耐寒，抗病力强，鲜荚纤维少、肉质厚、风味好，植株生长势中等，不易徒长，适宜密植的蔓生品种。

2. 整地施肥

春季在定植前15～20天扣棚烤地，结合整地每亩施入腐熟有机肥5000～6000千克，过磷酸钙80～100千克，硫酸钾40～50千克或草木灰120～150千克，2/3的农家肥撒施，余下的1/3在定植时施入定植沟内，定植前1周左右在棚内做畦，一般做成平畦，畦宽1.2～1.5米。也可采用小高畦地膜覆盖栽培，小高畦畦宽（连沟）1.2米，高10～15厘米，畦间距30～40厘米，覆膜前整地时灌水。

3. 培育壮苗

① 种子处理　干籽直播时，为防止种子带菌，用种子量3倍的1%甲醛药液浸种10～20分钟，然后用清水冲洗干净即可播种。育苗时，先用温水浸种8～12小时，中间淘洗2次，用湿毛巾包好，放在20～25℃条件下催芽，出芽后备播。

② 播种育苗　早春大棚豇豆宜采用育苗移栽，苗龄25～30天，在南方，播种期最早在2月中下旬，播种过早，地温低，易出现沤根死苗，苗龄过大，定植时伤根重，缓苗慢；播种过迟达不到早熟目的。

最好采用营养钵育苗（彩图88），用4份充分腐熟的农家肥与6份田园土充分拌匀后，再用40%甲醛300～500倍液喷洒消毒，营养钵大小8厘米×8厘米或10厘米×10厘米，先装5～7厘米的营养土，摆放到苗床上浇水，水渗下后播种，每钵播4～5粒，然后覆土2厘米。

③ 苗期管理　播种初期苗床保持较高的温度，白天25～28℃，夜间20℃。幼芽拱土后揭去地膜，再盖0.3厘米厚的过筛消毒细土，苗床温度降至白天20～25℃，夜间15～18℃。加强光照，保持每天10～11小时的充足光照，空气湿度以65%～75%为宜，土壤湿度60%～70%。注意防止苗期低温多湿。苗出齐后要开始通风排湿，防止幼苗下胚轴过度伸长而发生徒长，放风要掌握由小到

大的原则，否则容易造成“闪苗”，当白天外界气温达17℃以上时放大风，夜间气温15℃以上时，可不覆盖，苗期一般不追肥、不浇水，但营养钵或纸袋育苗土壤易干燥，可在中午前后发生轻度萎蔫时浇透水，小水勤浇易徒长，应防止。定植前3～5天，除去保护地的各种覆盖物，使苗进行低温锻炼，白天不超过20℃，夜间降到8～12℃。塑料钵育苗，在定植前还要浇一次透水，以利于脱钵。经过20～25天的苗期，此时秧苗第一片复叶已充分展开，第二片复叶初现，可以准备定植。

有条件的种植大户或合作社可采用穴盘育苗。

4. 及时定植

一般在2月底至3月初，苗龄25天左右，当棚内地温稳定在10～12℃，夜间气温高于5℃时，即可选晴天定植，行距60～70厘米，穴距20～25厘米，每穴4～5株苗。

5. 田间管理

① 温湿度管理　定植后4～5天密闭大棚不通风换气，棚温白天维持28～30℃，夜间18～22℃。当棚内温度超过32℃以上时，可在中午进行短时间通风换气。遇寒流、霜冻、大风、雨雪等灾害性天气时，要采取临时增温措施。缓苗后开始放风排湿降温，白天温度控制在20～25℃，夜间15～18℃。加扣小拱棚的，小棚内也要放风，直至撤除小拱棚。进入开花结荚期后逐渐加大放风量和延长放风时间，一般上午当棚温达到18℃时开始放风，下午降至15℃以下关闭风口。生长中后期，当外界温度稳定在15℃以上时，可昼夜通风，进入6月上旬，外界气温渐高，可将棚膜完全卷起来或将棚膜取下来。

② 水肥管理　浇定植水后至缓苗前不浇水、不施肥，若定植水不足，可在缓苗后浇缓苗水，之后进行中耕蹲苗（地膜覆盖的不需中耕），一般中耕2～3次，甩蔓后停止中耕，到第一花序开花后小荚果基本坐住，其后几个花序显现花蕾时，结束蹲苗，开始浇水追肥。追肥以腐熟人粪尿和氮素化肥为主，结合浇水冲施，也可开沟追肥，每亩每次施人粪尿1000千克，或尿素20千克，浇水后要

放风排湿。大量开花时尽量不浇水，进入结荚期要集中连续追3～4次肥，并及时浇水。一般每10～15天浇一次水，每次浇水量不要太大，追肥与浇水结合进行，一次清水后相间浇一次稀粪，一次粪水后相间追一次化肥，每亩施入尿素15～20千克。到生长后期除补施追肥外，还可叶面喷施0.1%～0.5%的尿素溶液加0.1%～0.3%的磷酸二氢钾溶液，或0.2%～0.5%的硼、钼等微肥。

此外，当植株长出5～6片叶开始伸蔓时，要及时用竹竿插“人”字形架，引蔓于架上。早春棚室环境条件优越，侧蔓抽生快，易造成丛生，应及早整理。

6. 及时采收

豆荚采收要及时，否则豆荚衰老，肉质疏松，外皮增厚，荚腔中空，食用品质变劣。另外采收嫩荚过迟，由于荚内种子发育消耗过多养分，会影响其他花序的开花、结荚，还易引起植株早衰。

春季豇豆播种后60～70天即可开始采收嫩荚。开花后10～12天豆荚可达商品成熟，采收标准是荚果饱满柔软，种粒处刚刚显露而微鼓。一般情况下每3～5天采收一次，在结荚高峰期可隔一天采收一次，采摘最好在下午进行，采收后按一定的规格扎好，装箱上市。

二、 豇豆大棚秋延后栽培技术

1. 选用良种

豇豆秋延后栽培，宜选用秋季专用品种或耐高温、抗病力强、丰产，植株生长势中等，不易徒长，适于密植的春秋两用丰产品种。

2. 播种育苗

播种时间宜在当地早霜来临前80天左右。一般在7月中旬至8月上旬播种，过早播种，开花期温度高或遇雨季湿度大，易招致落花落荚或使植株早衰，晚播，生长后期温度低，也易招致落花落荚和冻害，产量下降。大棚秋豇豆也可采用育苗移栽，先于7月中下旬在温室、塑料棚内或露地搭遮阴棚播种育苗。

3. 适时移栽

苗龄 15～20 天，8 月上中旬定植，穴距以 15～20 厘米为宜，以增加株数和提高产量。

4. 肥水管理

豇豆秋延后栽培，苗期温度较高，土壤蒸发量大，要适当浇水降温保苗，并注意中耕松土保墒，蹲苗促根，但浇水不宜太多，要防止高温高湿导致幼苗徒长，雨水较多时应及时排水防涝。幼苗第一对真叶展开后随水追肥一次，每亩施尿素 10～15 千克。开花初期适当控水，进入结荚期加强水肥管理，每 10 天左右浇一次水，每浇 2 次水追肥一次，每亩冲施粪稀 500 千克或施尿素 20～25 千克，10 月上旬以后应减少浇水次数，停止追肥。一般在蔓长 2 米时摘心。

5. 保温防冻

豇豆开花结荚期，气温开始下降，要注意保温。初期，大棚周围下部的薄膜不要扣严，以利于通风换气，随着气温逐渐下降，通风量逐渐减少。大棚四周的薄膜晴天白天揭开，夜间扣严。当外界气温降到 15℃时，夜间大棚四周的薄膜要全封严，只在白天中午气温较高时，进行短暂的通风，若外界气温急剧下降到 15℃以下时，基本上不要再通风。遇寒流和霜冻要在大棚下部的四周围上草帘保温或采取临时措施。

三、大棚豇豆主要病虫害防治

1. 病毒病（彩图 89）

① 种子消毒　带毒的种子可用 10%磷酸三钠液浸种 20～30 分钟后捞出，用清水反复冲洗干净，然后播种。也可用 50～52℃温水浸种 10 分钟后播种。

② 物理治蚜　采用黄板诱杀有翅蚜，或铺盖银灰膜和挂银灰膜条，可起到避蚜作用。

③ 生物防治　发现蚜虫时，可喷韶关霉素水剂 200 倍液，加

上 0.01%洗衣粉喷洒，10 天喷一次，连喷 2～3 次。发病初期，可选用磷酸二氢钾 250～300 倍液，高锰酸钾 1000 倍液进行预防，或选用 10%混合脂肪酸水剂 100 倍液、0.5%菇类蛋白多糖水剂 300 倍液等轮换喷雾防治，隔 7～10 天喷一次，连喷 3～4 次。并注意浇水，可减轻损失。

④ 化学防治　田间有蚜虫时及时喷药防治，可选用 25%噻虫嗪水分散粒剂 6000～8000 倍液，或 70%吡虫啉水分散粒剂 10000～15000 倍液、5%啶虫脒乳油 2500～3000 倍液、25%唑蚜威可湿性粉剂 2000 倍液等轮换喷雾，隔 10 天喷一次，连喷 2～3次。

发病初期，可选用 20%盐酸吗啉胍·铜可湿性粉剂 500 倍液，或 5%菌毒清水剂 250 倍液、8%宁南霉素水剂 200 倍液、1.5%植病灵乳油 1000 倍液等轮换喷雾，隔 10 天喷一次，连喷 3～4 次，可有效控制病毒病的扩展。

2. 枯萎病（彩图 90）

① 土壤消毒　药剂土壤消毒，播种或定植前，用 50%多菌灵可湿性粉剂 1000 倍液淋洒，或做成药土施入播种沟或定植沟内。或每亩用 70%敌磺钠可湿性粉剂 1 千克，加干细土 100 千克，拌匀后均匀施入播种沟内。再撒上一层薄薄的细土，然后播种。

② 熏烟　保护地栽培可选用 10%腐霉利烟剂、45%百菌清烟剂。

③ 药液灌根　定植后用 50%多菌灵可湿性粉剂 1500 倍液作定根水灌根。或发病刚刚开始时，用 50%甲基硫菌灵可湿性粉剂 400 倍液，每千克水加 2%嘧啶核苷类抗菌素水剂 100 毫克灌根，或选用 50%多菌灵可湿性粉剂 500 倍液、60%多菌灵盐酸盐可湿性粉剂 600 倍液、70%敌磺钠可湿性粉剂 600～800 倍液、50%多·硫悬浮剂 500～600 倍液、47%春雷·王铜可湿性粉剂 500 倍液、60%琥·乙膦铝可湿性粉剂 500 倍液、70%恶霉灵可湿性粉剂 1000～2000 倍液、20%噻菌铜悬浮剂 500～600 倍液、10%苯醚甲环唑水分散粒剂 300～400 倍液等轮换灌根，隔 7～10 天再灌一次，每株

灌根250毫升药液。

防治豇豆枯萎死藤说难不难，关键是要早，从选种用种开始抓起，然后基本上用多菌灵或甲基硫菌灵或敌磺钠就可以解决问题。一旦发现叶黄了，藤子萎蔫了，想抢救都来不及了的，已经病入膏肓没得治了，用药也只是控制病害的进一步蔓延而已。

3. 根腐病（彩图91）

① 苗期预防　加强苗期淋喷药预防（出苗后以淋施高锰酸钾600～1000倍液为主，连续喷淋4～5次，隔5～7天一次）。

② 土壤消毒　豇豆连作地在翻耕整地后播种前5～7天，选择阴天或晴天傍晚，每亩用99%恶霉灵原药125克和25%咪鲜胺乳油1250毫升混用兑水1000～1200千克，或用99%恶霉灵原药200克和45%敌磺钠可溶性粉剂2000克混用兑水1000～1200千克，均匀喷洒畦面消毒土壤。同时应注意，敌磺钠作为防治豇豆根腐病常规药剂，由于长期使用，豇豆根腐病菌对其产生了耐药性，防治效果有所下降，建议对其有抗性的地区适当减少使用频率，待病菌对其耐药性降低后再使用。

③ 药剂穴施　重病地区提倡药土营养钵育苗，直播或移苗时药土护种（苗）。如播种前7～10天，选择阴天或晴天傍晚，用青之源床土调理剂130倍液处理土壤，或用高效氟氯氰菊酯土壤接种剂20～40克与基肥混施穴内或作定根水。

也可播种时选用70%甲基硫菌灵可湿性粉剂或50%多菌灵可湿性粉剂1份兑细干土50份，充分混匀后沟施或穴施，亩用药1.5千克。

没有条件轮作的，在豇豆出土后，苗长到5～10厘米时，每亩地用复合微生物肥料3千克按100倍液灌根，预防效果较为理想。

④ 化学防治　发病初期，选用50%甲硫悬浮剂600～700倍液，或50%多菌灵可湿性粉剂500倍液、78%波·锰锌可湿性粉剂600倍液、3%多抗霉素水剂600～800倍液、20%络氨铜水剂400倍液、15%恶霉灵水剂450倍液、70%敌磺钠1500倍液、50%根腐灵1000倍液等药剂，轮换喷淋或浇灌，最好是在出苗后7～10天或定植缓苗后开始灌第一次药，不管田中是否发病。每亩60～

65升，或每株灌对好的药液200～250毫升，隔10天左右一次，连续防治2～3次。

4. 锈病（彩图92）

① 生物防治　病害刚发生时，用2%嘧啶核苷类抗菌素水剂150倍液，隔5天喷一次，连喷3～4次。

② 化学防治　发病初期，可选用25%丙环唑乳油3000倍液，或12.5%烯唑醇可湿性粉剂4000倍液、75%百菌清可湿性粉剂600倍液、40%氟硅唑乳油8000倍液、50%硫黄悬浮剂200倍液、30%固体石硫合剂150倍液、50%咪鲜胺锰盐可湿性粉剂1500～2500倍液、20%咪鲜胺乳油1500～2000倍液、20%噻菌铜悬浮剂500～600倍液、25%嘧菌酯悬浮剂1000～2000倍液、10%苯醚甲环唑水分散粒剂1500～2000倍液、50%醚菌酯干悬浮剂3000倍液、15%三唑酮粉剂1000倍液、70%甲基硫菌灵可湿性粉剂1000倍液、62.25%腈菌·锰锌可湿性粉剂600倍液、12.5%烯唑醇可湿性粉剂2500～3000倍液、43%戊唑醇可湿性粉剂3000～4000倍液、30%氟菌唑可湿性粉剂2000～2500倍液、12%松脂酸铜乳油800倍液、40%敌唑酮可湿性粉剂4000倍液等轮换喷雾。每隔7～10天喷一次，连续2～3次。

5. 煤霉病（彩图93）

① 无公害防治　对下部、中部叶子及时喷磷酸二氢钾150克+糖（红糖或白糖）500克+水50千克，早上喷，喷在叶子背面上，隔5天喷1次，连喷4～5次。

② 喷粉　保护地种植的还可喷6.5%硫菌·霉威粉尘，每亩每次喷1千克，早上或傍晚喷，隔7天喷一次，连续喷3～4次。

③ 化学防治　发病初期，可选用50%多菌灵可湿性粉剂500～600倍液，或50%混杀硫悬浮剂500倍液、30%联苯三唑醇乳油1000～1500倍液、80%代森锰锌可湿性粉剂600倍液、50%甲基硫菌灵可湿性粉剂500～1000倍液、47%春雷·王铜可湿性粉剂800倍液、40%多·硫胶悬剂500倍液、78%波·锰锌可湿性粉剂500～600倍液、80%多·福·锌可湿性粉剂700倍液、36%双苯三

唑醇乳油 2000～2500 倍液、50%腐霉利可湿性粉剂 1000 倍液、77%氢氧化铜可湿性粉剂 1000 倍液、14%络氨铜水剂 600 倍液等喷雾防治，隔 7 天一次，连喷 3～4 次。前密后疏，药剂交替用药，一种农药在一种作物上只用一次。

6. 炭疽病（彩图 94）

① 药土护种　药土营养钵育苗 [75%百菌清可湿性粉剂+70%硫菌灵可湿性粉剂（1：1）+肥土=1：500 配成] 或穴播时药土护种（苗），或移苗时药土护苗（穴施药土）。出苗后至抽蔓上架前，喷施上述药剂 1 000～1500 倍液，或 25%咪鲜胺乳油 1000 倍液、10%苯醚甲环唑水分散粒剂 1000 倍液、60%吡醚·代森联可分散粒剂 1000 倍液等喷雾防治 2～3 次，隔 7～10 天 1 次。

② 生物防治　可选用 80%多·福·锌可湿性粉剂 600 倍液，或 5%井冈霉素水剂 1000 倍液、2%嘧啶核苷类抗生素水剂 120～150 倍液等喷雾防治。还可选用波尔多液 1：1：200、0.5%蒜汁液、铜皂水液 1：4：(400～600) 倍防治。

③ 化学防治　在发病初期即开始喷药预防，苗期防治两次，结荚期防治 1～2 次，每次间隔 5～7 天。药剂可选用 25%咪鲜胺乳油 1000～1500 倍液，或 70%代森锰锌可湿性粉剂 500 倍液、70%代森联干悬浮剂 600～800 倍液、50%醚菌酯干悬浮剂 3000～4000 倍液、20%噻菌铜悬浮剂 500～600 倍液、80%炭疽福美可湿性粉剂 800 倍液、25%嘧菌酯悬浮剂 1000～1500 倍液、78%波·锰锌可湿性粉剂 600 倍液、70%丙森锌可湿性粉剂 600～800 倍液、25%溴菌清可湿性粉剂 500 倍液、10%苯醚甲环唑水分散粒剂 1000～1500 倍液、75%百菌清可湿性粉剂 600 倍液等轮换喷雾防治，每隔 7～10 天喷一次，连续防治 2～3 次。

7. 灰霉病（彩图 95）

降低棚室湿度，提高棚室夜间温度，增加白天通风时间。及时拔除病株。

定植后出现零星病株即开始喷药防治，可选用 65%硫菌·霉威可湿性粉剂 1500 倍液，或 50%腐霉利可湿性粉剂 1500～2000 倍液、50%异菌脲可湿性粉剂1500倍液、50%乙烯菌核利可湿性粉剂1000～1500倍液、50%异菌脲可湿性粉剂1000倍液+90%三乙膦酸铝可湿性粉剂800倍液、45%噻菌灵悬浮剂4000倍液、50%混杀硫悬剂800倍液、75%百菌清可湿性粉剂600～800倍液、50%多·霉威可湿性粉剂800倍液等喷雾防治，隔7～10天喷施一次，连续防治2～3次。

喷药时，应在上午9时之后，叶面结露干后进行，一定不要在下午3时以后喷药，否则将增高棚内湿度，降低防治效果。阴天时，也可使用烟剂防治，每亩使用10%腐霉利烟剂200～250克，或45%百菌清烟剂250克，于傍晚闭棚时熏烟。也可于傍晚喷施粉尘剂，每亩可使用10%灭克粉尘剂，或5%百菌清粉尘剂、10%杀霉灵粉尘剂、6.5%甲霉灵粉尘剂1千克，每7天一次，连续使用2～3次。由于灰霉病菌极易产生耐药性，因而各种药剂应交替使用，切不可连续使用同一种药剂。

8. 白粉病（彩图96）

① 物理防治　发病前或病害刚发生时，可喷27%高脂膜乳剂100倍液，隔6天喷一次，连喷3～4次，效果良好。

② 生物防治　发病初期，选用2%嘧啶核苷类抗菌素水剂150～200倍液，或1%武夷菌素水剂150～200倍液，7天喷一次，连喷3～4次。

③ 化学防治　发病初期，可选用25%咪鲜胺乳油1000～1500倍液，或40%嘧霉胺悬浮剂1000～1500倍液喷雾（注意：大棚用药后应通风，否则叶片可能有褐色斑点）。也可选用72.2%霜霉威水剂600～1000倍液，或10%苯醚甲环唑水分散颗粒剂800～1200倍液、25%嘧菌酯悬浮剂1000～1200倍液、62.25%腈菌唑·锰锌可湿性粉剂600倍液、47%春雷·王铜可湿性剂800～1000倍液、40%氟硅唑乳油8000～10000倍液、30%氟菌唑可湿性粉剂2000倍液、25%三唑酮可湿性粉剂1500倍液、40%多·硫悬浮剂500倍液、12.5%烯唑醇可湿性粉剂2000～3000倍液、30%戊唑醇悬浮剂5000倍液、50%醚菌酯干悬浮剂3000～4000倍液、10%苯醚甲

环唑水分散粒剂 1000～1500 倍液、70%硫黄·锰锌可湿性粉剂 500 倍液、65%氧化亚铜水分散粒剂 600～800 倍液等喷雾防治，隔 7 天喷一次，连喷 2～3 次。前密后疏，交替喷施。

9. 轮纹病（彩图 97）

① 种子消毒　可用 45℃温水浸种 15 分钟，捞出后用凉水冷却。也可用种子重量 30%的 50%多菌灵可湿性粉剂拌种，或 40%甲醛 200 倍液浸种 30 分钟。

② 化学防治　发病初期，可选用 80%代森锰锌可湿性粉剂 600 倍液，或 50%甲基硫菌灵可湿性粉剂、50%咪鲜胺锰盐可湿性粉剂 1500～2500 倍液、20%咪鲜胺乳油 1500～2000 倍液、20%噻菌铜悬浮剂 500～600 倍液、25%嘧菌酯悬浮剂 1000～2000 倍液、77%氢氧化铜可湿性粉剂 500 倍液、40%多·硫悬浮剂 500 倍液、40%氟硅唑乳油 6000～8000 倍液、70%丙森锌可湿性粉剂 600～800倍液、65%代森铵可湿性粉剂 500 倍液、45%百菌清可湿性粉剂 800～1000 倍液、47%春雷·王铜可湿性粉剂 800 倍液等喷雾。每 10 天喷药一次，共 2～3 次。

10. 豆荚螟（彩图 98）

① 物理防治　在菜田设置黑光灯诱杀成虫。每亩菜地设置一盏，灯光高度为 1.5 米左右，下置水盆，盆内滴些煤油，使灯距水面 20 厘米左右。集中连片种植的可设置频振式杀虫灯，每 1.2 公顷设置一盏，自 5 月初开始开灯至采收时结束。

② 生物防治　药剂可选用苏云金杆菌喷雾，配制药液时宜加入 0.1%的洗衣粉，并选择气温高于 15℃的阴天、多云天施用，或在晴天下午 4 时后施用。也可选用苏云金芽孢杆菌制剂（HD-1）500 倍液，或 25%灭幼脲悬浮剂 1500 倍液、20%杀铃脲悬浮剂 8000 倍液、1.8%阿维菌素乳油 5000 倍液等轮换喷雾。

③ 化学防治　由于幼虫钻入豆荚后，很难防治，必须在其蛀入豆荚之前把它们杀灭，即从现蕾后开花期开始喷药（一般在 5 月下旬～8 月喷药），重点喷蕾喷花，严重为害地区，在结荚期每隔 7

天左右施药一次，最好只喷顶部的花，不喷底部的荚，喷药时间以早晨8时前花瓣张开时为好，或夜晚7～9点喷，隔10天喷蕾、花一次。可选用“80％敌敌畏乳油800倍液或2.5％氯氟氰菊酯乳油2000倍液或10％氯氰菊酯乳油1500倍液”＋“5％氟啶脲乳油1500倍液或5％氟虫脲乳油1500倍液或5％除虫脲可湿性粉剂2000倍液或25％灭幼脲悬浮剂1000倍液”混合喷雾，效果较好。

也可选用70％吡虫啉水分散颗粒剂10000～15000倍液，或2.5％高效氟氯氰菊酯乳油1500～2000倍液、0.36％苦参碱可湿性粉剂1000倍液、25％多杀霉素悬浮剂1000倍液、48％毒死蜱乳油1000～1500倍液、24％甲氧虫酰肼悬浮剂2500～3000倍液、52.25％毒死蜱·氯氰菊酯乳油1000～2000倍液、15％茚虫威悬浮剂3500～4000倍液等轮换喷雾。从现蕾开始，每隔7～10天喷蕾、花一次，连喷2～3次，可控制危害，如需兼治其他害虫，则应全面喷药，药剂应交替使用，以防产生耐药性。喷药至少3天以后才能进行采收。喷药时一定要均匀喷到豆科蔬菜的花蕾、花荚、叶背、叶面和株干至湿润有滴液为度。

11. 茶黄螨

① 生物防治　用20％复方浏阳霉素乳油1000倍液喷雾防治。

② 化学防治　及早发现及时防治，在茶黄螨发生初期进行，喷药的重点是植株的上部幼嫩部分，尤其是顶端几片嫩叶的背面，并尽量减少农药的使用。可选用73％炔螨特乳油1000～1200倍液，或35％哒螨灵乳油1000倍液、25％灭螨猛可湿性粉剂1500倍液、1.8％阿维菌素乳油3000倍液、2.5％氯氟氰菊酯乳油2000～3000倍液、2.5％高效氟氯氰菊酯乳油1500～2000倍液、25％噻虫嗪水分散颗粒剂6000～8000倍液、20％双甲脒乳油2000倍液、5％噻螨酮乳油2000倍液等喷雾防治。每隔10～14天喷一次，连续喷3次。

12. 豆蚜

① 诱杀成蚜　用黄板涂凡士林加机油、诱蝇纸或黄板诱虫卡诱杀。

② 保护地还可采用高温闷棚法　具体做法是在5、6月份作物收获完时，先不急于拉秧，先用塑料膜将棚室密闭4～5天（如果棚膜完好的话温度可达70℃以上），消灭其中虫源，避免往露地扩散，也避免下茬受害。

③ 化学防治　豆蚜为害时多在叶背面和幼嫩的心叶上，打药时一定要周到细致，最好选择同时具有触杀、内吸、熏蒸作用的安全新农药。可选用10%吡虫啉可湿性粉剂2000倍液，或5%百部·楝·烟45毫升/亩、25%抗蚜威水溶性分散剂1000倍液等交替喷雾。

13. 斜纹夜蛾、甜菜夜蛾

① 物理防治　利用成虫多在禾谷类作物叶上产卵习性，在麦田插谷草把或稻草把，每亩60～100个，每5天更换新草把，把换下的草把集中烧毁；或在成虫发生期以比例为3∶4∶1∶2的糖、醋、酒、水再加少量敌百虫液诱杀成虫；或用黑光灯、频振式杀虫灯和性诱剂诱杀成虫。农事操作时看到卵块要及时摘除，捕捉高龄幼虫。

② 生物防治　可选用100亿孢子/克杀螟杆菌粉剂400～600倍液，或苏云金杆菌可湿性粉剂1000～1500倍液、100亿个/克青虫菌粉剂500～1000倍液等喷雾防治，气温20℃以上，下午5时左右或阴天全天喷施。

③ 化学防治　利用害虫3龄前具有群聚性这一习性，在3龄前，选择晴天，于日落后进行防治，着重于叶背和植株基部，可选用70%吡虫啉水分散颗粒剂10000～15000倍液，或2.5%高效氟氯氰菊酯乳油1500～2000倍液、48%毒死蜱乳油1000～1500倍液、5%虱螨脲1000～1500倍液、24%甲氧虫酰肼悬浮剂2500～3000倍液、52.25%毒死蜱·氯氰菊酯乳油1000～2000倍液、15%茚虫威悬浮剂3500～4000倍液、1%阿维菌素乳油2000～3000倍液、5%氟虫脲乳油1000～2000倍液等轮换喷雾。

14. 温室白粉虱

① 物理防治　在温室内设置黄板或黄皿，颜色以橙黄色最好，

在白粉虱成虫发生期，将黄板或黄皿设在田内，诱杀成虫。方法是利用废旧的纤维板或硬纸板，裁成 1 米×0.2 米长条，用油漆涂为橙黄色，再涂上一层黏油（可使用 10 号机油加少许黄油调匀），每亩设置 32～34 块，置于行间可与植株高度相同。当白粉虱沾满板面时，需及时重涂黏油，一般可 7～10 天重涂 1 次。要防止油滴在作物上造成烧伤。

② 化学防治　可选用 25%噻嗪酮可湿性粉剂 1000～1500 倍液杀若虫（对粉虱特效），2.5%联苯菊酯乳油 1500～2000 倍液（可杀成虫、若虫、假蛹，对卵的效果不明显）。也可选用 10%吡虫啉乳油 2000～3000 倍液，或 2.5%溴氰菊酯乳油 1000～1500 倍液、25%灭螨猛乳油 1000 倍液（对粉虱成虫、卵和若虫皆有效）、20%吡虫啉浓可溶剂 4000 倍液、20%甲氰菊酯乳油 2000 倍液等喷雾防治。如果 25%噻嗪酮可湿性粉剂与 2.5%联苯菊酯乳油混合使用，防效更好。要掌握在 4 龄前，喷洒药液时尽量做到喷雾均匀、周到。白粉虱成虫密度较低时是防治适期，成虫密度稍高，喷雾量和浓度可适当提高。采用化学防治法，必须连续几次用药或用缓释剂。

参 考 文 献

[1] 何永梅等．大棚蔬菜栽培技术问答．北京：化学工业出版社，2010.
[2] 王迪轩．大棚蔬菜栽培技术问答．第2版．北京：化学工业出版社，2013.
[3] 郭书谱．番茄、茄子、辣椒病虫害鉴别与防治技术图解．北京：化学工业出版社，2012.
[4] 王久兴，闫立英，冯志红等．图说黄瓜栽培关键技术．北京：中国农业出版社，2010.
[5] 廖华明，宁红，秦蓁．茄果类蔬菜病虫害绿色防控百问百答．北京：中国农业出版社，2010.
[6] 浙江农业大学．蔬菜栽培学各论（南方本）．北京：农业出版社，1997.
[7] 李小川，张京社．蔬菜穴盘育苗．北京：金盾出版社，2009.
[8] 汪炳良．南方大棚蔬菜生产技术大全．北京：中国农业出版社，2000.
[9] 黄启元等．南方早春大棚蔬菜高效栽培实用技术．北京：金盾出版社，2007.
[10] 汪兴汉．蔬菜设施栽培技术．北京：中国农业出版社，2004.
[11] 刘志敏等．大棚蔬菜反季高产栽培技术．湖南：湖南科学技术出版社，1997.
[12] 黄顺苍等．地膜覆盖栽培常见问题解答．辽宁：辽宁科学技术出版社，1992.
[13] 朱志方．蔬菜地膜覆盖栽培技术．第2版．北京：金盾出版社，1995.
[14] 李援农等．保护地节水灌溉技术．北京：中国农业出版社，2000.
[15] 夏春森，陈重明等．南方塑棚蔬菜生产技术．北京：中国农业出版社，2000.
[16] 王绍辉，孔云，孙奂明．保护地蔬菜栽培技术问答．北京：中国农业大学出版社，2008.